U0382264

陈朋◎著

/中/华/女/子/学/院/学/术/文/库/

美国家政学学科发展研究

——现代性的视域

中国社会科学出版社

图书在版编目（CIP）数据

美国家政学学科发展研究——现代性的视域／陈朋著．—北京：中国社会科学
出版社，2015.7

（中华女子学院学术文库）

ISBN 978 - 7 - 5161 - 6621 - 5

Ⅰ.①美…　Ⅱ.①陈…　Ⅲ.①家政学 – 学科发展 – 研究 – 美国　Ⅳ.①TS976

中国版本图书馆 CIP 数据核字（2015）第 161087 号

出 版 人　赵剑英
责任编辑　任　明
特约编辑　李晓丽
责任校对　董晓月
责任印制　何　艳

出　　版　中国社会科学出版社
社　　址　北京鼓楼西大街甲 158 号
邮　　编　100720
网　　址　http：//www.csspw.cn
发 行 部　010 - 84083685
门 市 部　010 - 84029450
经　　销　新华书店及其他书店

印刷装订　北京市兴怀印刷厂
版　　次　2015 年 7 月第 1 版
印　　次　2015 年 7 月第 1 次印刷

开　　本　710×1000　1/16
印　　张　16
插　　页　2
字　　数　271 千字
定　　价　48.00 元

序　言

当今人类文明的转型，驱使社会文明发生深刻的形塑，人与物的对话，人与人的对话，正在以新的话语、结构和形式，重新界定人同其所处的内外部世界的关系。转型的不确定性、深刻性和整体性，伴随新技术革命的贡献，使得呈现在世人面前的场景绚丽多姿、多元多样，又纷繁复杂、模糊茫然。文明的转型与社会变革极大地为改变了家庭的构造，科技的进步极大地丰富了人们提升生活水准的工具和手段。作为人基本存在形式的家庭，也正在以新的样态，持续、形变，抑或消解着，以新的图式，寻求其价值的合理性及其样态的现代性。

学术研究是人类应答文明的转型，包括社会和家庭如何走向的行动选择。家庭的价值、家庭的组织与功能、家庭的形式与行为、家庭的生态系统，在历史的裂变中，指向了新的家庭文明形态，即新的生活模式或者说是新的生活方式。家庭这个社会组织细胞的变化，在转型与现代化的变革中，为家庭领域的研究提出了诸多新的求索课题。

家政学学科是人类文明进程中，人们思考家庭应然状态的学科领域，研究的是以家庭为中心，生活方式的内涵及其表现形式，为家庭生活提供科学的指引。

美国是家政学学科的发源地。其产生折射了 20 世纪前后，工业文明趋向成熟条件下，家庭及人的生活方式随着财富的增长，道德和行为的迷失和对现代生活的憧憬所衍生的诉求。百年来，美国家政学学科几经发展，在同社会变革的对话过程中，学科体系与内在逻辑结构日益扩展，形成了以生活科学为中心的综合性学科领域。基于发源地和学科话语权的优势，美国家政学学科的研究与实践影响了包括中国在内的各国家政学学科的建立和发展。

从世界思想史的发展来看，中国的思想家是最多地将研究集中在家庭领域的，为有关家庭领域的研究提供了历史的智慧。在中国传统文化体系中，家与国是二元同构的，诚如孟子所言："天下之本在国，国之本在家，家之本在身"，中国持续数千年的思想研究，从来都是围绕国与家、家与人展开的，家从来都是耦合国与人的基础，其核心是人的道德伦理与行为准则，生成并制约了传统的价值观及其生活方式，在一定意义上，家及其相关对象的研究，构成了中国传统思想文化和教育的中心。同时，以国泰民安为目标追求，民生成为社会包括家庭关注的核心，催生了具有中国特色，在世界范围内亦令人叫绝的食文化、家居文化等生活文化。

近代以来，中华文明从农业文明走向工业文明，中国社会从传统走向现代，西方的研究及其学科专业走进中国学者的视域。新的文化与新的文明生活方式放大了中国在家庭领域的思维空间，人们已不仅仅局限在家庭的价值及道德伦理及其相应的行为研究，生活方式包括衣食住行都被整体性纳入其中。作为学科的近代中国的家政学学科也在20世纪初应运而生。但是，家政学学科的发展命运多舛，政治、文化和社会的激荡在20世纪的数十年间，令家政学学科出现停滞乃至中断。

改革开放是中国文明进程和社会进步的历史性转折。民族复兴的宏图大志，政治、经济、科技、文化、社会和教育的现代化浪潮，有力地撞击并改变着旧有的形态和方式，冲突与选择几乎在所有领域带来挑战与机遇。在家庭和生活领域，观念的更新、环境的变化、物质的丰富、技术产品的进入等，急剧地刷新着围绕家庭所生成的人与人、人与社会、人与环境的关系，强烈地呼唤着现代家政学承担起对现代生活方式的科学指引。

北京师范大学是中国最早在作为其前身一部分的北京女子高等师范学校开设家政学专业的高校，改革开放后，又最早在其创办的珠海教育园区恢复家政学本科专业的设立。但是，由于学科设置中断的原因，当今中国的家政学学科的建设，如何将历史的传承和现代化的需求统一起来，回应文明转型和社会聚变的呼唤，重建具有中国文化和教育特色的家政学学科体系，无疑是项急需而又颇具挑战性的任务。

陈朋是第一个从国际与比较教育的视野，研究家政学学科发展的教育学博士。鉴于美国在家政学学科领域的地位和影响，美国家政学学科的发展，自然成为陈朋博士研究的对象，其研究的成果不仅体现在她获得北京师范大学博士学位上，也体现在如今出版的《美国家政学学科发展研究》专著上。其研究从现代性的视域，探究美国家政学学科构成的机理，透过精神性和制度性的维度分析，历史解读与现代性的审视，以及对家政学学科的现代性思考，为中国家政学学科建设提出了有意义的构想和建议。

倾听历史与现代的回声，应答转型与变革的召唤，引导家庭及人的生活的现代化，中国家庭领域的研究，家政学学科的重建，需要在历史与现代化的互动，价值理性与工具理性的统一框架下，找寻成长点及其发展的内在逻辑结构，从而实现理论与行动的创新。《美国家政学学科发展研究》无疑给我们提供了一个研究视域，或者说是个窗口、参照，也让我们对加强该领域的研究和发展，拥有了更多的期待。

吴忠魁

北京师范大学 教育学部 国际与比较教育研究院　教授　博士生导师

北京师范大学珠海分校　副校长

2015 年 9 月 19 日

序

  家政学学科 100 多年前在美国创立，其目的是提高人们的生活质量，保证人们学习家庭功能运行时必需的技能、知识、价值、过程、态度、原则和行为，是名副其实的生活科学。家庭对于社会的重要性，古今中外的仁人志士都所有论及。家政学教育在中国有着悠久的历史。我国自古就有名言："天下之本在国，国之本在家，家之本在身。"（《孟子》）"欲明明德于天下者，先治其国；欲治其国者，先齐其家；欲齐其家，先修其身。"（《大学》）由此可见，家政很早就列入了古代君王和各级官吏的议事日程，引起各阶层人民的重视。"家为邦本，本固邦宁"的古训并未过时；认识到健全、美满的家庭与安定、富强的国家是互为前提的。只有国泰才能达到民安，反过来，只有民安才能达到国泰。家庭是社会的细胞。人们从家庭步入社会，家庭总与社会密切联系在一起。任何家庭都处于一定的社会背景下，受社会的制度、规范和环境因素的影响和制约，家庭的职能、性质、形式和结构相应地发生变化。同时，家庭结构和形式的变动，职能和作用的发挥，反过来又在很大程度上影响社会的巩固和发展。因此，家政学学科，通过提高每个人家庭生活的水平和质量，进而改善由家庭组成的社会中人们的生活面貌，来实现整个社会的文明和进步，这个目标是明确和显然的。①

  从微观角度来看，家政学学科研究的是人们的日常家庭生活。家政学学科往往在社会生活急剧变动的时代发挥出最为显著的作用，如美国家政学学科在 19 世纪末 20 世纪初所发动的公共健康运动、公共营养运动、父母教育运动等为公民带来了现代化的生活观念和方式，帮助人们在社会转型时期加速自身的现代化进程，从而减少各种变动对个人和家庭产生的不

---

① 朱红缨：《家政学学科理论探索》，《浙江树人大学学报》2004 年第 5 期。

利影响。然而这种微观视角与宏观视角并不是两种不相联系的理论，宏观的社会转型最终需要体现在微观层面，只有微观层面发生了根本的变化，才能说明宏观的转型最终完成。从文化哲学的层面来看，现代化代表着人类社会由传统农业文明向现代工业文明的深刻的文化转型。其核心是人自身的现代化，即人的存在方式或行为模式的根本转变。家政学学科作为研究人的日常家庭生活的重要领域，通过吸收各个学科的最新研究成果，形成适应个人和家庭发展需要的科学生活观点和方式，从而促进个人和家庭的现代化进程。由此可见，家政学学科无论从宏观层面还是微观层面来看，都对社会与个人和发展起到了重要的作用。

现代家政学学科从美国发端，已经发展了一百多年。美国家政学学科建立于19世纪末社会转型期间，工业化进程中的理性精神不断延伸到人们的日常生活领域，最后发展成一个以日常家庭生活为主要研究对象的学科。大批家政学家致力于将各种科学成果运用于家庭生活之中，并通过美国完善的家庭生活推广展示系统，将各种科学的生活理念与方式推广到城市与农村的各个角落，从而使现代化的科学成果得到广泛的接受与认可，在这一过程中促进了人自身的现代化。如今的美国家政学学科已经成为官方承认的一级学科，从初等教育到高等教育，全面地渗透进各级教育系统，并在上百所大学中开展了从副学士到博士层面的各种教学、科研和社会服务工作，为民众家庭生活质量的改善做出了重要的贡献。美国家政学学科发展也并不是一帆风顺的，其间经历了改名风波、重组困境甚至是被撤销的危机，但都没有阻挡住它向前发展的步伐。分析美国家政学学科发展的有效经验和重要教训，可以为我国家政学学科的重建提供有益的启示。家政学学科在我国并不是一个新鲜的名词。我国在民国时期从美国引进家政学学科，但由于当时的社会环境并没有为其发展提供适宜的空间，因此家政学学科一直没有发挥出应有的社会作用。在与中国旧有的传统文化结合的过程中，当时的家政学学科成为一种专供权势阶层子女享受的专门培养所谓"贤妻良母"的教育。这种落后于时代的弊端在新中国成立后遭到极力批判，导致该学科被取消。由于认识的历史局限性，人们并没有对家政学学科的现代性价值进行分析，而是将其作为阻碍妇女解放与发展的因素而加以批判。改革开放以来，社会主义市场经济得到了蓬勃发展，中国社会正在经历着有史以来最为深刻的现代化进程中的转型，即农业文明向工业文明的转变。家政学学科在这种历史背景下开始自发地发展起来。这种发展是社会客观需要的结果，即人们在社会转型期间需要家政学学科来指导新的生活方式。我国家政学学科目前的发展状况与国际当前的家政学学科发展差距甚远，在中断半个世纪后重建家政学学科，一方面需要总结过去的经验和教训，立足中国国情；另一方面应该借鉴国外经验，避免重走弯路，跟上国际发展步伐。只有系统地考察家政学学科整体的发展状况，才能对这个学科在中国的价值作出一个比较全面的判断。

一　有关家政学学科研究的审视

从国外对于美国家政学学科的研究来看，美国家政学学科在创立后就进行了全方面的扩张，尤其在众多职业法案的推动下在教育领域有了迅速的发展。关于家政学学科在各种学校中发展的研究相对丰富。家政学学科早期的研究多为知识介绍性的，尤其是对科学知识在家庭工作中应用的介绍。到了20世纪50年代之后，随着家政学学科反思的开始，研究范式从实证主义向后实证主义发展，家政学家们开始使用批评的、解释的视角来解读学科的问题。20世纪80年代之后，随着家政学学科反思的深入，学科内部开始形成共同认可的概念和理论框架。在这种共识的基础上，美国家政学会进一步开发了国家性的家政学教育标准和学科知识体系，为学科的进一步整合奠定了重要的基础。从国外关于美国家政学学科研究的文献梳理中可以看出，全面研究美国家政学学科发展的著作不算太多，从现有的研究来看，主要集中在哲学、女性学、教育学、历史学、社会学、文化学、政治学等方面，但主要散见于杂志中发表的论文，不够详细和系统。从笔者掌握的资料来看，从现代化进程中考察家政学学科所表现出的现代性的研究成果至今尚未出现。

我国大陆地区的家政学学科研究自新中国成立后就中断了，因此家政学学科研究资料主要集中于民国时期和改革开放后。总体来看，我国国内还没有出现系统研究美国家政学学科的专题性研究，甚至是研究论文都比较缺乏。国内对于美国大学家政学教育的研究只是散见于个别文章之中，存在资料出处不明确、年代陈旧、重复引用等问题。一方面由于家政学学科已经在中国中断了半个世纪，另一方面是因为如今的家政学学科一词被严重误解，导致了人们认为家政学学科就是简单的家事管理的知识，不值得学术界研究。中国家政学学科的研究主要集中在 20 世纪 80 年代以后。总体来看,我国家政学学科的反思工作还在进行着。大多数家政学学科研究者认为家政学学科是应用型、实践性学科,也有学者认为是理论性学科。但是学者们对于家政学学科的研究对象——家庭生活已经达成了共识,并认为学科的目的是提高家庭生活质量。至于以什么样的方式、提高哪些方面的生活质量,则因个人视角的不同而有所差异。

在现有的国外的家政学学科研究中,已有的研究多集中于家政学学科与女性发展、家政学教育、对家政学学科发展困境的反思等方面,研究的视角多集中于实证主义、女权主义、生态主义、批评理论和解释理论等。国内研究则集中于家政学的概念和内容。这些研究从不同的方面丰富了家政学学科理论的发展,但并没有从现代性的视角全面地研究家政学学科的价值、特征、困境与潜力。家政学学科作为现代化的产物,必然表现出现代性的特征。现代性是现代社会的重要特性。家政学学科所表现出来的现代性是学科价值的体现,正因为家政学学科具备现代社会的特征,发挥出现代性的作用,才能确保学科的长远发展。因此,从现代性的视角研究家政学学科,对于解决家政学学科的价值问题和发展问题具有重大的意义。

二　本书论题的确定

现代家政学诞生于美国且在美国经历了一个多世纪的发展,尽管经历了不少曲折和困境,但仍然呈现出蓬勃的生机。19 世纪末,以社会化大生产和商品经济为基本内涵、以技术理性和人本精神为主导性精神支柱的工业部门不仅使日常生活在美国社会生活中的比重急剧下降,而且也使日常生活本身的结构和图式真正受到了冲击和改造。一直被局限于私人领域——家庭中的美国妇女在这一时期开始活跃起来,她们将最新的科学知识运用于家庭管理之中,希望创建一门新的学问——家政学学科,帮助她们走出家庭,在更大的社会空间中施展才能。她们将社会看作家庭的延伸,认为妇女可以凭借自己的道德优势(家庭的守护天使)在市政建设中做出重要的贡献。家政学学科作为桥梁,将科学技术主动地渗透到日常生活世界。从根本来说,家政学是现代化发展的必然产物。

美国家政学学科自创建到现在,已经为社会培养了大批的致力于增进人们家庭生活福利的专业人员和学者，将现代化的理性精神和人本精神深深地渗透进千家万户，成为指导人们生活的一种准则，使人们建立起现代化的生活方式。从文化哲学视角来看，美国现代化进程的主要障碍表现为传统日常生活对人自身现代化发展的桎梏，而家政学学科作为批判和重建日常家庭生活的重要力量，可以为美国公民自身的现代化进程做出巨大的贡献。美国家政学学科是促进现代化的重要推动力量，其作用在于通过改变人们习以为常的传统家庭生活方式，将现代化过程中所产生的核心精神——技术理性与人本精神——渗透进人们的日常生活之后，帮助人们建立现代化的生活方式，从而促进了人自身现代化的进程。目前美国的家政学学科作为国家学科分类系统中的一级学科，在美国的几百所大学中都有教学和研究的队伍，已经成为一股不容忽视的学术力量。另外，我国民国时期的家政学学科也是从美国引入的，其中很多历史积淀与美国的家政学学科情况相似。因此研究美国家政学学科发展，可以为我国家政学学科的重建提供有益的启示。

现代化是人类迄今为止最深刻的社会转型（包括精神飞跃和制度更新），发生在从传统农业文明向现代工业文明的转折。现代化是一个动态的进程，现代化发展到一定程度就会使社会的精神和制度发生全面的转变，并在这一过程中生成现代性。现代性一旦生成便具有相对的稳定性，进一步加速现代化的进程。现代性是特指西方理性启蒙运动和现代化历程中所形成的理性的文化模式和社会运行机理。相比动态的现代化进程而言，从现代性的角度研究家政学学科更容易把握，因为现代性可以固着在学科的精神和制度中。本书从现代性的视角出发，系统考察家政学学科在美国发展的过程，分析家政学学科在现代化中所发挥的重要作用，所表现出的现代性维度、遇到的现代性困境，以及所具有的现代性潜能，为家政学学科在中国发展提供宝贵的启示。

三　研究方法的说明及思路的确定

本书的方法主要包括历史研究法和比较法。本书关注的是美国家政学学科发展，因此对于其发展的历史梳理是必不可少的。从百年的发展历程中，可以分析出美国家政学学科的发展阶段和特点，分析学科的发展规律及预测学科的未来发展方向。比较法是人类确定事物异同关系，从而认识客观事物的一种重要思维过程和方法。根据一定的标准把彼此有某种联系的事物加以对照，以确定其相同之处和不同之处，我们便可以对事物做出初步的分类。在对事物的内外各种因素和各个方面进行了深入的分析和比较以后，我们就可以揭示事物之间的内在联系，认识事物的本质。① 本书旨在研究美国家政学学科发展，揭示其对现代化发展的核心价值，以及学科所表现出的现代性特征，学科所遇到的发展困境和具备的发展潜力，目的是为中国家政学学科发展提供有益的启示。但中美两国文化背景迥异，直接借用美国的经验并不可行，需要深入地比较两国的文化特征，找出适合中国社会借用的宝贵经验，并借鉴美国经验为孕育家政学学科的现代性维度提供合适的土壤。

本书的逻辑结构如下：首先对重要理论进行了阐述，分析美国家政学学科与现代化的关系，在此基础上，分析了美国家政学学科的历史和不同阶段的特征。在全面地分析了美国家政学的学科发展之后，进而转入我国家政学学科的分析。本书的主体部分为美国家政学学科的现代性研究。本书内容具体包括：本书序从时代的需要提出研究家政学学科的重要价值，美国家政学学科是世界范围内家政学学科发展的范例，在美国社会的现代化进程中发挥了重要的作用，对中国家政学学科的重建具有重要的借鉴意义。第一章是概念分析和理论基础，之后部分均根据这一章的论述展开。从美国家政学学科的发展来看，其帮助人们在社会转型期间形成了现代化的日常生活方式，用技术理性和人本精神重塑了人们的家庭生活。家政学学科在现代化社会中生成了现代性的精神性和制度性维度，这种稳定的精神特征和制度表现进一步强化了家政学学科在现代化过程中的重要作用。家政学学科所表现出的现代性对学科发展具有决定性影响。第二章从动态的历史发展视角对美国家政学学科在现代化各个阶段中的发展特点进行了系统的检视。第三章到第五章从相对静态的视角剖析家政学学科在现代化进程中所生成的现代性维度（第三章），这种维度本身内在的张力所造成的现代性困境（第四章），以及家政学学科现代性维度中所具有的反思调整能力所带来的现代性潜能（第五章）。第六章为美国家政学学科发展经验对于中国的启示。

---

① 王英杰：《比较教育》，广东高等教育出版社 1999 年版，第 72 页。

致　谢

　　本书是在我的博士论文基础上修改而成，不仅仅是读博期间的自身知识积累的成果，更是老师、同学、同事和亲友指导和帮助的体现。

　　首先感谢我的博士生导师，北京师范大学国际与比较研究院的吴忠魁教授，吴老师睿智的谈吐和深刻的思想给了我很多的启发。家政学在我国的发展中断了半个世纪，由于可查的中文权威资料较少，外文资料全都需要自己边梳理边鉴别，为论文写作带来很大的困难。每次将这些"苦水"诉诸导师，吴老师总能站在人类文明和国际社会发展的高度为我拨开云雾，让我坚定自己的选题信心，更坚定了毕业后从事家政学教育和研究的信念。比较惭愧的是，目前我的学术研究还远远没有达到导师的期望，导师对我的鼓励将成为我不断努力的动力。

　　其次要感谢北京师范大学国际与比较教育研究院的各位老师。感谢刘宝存老师，在我学习遇到困难的时候每次请教刘老师，不管多忙，他总能抽出时间为我细心解答。感谢谷贤林老师对我学习和生活的帮助，在做《世界教育信息》（双周刊）责任编辑和新华社编译稿的工作中，谷老师细心的指导和敏锐的思维至今让我难忘。在写论文期间，谷老师给了我莫大的支持，每每想到就心存感激。感谢曲恒昌老师对我学习的指导，帮助我认识到了自己写作中的诸多不足。感谢高益民老师，高老师在我的论文撰写过程中给了我很多启发，还向我介绍了日本家政学的发展情况，给了我很多帮助。感谢周满生老师，在百忙之中为我提供了难得的研究资料并对我的研究提供了宝贵的意见。感谢马健生老师和姜英敏老师，他们在我开题过程中给了我非常中肯的建议，让我非常受益。另外还要感谢院里其他老师的热心帮助，没有这样一个温暖的大家庭的支持，我恐怕很难完成这个学习任务。

　　感谢各位同门学长。首先要感谢李丽洁师姐，热心的师姐在生活和学习上都给了我莫大的帮助，尤其她将自己的经验毫无保留地介绍给我，让我少走了很多弯路。感谢李辉师兄，每次看到我学习不顺利的时候就会苦口婆心地叮嘱我，告诉我他的经验之谈，真是非常受益。感谢吴培群师姐和刘永权师兄，每次见面时都要关切地问我各种学习和生活情况，并在我需要的时候给予大力帮助。感谢郜晖师妹和杨虹君师妹，在生活和学习上总感觉我给她们的帮助不够多，反而有时候还需要她们的照顾，让我深感惭愧。

感谢我的同学们，在与他们三年的朝夕相处中我们建立了深厚的感情，我们经常在辩论中争得面红耳赤，这些争论给了我无限的灵感和启发。沉稳的孙珂、睿智的罗容海、颇具仙骨道风的赵章靖、善良的王善峰、老大哥刘福才、聪敏的罗源、健谈的杜云英、热心的钟晓琳等都给我留下了深刻的印象，他们是我论文写作期间的重要精神支持。

感谢在我论文开题和撰写过程中给予我重要支持和帮助的人士。首先要感谢加拿大圣文森特山大学的麦克格雷格教授，她不仅在精神上给予我重要的支持和鼓励，更为我提供了很多研究美国家政学的重要线索和资料。此外还要感谢北京师范大学教育学院的退休教授高影君老师，与她的几次约谈，让我了解了新中国成立前家政学学科在我国的发展情况，并在论文撰写过程中给了我莫大的支持和鼓励。感谢原协和医院的营养科主任杜寿玢老师，她给了我很多有关新中国成立前教会大学家政学办学的有用信息。感谢原南京师范大学金陵女子学院的钱焕琦院长，她得知我做的是家政学研究后，给了我非常多的鼓励，这进一步坚定了我的研究方向。

感谢中华女子学院的各位同事。感谢中华女子学院高等职业教育学院的各位领导和同事们，在从事家政学教学和研究工作的过程中，他们给了我莫大的理解、支持、包容及认可。特别感谢性别与社会发展学院的孙晓梅教授，在本书的出版过程中给了我莫大的支持和帮助。孙老师对日本家政学教育有着独到的见解，近年来致力于推动我国家庭学科的设立和发展。孙老师身兼多职，经常外出调研，回京时仍抽空给我专业方面的指导，并将家庭学科的建设任务寄希望于我们这批青年教师，她的这种职业素养和敬业精神让我深受感动并不断激励我前行。感谢中华女子学院对本书出版的资助，正是同事们的认可与帮助，本书才能顺利地出版。

最后感谢的是我的家人。父亲于 12 年前去世，母亲含辛茹苦支撑着这个家，供我和弟弟读书。母亲对我学习的大力支持是我读书的重要动力，我希望能够用学习成果告慰父亲的在天之灵，更希望努力回报母亲的养育之恩。感谢我的先生沈锋钢，他从生活上给了我无微不至的照顾，更从学习上为我提出了很多有益的建议。

感谢生活，让我在关怀与爱中前行。

陈朋

2015 年秋天于北京

目　　录

第一章

现代化进程中的家政学学科

在本章中，将对美国家政学学科研究的基础性问题——概念及理论基础进行解读。我国家政学学科发展中断了半个世纪，因此有必要对家政学的概念进行分析和界定。本书从现代性的视角研究美国家政学学科。在本书序中，笔者多次提及"现代性"这一概念，但并未详细说明其内涵。将这一视角引入家政学学科研究是否合理也是本书必须回答的问题。

一 家政学与现代性视角

家政学学科诞生于19世纪末20世纪初的美国，是现代化进程的产物。家政学学科研究的是人的日常家庭生活，目的是帮助人们形成科学有效的生活方式，增进人类家庭的福利。研究美国家政学学科，需要对其中的核心概念进行准确界定。

（一）家政学、学科、发展和现代性界定

本书的核心概念主要包括家政学、学科、发展和现代性，厘清它们的内涵对于理解美国家政学学科的现代性发展具有重要意义。现代性的内涵较为丰富，本书将单独列出一小节进行讨论。

1. 家政学

家政学学科，是由英文"Home Economics"一词译出来的，直译为"家庭经济学"，而经济（Economics）的含义不仅指节省金钱，同时包括合理使用家庭中的人力、财力、物力资源和时间，有效地管理家庭事务，更好地协调家庭人际关系等。对于家政学学科的理解，学科发展历史上主要存在以下观点。

第一，技能说。1912 年，美国家政学会提出："家政学是一门专门的学问，包括经济、卫生、食品、服装、住所等的准备和选择，而为理家所必需的。"① 这是 20 世纪上半期较为流行的典型观点，将家政学看作持家能力和知识，尤其适合女子来学习。

第二，应用说。此种观点将家政学看作对自然科学研究成果的应用。1924 年，美国大学家政学协会将家政学重新定义为"研究一切有关家庭生活的安适与效率的因素，它是应用自然科学、社会科学和艺术来解决家的问题及一切相关问题的综合科学。"②

第三，关系说。这种观点关注家政学学科的结构。1902 年的普莱斯特湖会议上，参会人员共同制定出对后世影响深远的学科经典定义：家政学学科在最广泛的意义上，一方面研究和人们联系紧密的物理环境的规律、状况、原则和理想，另一方面研究人本质上是社会存在的规律、状况、原则和理想，以及二者之间的关系的研究。③ 这个定义确定了家政学学科一方面研究人生存的物理环境，另一方面研究人的社会性，更重要的是关注如何协调二者之间的关系。1970 年，斯格雷特（Jean D. Schlater）在美国家政学会资助下的"家政学研究的国家目标和指导方针"研究项目中提出，家政学研究的是家庭和人类与他周围环境的互动④。1975 年，玛乔丽·布朗（Marjorie M. Brown）出版了影响深远的方向性著作——《家政学学科：新方向2》，其中提出"家政学关注的是如何才能在人和他所处的环境之间取得最有利的平衡"。这种观点反映了将家庭视为一个生态系统，重点是人和环境之间的关系。⑤

第四，目的说。根据家政学的目的来界定家政学，认为家政学的目的是提高人们的生活质量，促进生活的安宁富足（well‐being）。这也是 20 世纪后半期以来家政学家比较认可的观点。1955 年，李巴伦（Helen R.

① Marjorie M. Brown, *Philosophical Studies of Home Economics in The United States：Our Practial Intellectual Heritage（Volume Ⅱ）*, East lansing, MI：Michigan State Uhivesity, 1985, p. 424.

② Marjorie M. Brown, *Philosophical Studies of Home Economics in The United States：Basic Ideas of Home Economics in The United States*, East Lansing, MI：Michigan State University, 1993, p. 547.

③ Marjorie M. Brown, Philosophical Studies of Home Economics in The United States：Our Practial Intellectual Heritage（Volume Ⅰ）, East lansing, MI：Michigan State Uhivesity, 1985, p. 276.

④ Marjorie M. Brown, *Philosophical Studies of Home Economics In The United States：Our Practical Intellectual Heritage（Volume Ⅱ）*, East Lansing, MI：Michigan State University, 1985, pp. 545‐548.

⑤ Ibid.

LeBaron）提出家庭安宁富足是家政学学科的目的并构成学科的基础。[1]
1959 年，美国家政学会发表了《家政学：新方向》（*Home Economics*：
New Directions），提出："家政学主要研究的是提高家庭生活质量方面的知
识和服务。"同年，美国赠地学院和大学的家政学协会也发表了相同的观
点。[2] 1965 年，玛乔丽·布朗提出："家政学是一个应用学科，建立在很
多学科的基础上，在变化的社会中，家政学的目的是促进和维持家庭生活
的康乐或安宁富足（welfare or well – being）。它作为一个独特的学科在于
它整合的力量，因为其将很多学科的基本原理应用到解决个人和家庭日常
生活中遇到的问题。"[3] 1968 年，厄尔·麦格拉恩（Earl J. McGrath）和杰
克·约翰逊（Jack T. Johnson）提出家政学"研究的是个人和家庭的安宁
富足，改善家庭，并保存家庭中重要的价值观"，"还应该关注专业的家
庭服务"。[4] 1973 年的普莱斯特湖会议上，比阿特丽斯·保罗西（Beatrice
Paolucci）提出："学科的目标是提供家庭服务相关的知识，帮助人们解
决日常生活中遇到的问题，达到家庭的安宁富足、生活的改善和家庭中重
要价值观的维持。"[5] 1979 年，布朗和保罗西所著的《家政学学科：一种
定义》（*Home Economics*：*A Definition*）出版，提出："家政学的目标是让
家庭中的个人和家庭这一社会机构来建立和维持一种行动，一是促进个体
在家庭中形成自我；二是教化作用，包括在批评性的思考和构想社会目标
的过程中进行合作性的参与，以及达成这些目的的手段。"[6]

有关家政学的四种定义各有侧重，也各有利弊。技能说和应用说认识
到了家政学在现代化进程中充分运用科学技术将家庭工作现代化的优势，
但过分地将家政学科学化，忽视了学科的批判反思能力。关系说认识到了

---

① Marjorie M. Brown, *Philosophical Studies of Home Economics In The United States*：*Our Practical Intellectual Heritage* (*Volume II*), East Lansing, MI：Michigan State University, 1985, pp. 545 – 556.

② Comm：Tlee on Philosophy and Objectives, Flnne Economics：New Directions, Washington D. C.：American Home Economics Association, 1959, p. 4.

③ Ibid., pp. 545 – 548.

④ Ibid.

⑤ Earl J. McGrath, Jack T. Johnson, The Changing Mission of Home Economics, New York：Teacher College, Colambia University, 1968, p. 105.

⑥ Beatrice Paolucci, "Home Economics：Its Natwre and Mission", Proceeding of the Eleventh Lake Placid Conference on Home Economiss, Washington DC.：American Home Economiss Association, 1973, p. 31.

家政学对人类环境改善的意义，在一定程度上突破了狭小的家庭空间，帮助学科拓展了思路。但这种视角过于宽泛，例如，人类生态学系列的家政学研究，将家政学的研究范围扩展得过于宽泛，反而忽视了家政学过去的特色和优势。目的说指明了家政学的研究目的，但却没有对怎样达成这种目的进行系统的解读。因此，四种定义各有优劣，共同的不足在于缺乏从文化哲学的层面来认识家政学学科这一文化存在。具体来说，包括家政学的日常生活批判功能在现代化进程中的核心价值，以及所展现出来的现代性维度对学科的发展、困境及潜力的影响。

本书提出一种文化说，认为家政学是社会现代化进程的产物，是一种研究人类生活方式的文化现象。家政学的研究对象是人们在家庭中的日常生活，目的是帮助人们改变传统的以经验性、重复性为主要特点的日常生活方式，建立起符合现代化进程需要的以技术理性和人本精神为主要特点的新型生活方式，从而促进人自身现代化的进程。

2. 学科

学科，英语为"Discipline"。在《牛津高阶英汉双解词典》中有六种含义。名词词性的有：训练，磨炼，锻炼；训练方式；处罚；学科。动词词性的有：训练，训导，管教；处罚，处分。① 学科在《辞海》中的释义有两个。一是学术的分类，指一定科学领域或一门学问的分支。如自然科学部门中的物理学、生物学，社会科学部门中的史学和教育学等。二是教学的科目，是学校教育内容的基本单位。如普通中小学的政治、语文、数学、外语、物理、化学、历史、地理、音乐、图画、体育等。

我国学者刘小强基于对学科概念的研究，认为学科至少应包括以下几个方面的含义。②

（1）一种知识体系：这种意义的学科作为知识管理的手段，是关于某一领域的结构较紧凑、思维严密、内在较一致的逻辑知识体系。这种学科表现在学科的文献、教科书等方面。

（2）一种精神规范：作为精神规范的学科是学科的精神气质、信仰、思维方式、规范制度等，它表现在学科研究人员的行为举止、精神状态及

① ［英］霍恩比：《牛津高阶英汉双解词典》（第四版），商务印书馆，李北达编译，牛津大学出版社（中国）有限公司1997年版，第408页。

② 刘小强：《学科建设：元视角的考察——关于高等教育学学科建设的反思》，博士学位论文，厦门大学，2008年，第20—22页。

他们在从事学科教学、研究等工作中表现的独特行为、思维方式等方面。这种意义的学科表现在学科研究的范式、学科的评价制度和学者们的个性特点、生活方式等方面。

（3）一种研究组织：作为研究组织的学科是组织学科研究力量、开展学科研究的基本单位，表现为学科研究的研究院（所、室、中心等）。研究组织形态的学科为学科研究提供了组织形式和庇护所，是学科研究组织化、制度化的标志。

（4）一种教育与人才培养的单位：教育领域里的学科指的是"教学的一种组织形态"，表现为人才培养的独立机构（如学院、学系）、独立学位、独立专业和独立的课程体系。这种意义的学科将知识体系的学科和精神规范的学科传递给未来的、劳动分工意义上的学科成员，从而保证和维护了学科知识、精神和社会分工的持续。

（5）一种劳动分工的方式：学科是伴随知识（认识领域）的分化而形成的。一个学科的成立标志着社会分工中一个新部门的建立，标志着一个新的工作团体和工作岗位的独立分化，标志着一群人的新劳动角色的确立和巩固。

（6）一种交流的平台：作为交流平台的学科超越了时空的局限，将分散在不同地方、机构的学者同行，不同时代的学科人员联系起来，将当前的学科人员同未来的学科人员团结起来，组织学科超时空的学者共同体。交流平台对于学者同行的沟通、学科理智的批判成长等具有重要的意义，它表现在学科研究的杂志、图书文献、学科的群众组织（学会）等。

（7）一种社会管理的单元：进入大科学时代，科学的研究已与经济、社会和国家的利益密切相关，科学研究日益依赖于外部资源和环境的力量，成为政府和社会认定的合法学科对于某一领域知识的生产和传播具有重要的意义。所以，学科也成为社会和国家对科学研究进行资助、管理的重要框架和标准。这个意义的学科表现在国家颁布的学科目录、各种科研基金的申报目录上。

从以上对学科的内涵分析来看，学科的含义实际上可以分为四大部分：逻辑范畴和知识体系；浸淫其中的学科精神和学科制度、规范；学科的具体社会组织，如学院、学系、研究所等；更广泛意义上的学科的社会分工、管理、内部交流机制等。在这几个部分中，前两个部分可以看作是学科的内在观念建制；后两个部分可以看作是学科的外在社会建制。可见，学科是内在建制和外在建制的统一体，是认识的组织和社会的组织的有机结合。从学科的两重建制来看，内在观念建制是学科的核心，是学科生命力的根源，也是其存在和发展之根本。正如华勒斯坦所说的那样："称一个研究范围为一门'学科'，即是说它并非只是依赖教条而立，其权威性并非源自一人一派，而是基于普遍接受的方法或真理。"① 而外在社会建制一方面是学科内在知识和精神规范的外在社会形式和延伸，另一方面也是促进学科内在观念建制成熟的条件，为学科内在观念建制的成熟提供了多种支持和保障。

由于本书侧重研究家政学学科在现代化过程中所产生的现代性维度，从本质上来说探讨的是学科的价值问题，而非事实性问题，因此本书并不严格按照学科的体系、结构和机构等组成部分进行系统的解析，而是将内在建制和外在建制融合进对家政学学科在现代化进程发展的分析中，其中会涉及学科的知识体系、研究范式、教学与科研团队、人才培养、学科制度建设和组织机构设置等问题，但对于这些问题的梳理服从于研究主题的需要，而不会单独列出篇章进行讨论。

3. 发展

《新华字典》对于"发展"的解释：事物由小到大、由简到繁、由低级到高级、由旧质到新质的运动变化过程；扩大（组织、规模）。② 在线汉语字典中对于"发展"的解释主要有四个：事物由小到大、由简单到复杂、由低级到高级的变化；指变化的趋势；扩大；发挥，施展。③ 本书取自以上两种解释中的第一种意义，即发展是从低级到高级的变化。具体到家政学学科的发展，指的是家政学学科从低级到高级的变化，这种变化包含了积极肯定的含义，而不是消极倒退的变化。家政学作为现代化过程中的产物，其目的在于将现代性中的技术理性与人本精神渗透到人们的日常家庭生活之中，从而帮助人们建立新的符合现代社会发展方向的生活方式。家政学的这种重要价值决定了学科将会对现代化进程做出重要的贡献。然而家政学并非在建立之初就完全具备了帮助人们形成正确生活方式的能力，而是随着社会发展进步而不断生成学科的现代性，并调整现代性

---

① ［美］华勒斯坦：《学科·知识·权力》，刘健芝等编译，生活·读书·新知三联书店1999年版，第13页。

② 《新华字典》（修订版），商务印书馆1989年版，第224页。

③ http：//www.chazidian.com/r_ci_f61c3e9baa8b5ac 1e63d3ce0ceca8da3/.

各个维度之间的张力给学科发展带来的负面影响。在整个学科发展过程中，尽管家政学发展会遇到一些挫折和危机，但通过学科的反思和调整，会逐渐克服各种不利因素继续向前发展，因此总体来看，学科的发展是一个螺旋式上升的过程，不断从低级向高级前进。

4. 现代性

现代化是一个动态的过程，从传统社会转型到现代社会，政治经济文化等方面都发生了翻天覆地的变化，表现在社会的各种机制和运行方式中，被称为"现代性"。现代性是现代化发展到一定程度的产物，并随着现代化的深入而不断成长，从而成为稳定的社会运行方式，巩固现代化的成果。本研究采用了文化哲学视角下对现代性的定义，将现代性界定为一种文化存在，认为现代性是西方工业社会在现代化进程中生成的与传统农业社会的经验本性和自然本性相对的一种理性化的社会运行机制和文化精神。[①] 从这个视角来看，现代性是一种文化存在。

（二）现代性研究家政学学科的适切性

本书使用现代性理论来进一步阐释家政学学科所具有的现代性特征，以及由此所产生的现代性困境和发展潜能。

现代化是一个动态的过程。随着现代化研究的深入，学者们开始关注现代化进程中更为稳定的时代精神、社会运行机制和生活方式，被称为"现代性"。现代性研究与现代化研究密切相关，甚至可以说，现代性研究是现代化研究的一种深入。之所以采用现代性理论来研究家政学学科，是因为现代化的动态过程很难把握，而现代性则是在现代化发展到一定阶段之后沉淀的成果，可以像树木的一个切面一样供研究者仔细端详研究。具体到家政学学科，其作为现代化进程的产物，必然生成了现代性的特征。现代性理论揭示出的各种维度可以帮助研究者认识家政学学科所体现出的这种特征，并分析这种特征对学科产生的影响。

1. 现代性研究述评

不同学科或不同学科领域，以及不同研究者对于现代性的理解和切入角度、层面等差异都非常大。例如，文学视野中的现代性既可以是理性和

---

① 衣俊卿：《现代性的维度》，黑龙江大学出版社、中央编译出版社 2011 年版，第 27—28 页。

启蒙，也可以是每一时代都会面临的先锋性；哲学研究更加关注启蒙与理性文化，在文化精神层面上思考现代性问题；社会学、政治学和法学则偏重于在社会生活和社会制度（社会组织模式）的意义上探讨现代性的问题。国外现代性的研究主要存在于哲学层面。哈贝马斯虽然强调现代性是一项尚未完成的设计，但他更倾向于从"时代意识"的文化精神方面理解现代性，把现代性"用来表达一种新的时间意识"。① 吉登斯则明确地把现代性理解为一种制度安排，"'现代性'指大约从 17 世纪开始在欧洲出现，此后程度不同地在世界范围内产生影响的社会生活或组织模式"。② 利奥塔也在精神层面上界定现代性，但他的兴奋中心是作为"宏大叙事"的现代性。他认为，关于理性、自由、解放的允诺等"元叙事"（Meta Narratives）或"宏大叙述"（Grand Narrative）"是现代性的标志"。③

　　国内学者也是从不同角度切入现代性问题的。有的学者接受福柯关于现代性态度的思想，主要讨论哲学意义上的现代性，认为"现代性主要指的是一种与现实相联系的思想态度与行为方式，因此它与哲学认识论、方法论和道德、宗教、政治哲学密切相关"。④ 俞吾金先生注意到关于现代性的理解的多样性，他在《现代性现象学》中指出，关于现代性有各种不同的理解，最主要的有四种观点：第一种观点把"现代性"理解为一个特定的历史时期，如凯尔纳和贝斯特；第二种观点把"现代性"理解为一种独特的社会生活和制度模式，如吉登斯；第三种观点把"现代性"理解为一种特殊的叙事方式，如利奥塔；第四种观点把"现代性"理解为自启蒙以来尚未完成的一个方案，如哈贝马斯。⑤ 刘小枫先生则从社会理论的角度分析了"现代性"概念和"现代现象"概念的丰富含义。他强调现代化转型所引发的社会各个层面的深刻转型，"从形态层面观之，现代现象是人类有史以来在社会的政治—经济制度、知识理念体系和

　　① ［德］尤尔根·哈贝马斯：《后民族结构》，曹卫东译，上海人民出版社 2002 年版，第 178 页。

　　② Anthony Giddens, *The Consequences of Modernity*, Stanford, California: Stanford University Press, 1990, p.1.

　　③ ［法］利奥塔：《后现代性与公正游戏——利奥塔访谈、书信录》，谈瀛洲译，上海人民出版社 1997 年版，第 167 页。

　　④ 陈嘉明：《现代性与后现代性》，人民出版社 2001 年版，第 3 页。

　　⑤ 俞吾金：《现代性现象学》，上海社会科学院出版社 2002 年版，第 34—35 页。

个体、群体心性结构及其相应的文化制度方面发生的全方位秩序转型。它体现为一个极富偶在性的历史过程，迄今还不能说已经终止。从现代现象的结构层面看，现代事件发生于上述三个相互关联又所有区别的结构性位置。我用三个不同的术语来指称它们：现代化题域——政治经济制度的转型；现代主义题域——知识和感受之理念体系的变调和重构；现代性题域——个体—群体心性结构及其文化制度之质态和形态变化。"①

相较于现代化研究，现代性的研究更多地采用了解释的、批判的研究方法来深入地探析现代化对社会产生的影响及所形成的稳定的生活方式。哈贝马斯、吉登斯和利奥塔均为批判主义的哲学大师，我国学者陈嘉明、俞吾金、刘小枫等也都是颇具影响力的富有批判精神的当代哲学家。可见，现代性的研究从宏大的经济政治社会结构研究转到了研究形成这种结构的指导精神及具体的生活方式，并开始提到"文化制度"这种更为深层的社会运行机制。但以上研究的不足在于不够系统深入，虽然已经提到了文化层面，但仍然缺乏系统的分析。

2. 文化哲学视野下现代性研究

20 世纪是文化哲学的世纪。文化哲学的出现把日常生活世界从背景世界中拉回到理性的地平线上，使理性自觉地向生活世界回归。胡塞尔、维特根斯坦、许茨、海德格尔、列斐伏尔、哈贝马斯、郝勒等许多理论家从不同层面推动了这一哲学转向。国内从文化哲学层面来研究现代性的代表性人物是衣俊卿先生，他借用福柯的术语——历史深层的"沉积层"（Sedimentary Strata）将现代性描述为全面支撑着现代社会的理性"沉积层"，这是理性在特定时代的集中的、厚重的"沉积层"，是渗透到现代社会所有方面的像血脉一样的理性"沉积层"。② 他认为现代性是具体的，是非中心的、弥散的、围观的、内在机理性的存在现象，是内在差异的、非连续的、异质的、层积性的、断裂性的微观存在现象。从文化哲学层面来看现代性，可以避免线性决定的宏观的社会历史理论，即把文化哲学确定为现代性反思的基本理论前提或理论预设。一方面，从基本规定性看，现代性是文化的存在。强调现代性从本质上是文化存在，是理性化和个体化时代的主导性的文化模式或文化精神。另一方面，作为文化的现代性，

---

① 刘小枫：《现代性社会理论绪论》，上海三联书店 1998 年版，第 3 页。
② 衣俊卿：《现代性的维度》，黑龙江大学出版社、中央编译出版社 2011 年版，第 96 页。

其活动机理应当按照文化哲学的社会历史理论来加以解释。总体来看，文化哲学视野下的现代性研究综合了众多学者对于现代性的研究成果，并创见性地提出现代性的三个维度，为现代性的研究提供了更为系统的理论框架。本书采用了文化哲学视野下的现代性研究视角，并根据研究需要对理论进行了细微的调整。

文化哲学视野下的现代性研究将现代性所表现出来的内涵称为"维度"，原因在于"维度"一词所特有的包容性、弹性和伸缩性。将现代性划分为三个主要维度：现代性的精神性维度、制度性维度和伦理维度或价值约束维度。现代性的精神性维度特指经过近现代科学和现代知识启蒙的自觉的理性精神。因此，现代性的精神性维度主要涉及人的主体性、理性的反思性、理性化的文化精神、理论化的意识形态等自觉的理性精神维度。现代性的制度性维度主要涉及理性化的经济制度、行政制度、控制机制等具体维度。而现代性的伦理维度或价值约束维度的规定性需要特别限定，这里不是广义上谈论文化或价值，而是在特定的意义上指在启蒙和现代性的生成和演化过程中内在于这一特定历史进程的文化价值。这一维度以一种方式和价值精神推动促进社会的理性化和世俗化进程。在西方的特定语境下，现代性的伦理维度或价值约束维度又常常主要表现为宗教性维度。文化哲学视野下现代性研究将现代性的精神性维度和制度性维度视作基本理性化的维度，而现代性的伦理维度或价值约束维度的情形则十分复杂，既能在某些方面体现出强化现代性的精神性维度和制度性维度的取向，也会在许多方面对现代性的基本的理性化维度构成约束、制约和修正。将现代性的伦理维度放到现代性的张力结构中加以分析。

从美国家政学学科发展历史来看，家政学产生于美国社会现代化的过程中，目的是帮助人们在社会转型期间形成新的生活方式。家政学的研究内容是人们所经历的日常家庭生活。文化哲学的最大特点则在于使理性自觉地向生活世界回归，文化哲学是从文化的层面回归生活世界，是"人的生存和社会历史运行的一种新的哲学范式",① 一种真正根植于生活世界的哲学范式。因此文化哲学视野下的现代性理论更为适合分析家政学的现代性内涵。文化哲学视野下的现代性研究理论层次分明，三个现代性维度综合了国内外的各种关于现代性的研究，比较全面。更重要的是，这个

① 衣俊卿：《文化哲学：一种新的哲学范式》，《江海学刊》2000 年第 1 期。

视角下的现代性理论与日常生活批判理论均从文化哲学的视角出发，将现代化理解为文化的转型，将现代性理解为一种文化存在。日常生活批判的过程中促进了现代化的进程，现代化进行到一定程度后便形成了相对稳定的现代性维度，这种维度反映在家政学学科发展中，是促使家政学进行日常生活批判的现实推动力。

二　家政学学科的现代性分析框架

家政学研究的是人的日常家庭生活，目的是帮助人们形成科学有效的生活方式，增进人类家庭的福利。从美国家政学学科的发展来看，其帮助人们在社会转型期间重建了日常生活方式，用技术理性和人本精神重塑了人们的家庭生活，具有一定的文化批判和重建意义，促进了人自身的现代化。家政学学科所表现出的现代性对学科发展具有决定性影响。

（一）　家政学学科是现代化的产物

家政学学科是一种社会发展到一定程度的必然产物。工业文明确立以前的传统社会从本质上是日常生活世界或以日常生活为重心的社会。工业文明之后的社会里，非日常生活领域急剧膨胀，确立起超日常生活的社会运行机制，为人提供自由创造和竞争的空间。而日常生活世界则缩小为提供情感性依托和安全感的家园。但这种转变并不是一帆风顺的，强大的传统生活方式的重复性和常识性思维经常阻碍新的生活方式的形成。工业文明确立后，虽然越来越多的人有机会进入自由自觉的创造状态之中，但是，人们这些活动主要限于非日常的社会活动和自觉的精神生产领域，而日常生活领域虽然不断经受商品经济和工业文明的冲击，不断承受科学、艺术和哲学所代表的科学理性和人本精神的渗透，但其本质上依旧是一个以重复性实践和重复性思维为主要活动方式的自在的类本质对象化领域。在这种情况下，美国家政学学科产生了，其借助现代化过程中生成的技术理性和人本精神，将传统的生活方式进行改造，形成适应工业社会需要的新型生活方式，通过教育、科研和社会推广等方式传播到千家万户，从而促进了人自身现代化的进程，为文化的转型做出了重要的贡献。

家政学学科的研究对象是日常家庭生活。家庭是以婚姻和血缘关系为基础，由夫妻、父母和子女及其他有血缘关系并共同生活的亲属组成的社会单位。家庭是日常生活的重要组织者、管理者和调控者，主要表现在三个方面。第一，家庭是日常生活最恒定的和最基本的寓所。第二，家庭是日常生活最主要的组织者和调控者。家庭通过三个方面的基本因素来组织、调控家庭成员的衣食住行、饮食男女和礼尚往来等日常活动：人类世代自发地沿袭和积淀的经验；各个家庭代代相传的家规、家法、家训、家戒、家礼及家风等自在的行为规范；家长的权威性，尤其是父权的重要性。第三，家庭是人类丰富多彩的情感世界的最坚实的基地。阿格尼斯·赫勒在《日常生活》中提出"在家"的感觉对于日常生活的重要性，"熟悉感为我们的日常生活提供基础，同时，它自身就是日常需要。像一般的日常生活中的整合是关于空间中的固定点，即我们由之'开始'（无论是每日的还是一个较长时期内的）并在一定时期向之回归的坚实位置的意识。这一坚实位置是我们称之为'家'的东西。'家'并非简单的是房子、住屋、家庭。有这样的人们，他们有房屋和家庭，却没有"家"。由于这一原因，尽管熟悉是任何关于'家'的定义所不可缺少的成分，但熟悉感自身并不等同于'在家的感觉'。比这更为重要的是，我们需要自信感：'家'保护我们。我们也需要人际关系的强度和密度：家的'温暖'。'回家'应当意味着：回归到我们所了解、我们所习惯的，我们在那里感到安全，我们的情感关系在那里最为强烈的坚实位置"①。由此可见，家庭日常生活通过世世代代的演变已经形成了较为稳定的模式，这种特征与传统社会的文化相遇，形成一种强大稳固的生活方式，影响了人们的日常生活实践活动。现代化进程中要求文化转型，其核心是人的现代化。人们以往常常关注的是社会宏观层面的经济、政治的现代化，而忽视了微观而无处不在的家庭日常生活。家庭中存在的弥散性、影响深远的传统生活方式往往在最深刻的层面影响了现代化的进程。而家政学的重要意义则在于改变传统农业文明下的生活方式，形成适应工业文明需要的现代化生活方式，共同致力于文化的深层转型。家政学最大的特点在于其关注的是每个人、每个家庭的日常生活的质量。通过借助各种学科的最新研究成果，对传统的家庭生活方式进行现代化的改造，从而形成更为科学、合

---

① Agnes Heller, *Everyday Life*, New York and London: Routledge and Kegan Paul, 1984, p. 239.

理的生活方式，从而增进人们家庭生活的质量。

19 世纪末，以社会化大生产和商品经济为基本内涵，以技术理性和人本精神为主导性精神支柱的工业部门不仅使日常生活在美国社会生活中的比重急剧下降，而且使日常生活本身的结构和图式也真正受到了冲击和改造。美国家政学学科在这种环境下产生，也可以说，现代化是家政学学科产生的催化剂。主要表现在以下三个方面。

第一，社会化大生产和商品经济的发展打破了封闭保守的传统日常生活世界，为一切人进入非日常生活世界提供了均等的机会，使非日常活动成为每一主体生存中的重要组成部分，这极大地促使非日常生活世界的发达和膨胀。19 世纪中后期，美国工业化发展进程加速，一直被局限于私人领域中的妇女在这一时期开始活跃起来，她们将最新的科学知识运用于家庭管理之中，将社会看作家庭的延伸，认为妇女可以凭借自己的道德优势在市政建设中做出重要的贡献。家政学学科作为桥梁，将科学技术主动地渗透到日常生活世界。从根本上来说，这是非日常生活世界发达和膨胀的必然结果。

第二，在工业文明下，人们打破了传统的封闭的日常交往阈限，非日常交往得以确立和发展，交往的自由与空间越来越大。工业革命后，美国社会出现了“家与工作场所分离”的现象。① 这种性别分工的主要原因在于从 18 世纪末开始，由于财富的增长，中产阶级的家庭不再像以前那样需要妻子在经济上与丈夫进行合作。上层和中产阶级的妇女的工作主要是组织性的和管理性的，包括社会工作、家务劳动、地产管理和家庭商业等。母亲的职责也是重要组成部分。但这种家庭内部的专业分工导致妇女被束缚在家庭之中，与外界社会相隔离。随着妇女受教育程度的普遍提高，女性开始意识到这种性别压迫，并进行了各种形式的反抗。家政学学科作为一种温和的女权主义，在创建早期为妇女走出家庭做出了重要的贡献。妇女学习家政学后，可以在医院、商业机构、公共事业机构从事相关工作。家政学学科这种发展背后的动力来自工业文明中的人本精神，即尊重人的主体性，倡导人与人之间的平等和自由发展。

第三，支撑着工业文明的两大主导精神，即技术理性和人本精神，极

_____

① ［法］吉尔·里波韦兹基：《第三类女性——女性地位的不变性与可变性》，田常辉、张峰译，湖南文艺出版社 2000 年版，第 185 页。

大地改变了人的生存方式，把人从自由自在的生存状态提升到自由自觉和创造性的生存状态。技术理性与人本精神在现代化的过程中并不是同步发展的，甚至在很长时间中二者之间存在着巨大的张力。这两种张力反映到家政学学科的发展中，主要表现为两大流派，即科学管理派和社会文化派。科学管理派奉技术理性为圭臬，以自然科学为基础学科，将化学、物理学、生物学等学科的最新研究成果运用到家庭劳务之中，认为家政学家的目的是科学管理家庭工作来达成效率和经济。社会文化派崇尚人本精神，重视家庭中的人际管理和心理精神层面的生长，认为家政学家通过家庭教育增强人类的能力，个人能够发展成为健康强壮的个人，男女都参与社会的活动促进社会的自由发展。两大学派在家政学学科的发展史中一直处于相互交锋论战的状态，最终逐渐走向融合，共同致力于现代化的生活方式的形成。

（二）家政学学科的任务是重建日常生活

日常生活是以个人的家庭、天然共同体等直接环境为基本寓所，旨在维持个体生存和再生产的日常消费活动、日常交往活动和日常观念活动的总称，它是一个以重复性思维和重复性实践为基础存在方式，凭借传统、习惯、经验及血缘和天然情感等文化因素而加以维系的自在的类本质对象化领域。非日常生活领域则是相对于日常生活而言的，主要包括两个方面：一是政治、经济、技术操作、经营管理、公共事务等有组织的或大规模的社会活动领域和非日常的精神生产领域；二是科学、艺术和哲学等自觉的人类精神生产领域或人类知识领域，基本上等同于人们习惯称谓的意识形态领域。

家政学学科脱胎于日常生活，从最初的家务劳动研究、家庭内部人际关系研究、人类生态学研究到消费者的研究，都围绕着家庭的生产与消费活动，目的是增进生活的福利。与日常生活的特点不同，家政学学科属于非日常生活世界，作为连接二者的桥梁，不断将工业文明中的技术理性与人本精神渗透到日常生活之中，促进文化转型和人的现代化。家政学对日常生活的三个主要部分——日常消费活动、日常交往活动和日常观念活动进行了现代化的批评和重建，使之呈现出现代性的特点。家政学学科作为一个桥梁，使日常生活逐渐摆脱自发自在的状态，朝向于自由自觉的方向发展。在这一过程中，人的理性和主体精神得到极大的张扬。

"如果一个民族主要凭借日常生活的图式和模式而活动，那么无论是个体的发展，还是社会的进步都将受到传统的巨大束缚与桎梏。"① 从这一方面来讲，家政学学科对日常生活的重建意义重大。如果在工业社会中，人们在家庭日常生活中仍然靠农业社会中的重复性、经验式方式来进行，那么这种强大的日常生活思维方式很可能会形成一种与工业文明对抗的力量，悄悄地吞食非日常生活世界中的自由自觉的实践活动，影响人们主体性和创造性能力的发挥。因此，家政学学科对传统社会中的日常生活进行批判和重建是现代化进程中的重要推动力，其所倡导的新型生活方式是文化转型的关键。

（三）家政学学科的现代性内涵

家政学学科在现代化的动态进程中通过对日常生活的批判和重建，促进了人自身的现代化，从而为文化转型做出了重要的贡献。家政学学科作为现代化的产物，必然表现出现代性的维度。研究家政学的现代性维度可以更深入地考察学科在现代社会中对人们日常生活方式重建的运行机理。家政学的各个现代性维度之间的张力可以解释学科发展中的困境和挫折，现代性自由的反思性和调整性可以帮助家政学通过不断的反思和改革来释放出学科内在的现代性潜能。

1. 家政学学科表现出现代性维度

现代性是特指西方理性启蒙运动和现代化历程中所形成的理性的文化模式和社会运行机理。现代性的维度主要可以分为三类：精神性维度，制度性维度和价值约束维度。

精神性维度包括：基于个体自由和主体性的自我意识、超越性的和进步性的时代意识、理性化的和契约化的公共文化精神、科学化的和普遍化的宏大历史叙事和世界图景。这四种维度进一步可以归结为技术理性和人本精神，具体到家政学学科发展中，表现为家政学的两大学派——科学管理派和社会文化派——的对立统一关系。

现代性的制度性维度包括经济运行的理性化、行政管理的科层化、公共领域的理性化和自律化，以及公共权力的民主化和契约化。这种制度性维度渗透到家政学学科中，表现为家政学在百年的发展历程中逐渐形成了

---

① 衣俊卿：《现代化与日常生活批判》，人民出版社 2005 年版，第 299—300 页。

教育、科研、社会服务的合作系统，在美国的专业分工中占据了一定的地位，在理性化的经济运行、科层化的行政管理、自律化的公共领域和民主化的公共权力中发挥了独特的作用。

现代性的价值约束维度主要是指宗教性维度。从西方历史发展来看，基督教不仅与理性主义相互交织发展，而且还从价值和道德的维度对理性主义，特别是技术理性主义形成一种制约和补充。并且这种制约和补充并不停留在对现代性或纯粹理性文化的某种外在的制约，而是在一定意义上构成了现代性的一个重要的内在维度，即道德和价值约束的维度。[①] 这种维度具体到家政学学科中，表现为新教伦理中的奉献精神和专业伦理对理性经济、科层管理的反思和约束，形成了对技术理性过分膨胀的一定制约。

2. 家政学学科经历了现代性风险

现代性的各个维度之间存在着内在的张力，表现在价值约束维度与精神性维度、精神性维度与制度性维度之间，精神性维度与制度性维度内部各自存在的张力与冲突。这种维度之间的张力具体到家政学学科之中，表现为家政学技术理性过度膨胀、职业利益与专业伦理的矛盾、科层管理与专业精神的冲突等问题。

美国家政学学科发展最为突出的问题是学科现代性中技术理性维度过于发达。创立时期的家政学接受了实证科学主义的绝对主导，忽视了家庭的精神、心理、文化等方面，传统文化承载的价值和意义被摧毁，留下的是技术理性和理想的代理。由于缺乏实践理性的反思传统，家政学家倾向于利用理性程序和实验规范来处理争端。家政学家成为技术专家，向民众推广他们制定的科学的生活方式，技术的过度使用造成了单面的学科，失去了宝贵的批判精神，这是一种非理性的表现。这种危机的根源在于现代性所具有的工具理性维度和人所具有的超越性本性。人作为一种从大自然链条中挣脱出来的、以自由自觉的实践活动为本质的存在，本身就内在地具有不断超越给定性的特征。而在现代性的理性的文化模式中，理性使人的超越本性以更加自觉和更加彻底的方式淋漓尽致地展示出来，它要求个体发展自主性，摆脱依靠外力的"不成熟状态"，它要求人类用一整套合

---

① 衣俊卿：《现代性的维度》，黑龙江大学出版社、中央编译出版社 2011 年版，第 259—260 页。

理的规范来表述文化的价值和安排各个层面的制度，这是现代社会和现代
主体的动力和活力之所在。但是，与此同时，按照吉登斯的"社会知识
的循环论"和"社会知识的反思性"，必然会出现个体活动和社会运行的
"未预期的后果"，出现由于理性的规范化功能和总体化趋势而带来的可
能的风险，出现启蒙理性走向"自我毁灭"的情形或出现人们所说的现
代性的"自反性"特征。而这种状况肯定不是短暂的历史时期，而是理
性的生存方式的必然状态，同时也是人类不断创新的可能性空间。① 因
此，这种"由于理性的规范化功能和总体化趋势而带来的可能的风险"
造成了家政学学科的现代性风险。

　3. 家政学学科释放出现代性潜能

　　现代性维度内在的张力影响了家政学学科的稳定发展，但这并不意味
着家政学的发展是没有希望的。现代性固有的反思性可以帮助学科进行内
在的调整。吉登斯认为，反思性是人类活动的内在规定性，但是，由于前
现代社会具有"以过去为定向"的特征，因此，"在前现代文明中，反思
性在很大程度上仍然局限于重新解释和阐明传统"。而"随着现代性的出
现，反思性具有不同的特征。它被引入系统再生产的根基，由此思想和行
动总是处在连续不断地彼此相互反映的过程之中"，在这种情况下，"社
会实践总是不断地受到关于这些实践本身的新认识的检验和改造，从而在
结构上改变着自己的特征。……现代性的特征并不是为新事物而接受新事
物，而是对整个反思性的确证，这当然也包括对反思自身的反思"②。在
反思和调整下，家政学的发展可以尽可能避免现代性张力对学科造成的危
害。如美国家政学家在 20 世纪中期认识到技术理性并非学科的唯一靠山，
家政学也并非科学技术在家庭生活中的简单应用。家政学需要解决的是不
同时代人类家庭遇到的各种问题。家政学也明确自己的核心目的——增进
人类家庭的福利。通过一系列反思研究，家政学的学科理论基础得到增
强，从而为下一个世纪的发展奠定了良好的基础。现代性自有的反思性，
可以帮助家政学进行适当的调整，使学科进入新一轮的良性发展轨道。

---

① Anthony Giddens, *The Consequences of Modernity*, Stanford California: Standford University Press, 1990, pp. 37 – 39. 转引自衣俊卿《现代性焦虑与文化批判》，黑龙江大学出版社 2007 年版，第 316 页。

② 同上。

第二章

美国家政学学科的历史考察

　　家政学学科的发展深深带着美国现代化发展的烙印，家政学学科的发展阶段参考美国史的划分，从 19 世纪 40 年代大学中出现家政学课程开始到如今，共分为五个阶段，分别是萌芽阶段（1840—1890 年），建立阶段（1890—1912 年），扩张阶段（1912—1950 年），反思阶段（1951—1980 年），以及 1980 年之后的新发展。这五个时期与美国现代化发展的分期也比较契合。美国独立战争后 30 多年间，工业发展还比较薄弱。1812—1814 年，英美战争对美国资本主义的发展起到了促进作用。美国工业革命就从那时开始起步。19 世纪 80 年代，美国工业产值赶上并超过英国而居世界首位，开始从农业国向工业国转变。19 世纪末 20 世纪初为美国从农业国转为工业国的转折点，也是家政学学科的创立期。第二次世界大战后，现代化早期飞速发展下的各种弊端开始显露出来，各种社会思潮和社会运动蜂拥而起，这一阶段也是家政学学科的反思期。这一反思阶段一直持续了 30 年，直到 20 世纪 80 年代之后，美国通过实施各种适合本国的经济发展政策，经济逐步复苏，现代化进程又跃入新的阶段，家政学学科才开始以一种更为成熟稳定的方式向前发展。

一　家政学学科的萌芽阶段

　　从美国内战到 19 世纪末，被史学家称为"镀金时代"。这是近代美国向现代美国转变的历史时期，其特征是从农业国向工业国转变、自由资本主义向垄断资本主义过渡。在这两个历史性转变的带动下，美国政治、经济、社会结构和思想文化都发生了重大变化，从而为 20 世纪美国的腾飞奠定了基础。①

（一）学科萌出的原动力

1. 理性精神迅速发展

社会经济的剧烈变化对美国思想文化也产生了重大影响。这一时期比较有代表性的思想是社会达尔文主义和实用主义。社会达尔文主义的观点是人类社会不同集团、不同民族及不同文化之间的关系就是"适者生存"，其结果也必然是"适者生存"。实用主义是美国土生土长的哲学，威廉·詹姆斯的实用主义哲学强调人的创造性，要求一切从实际出发，而不是从理论或逻辑出发，主张通过考察其实际效果来检验一切理论和学说。社会达尔文主义和实用主义哲学思想相结合，充分体现了现代化进程中美国本土产生出的理性精神，这种思想讲求实效，符合大工业生产的需要。

自 19 世纪开始，专业主义就开始意味着全职工作，致力于有伦理的服务并要求掌握理论知识和技术技能。专业主义也是在美国社会中的一种思考方式和文化。② 这种文化认为独立的个人从事训练有致的工作，拥有科学权威。专业人士的自主性成为专业的伦理标准。很多情况下这种所谓的伦理标准不是伦理代码而是自我保护。在 19 世纪后半期美国高等教育中，科学的不断发展和分化发展导致了美国专业阶级的出现及具体学科的专业化发展。这批人试图定义新型的职业，建立社会机构或改革旧有机构，形成新的自我认识及对于他们具体专业的认识。③ 专业主义对于高等教育具有直接的影响。布莱斯登（Burton J. Bledstein）在《专业主义的文化》（*The Cultural of Professionalism*）中有一篇文章《中产阶级和美国高等教育的发展》（The Middle Class and the Development of Higher Education in America），要求专业人员掌握深奥的知识体系和具体的技能。科学是专业权威的来源，人类问题开始进入科学和技术的关注范围。布莱斯登说：美国大学成为美国政治经济地位竞争的中心机构。大学开始转向科学。④

① 丁则民：《美国通史（第三卷）：美国内战与镀金时代 1861—19 世纪末》，人民出版社 2008 年版，第 1 页。

② Burton J. Bledstein, *The Culture of Professionalism*：*The Middle Class and the Development of Higher Education in America*，New York：W. W. Norton，1976，p. 11.

③ Ibid.，p. 333.

④ Ibid.，p. 91.

科学技术的迅速发展和美国先进的技术推广系统为技术理性的传播奠定了重要的基础。科学分化导致的专业阶级是家政学家创立一个新学科的推动力之一，专业阶级所具有的社会地位和权威是科学技术在美国得到充分发展和重视的表现。科学技术的不断分化使得其研究的范围越来越广泛，从宏大的经济政治制度逐渐扩展到微观的家庭生活中，家政学学科由此诞生。

2. 转型社会中的性别分工

工业革命后，美国社会出现了"家与工作场所分离"的现象。工厂制度建立后，社会生产日益从家庭中转移出去，使得劳动场所和生活场所开始分离。在这样的情况下，人们难以同时兼顾生产和家务，家庭夫妻间的性别分工更加明确。除了社会下层妇女为生活所迫，离开家庭到工厂做工以外，一般情况下，在外赚钱养家是丈夫的职责，在家料理家务和养育孩子是妻子的义务。与此同时，男性主宰的公共领域和女性活动其间的私人领域的区分也逐渐形成。家庭妇女是一种美德的象征，是女性的标准形象。以前女性除了照顾家务以外，还有其他的社会活动，但自此以后她必须全身心地投入到家庭这个神圣的工作之中。在长达一个世纪的时间里，无论是男人还是女人，市民还是工人，信徒还是自由思想者，都一致认为，没有工作的家庭妇女是最理想的女性形象。① 这种性别分工的主要原因在于，从18世纪末开始，由于财富的增长，中产阶级的家庭不再像以前那样需要妻子经济上的合作。上层和中产阶级的妇女的工作主要是组织性的和管理性的，包括社会工作、家务劳动、地产管理和家庭商业等。母亲的职责也是重要组成部分。这种性别分工对美国家政学学科产生了深远的影响。

3. 人本精神推动下的女权主义运动

19世纪中期第一次女权主义运动在美国大范围发展。在巨大的社会经济变动面前，一些先进的西方女性逐渐从私人领域的樊篱中走出来，开始认识到只有争取到政治选举权，才能获得诸如教育和财产等方面的权益。女权主义运动关注的主要是女性的三个方面的权利：受教育包括高等教育；在公共场所工作，并且如果愿意可以在经济上独立于男性；通过投

---

① ［法］吉尔·里波韦兹基：《第三类女性——女性地位的不变性与可变性》，田常辉、张峰译，湖南文艺出版社2000年版，第185页。

票具有政治上的选举权。在这种进步之下，女权主义做出了很多反思。最著名的女权主义者是苏珊·B.安东尼（Susan B. Anthony）、伊丽莎白·凯蒂·斯坦顿（Elizabeth Cady Stanton）、露西·斯通（Lucy Stone）、艾米莉·布鲁默（Amelia Bloomer）等。女权主义者反对的不是国家的原则，而是各种流行的贬低妇女的思想、偏见和脆弱的感情。一方面，认为女人是多愁善感的，女人是被动的、贞洁的、正派的和家庭的，妇女在道德和精神上都要比男性优越。另一方面，对于妇女的贬低主要是妇女认知能力低下，不够理性，不能做出重要的、政治的和经济的决策，并且在生理上也是虚弱的。这种维多利亚式的关于妇女的理论与当时妇女在家庭与农业、渔业和矿业、工厂生产中所从事的劳动是矛盾的。随着女子学院的发展，妇女理性能力也得到证明。① 19世纪90年代的美国女权主义者伊丽莎白·凯蒂·斯坦顿在其著作《妇女圣经》中断定，对《圣经》及它所推断的关于女人低劣的理论的相信是一种愚钝的行为，后者正是导致压迫妇女的思想观念长期存在的主要原因。因此，争取政治权利不足以改变妇女的社会地位，必须在社会和宗教观念上引发一场革命。② 另一位女权主义者走得更远，马蒂尔达·乔斯林·盖奇认为妇女受压迫的状况根源于基督教教义，尤其是《创世记》中贬低妇女、认为妇女邪恶的思想。她将《圣经》和基督教教育看作父权制的产物，并且挑战整个基督教传统。③ 早期女权主义运动认识到女性受压迫的现状，并从教育、工作、政治等方面为女性争取应有的权利。早期女权主义者和早期家政学家同为当时受教育程度较高的中产阶级白人女性，她们并没有完全突破当时的性别分工，因此在很多认识上具有一定的相似性。

在1800年到1890年这段时期中，家政学学科开始在赠地学院中出现，尽管各个大学对家政学学科的名称规定并不一致，但都是工具理性和人本精神推动下的现代化产物。由于当时的社会性别分工还带有传统社会的特征，家政学学科并没有突破这种分工框架，因此其对女性解放和发展的认识是不彻底的。

---

① Marjorie M. Brown, *Philosophical Studies of Home Economics in The United States: Our Practical Intellectual Heritage* (*Volume I*), East Lansing, MI: Michigan State University, 1985, p. 229.

② ［美］罗斯玛丽·帕特南·童：《女性主义思潮导论》，艾晓明等译，华中师范大学出版社2002年版，第54页。

③ 同上书，第59页。

（二）早期的家政学活动

在家政学学科建立之前，早在 18 世纪末，美国就成立了很多女子学院。哈特（Emma Hart Willard）是一个女子学院的毕业生，后来成立了纽约特洛伊（Troy）女子学院，并教授家事经济学。1819 年，她提出一个家事经济学科学的教学计划，认为应该将家事经济学（Domestic Economy）与文学、艺术结合，教授给年轻的女性。① 哈特在当时是一个进步的女权主义者。她认为家事经济学的教育能够帮助规范每个家庭的内部秩序。她的想法得到了支持，政府认为可以通过教育母亲来控制未来公民的品质。她为年轻女性列出的教学大纲包括了三个部分：道德和宗教，知识（高等数学、地理学和历史学），家庭经济学和装饰（意思是日常生活的优雅和审美）。②

凯瑟琳·比彻（Catherine Beecher）是第一位将家事经济学作为一门学问来研究的人。凯瑟琳所提的"科学"一词并不是纯粹的实证科学的含义，而是一种更为广泛的包括道德科学、社会哲学、文学和历史学科知识的含义。她在 1852 年成立了美国女子教育协会（American Women's Educational Association）。她的家庭条件优越，父亲和兄弟是管理人员，妹妹哈丽叶特·比彻·斯托（斯托夫人）著有《汤姆叔叔的小屋》。凯瑟琳是家中最大的孩子，她同样也对于人性充满了关注。她的第一本书《家事经济学论述》（A Treatise on Domestic Economy）在 1842 年出版，被誉为家政学学科的第一本专业著作并作为东西部女子学校教育女孩的书籍。她认为应该在女子学校中开设家事科学，因为"这些学科应该系统地教授年轻女孩在各个时间段和地点需要的知识和方法，以体现年轻女孩的尊严和重要性"。在凯瑟琳看来，家事经济学应该包括生理学和健康（包括食品和服装、清洁、锻炼、健康的心态、照顾病人、事故的急救），家庭娱乐和社会职责，护理和儿童管理，住房设计和家庭工作（包括洗衣、家庭清洁、缝纫和缝补、绿植、庭院护理，火与电的处理，甚至包括家畜的饲养）。作为一门学科，家事经济学应该增加年轻女孩的知识及作为母亲、

---

① Willystine Goodsell, *Pioneer of Women's Education in the United States*, New York: McGraw - Hill, 1931, p. 78.

② Isabel Bevier, *Home Economics in Education*, Philadelphia: J. B. Lippincott, 1928, p. 72.

妻子和家庭主妇的自信。① 凯瑟琳关注妇女的健康和幸福，以及自己教书或工作的自由。她接受了托克维尔的自然观点，根据生理性别来划分两性的功能、职业、职责和权利。她认为妇女处于附属的地位，妇女作为妻子和母亲是最有地位的但附属于丈夫。在家庭中，妇女附属于与其结婚的男性。她认为美国传统中发现了男性和女性的自然区别，并在上帝那里得到判定，将特殊的义务和工作分配给女性了。"道德和理性性格形成主要依靠母亲。母亲培养未来男性的性格。妇女受教育，全家的利益都会得到保证。"② 之后，她和妹妹哈丽叶特合著了《家事科学原则：应用于有责任的和快乐的家庭》（*Principle of Domestic Science：as Applied to the Duties and Pleasures of Home*）。这本书延续了根据自然法则对性别进行的劳动分工的观点，当时作为一些学校、研讨会和大学的教科书。尽管凯瑟琳在 19 世纪后期为推动女子学院开设家事经济学课程做出了巨大的努力，但女子学院并没有将家事经济学整合到课程系统中。瓦萨（Matthew Vassar）在 1861 年建立了瓦萨学院（Vassar College），指出学生应该学习传统的博雅艺术，其中也提到了家事经济学。她认为家事经济学能够让学生为成为有技能的家庭主妇做准备。但瓦萨学院的第一届主席朱厄特（Milo P. Jewett）及学院的董事都认为家事经济学很难成功地被整合进博雅教育系统之中。但这种努力在三年后功亏一篑。总体来看，萌芽阶段的家政学学科在大学中努力失败的原因主要是缺乏经济和科学基础。当时的女子学院的教育定位大多为自有博雅教育，家政学学科很难整合进去。虽然凯瑟琳认为家政学学科是科学，但她并没有对科学的含义进行清晰的界定。几所大学开设家事经济学的现实基础主要是国家对于贤妻良母培养的需要，这是一种基于社会性别角色定位的教育。

家政学学科真正在高等教育中站稳脚跟是在赠地大学和学院的建立之后。美国人在工业发展中逐渐形成了功利主义的思想。在这种思想影响下，学校被看作一种个人发展或进步的手段。在整个 19 世纪，农业、商业和工业在没有正规教育的情况下是不可能成功的，因此美国人对于传统的高等教育中的重视纯理性教育开始持负面的态度。这种思想促成林肯总

① Marjorie，M. Brown，*Philosophical Studies of Home Economics in The United States：Our Practical Intellectual Heritage*（*Volume I*），East Lansing，MI：Michigan State University，1985，p. 186.

② Ibid.，p. 199.

统在 1862 年签署了《莫里尔法案》，使联邦政府成为推动高等教育发展的一支重要力量。法案实施后，先后成立 69 所"土地赠予"学院，西部许多州也因此建立了州立大学。农民可以学习农业科学，工人可以学习工业科学知识。1892 年，国会又通过第二个《莫里尔法案》，规定联邦政府对每一所土地赠予学院提供年度拨款，并使南部各州得以建立类似的学院。这种创新性的男女共同接受教育的大学让家政学学科得到了一定程度的发展。因此早期的家庭经济学或家事经济学（Household Economics）项目不是在女子学院发展起来的，而是在赠地大学和学院，比较有代表性的包括爱荷华州立农业学院、南达科他州农业学院、芝加哥大学等。这些大学开始经常是开设单一的课程，后来有几所大学发展成为通过几年学习授予学位的项目。

1. 爱荷华州立农业学院

1869 年，韦尔奇（Adonijah Welch）作为爱荷华州立农业学院（Iowa State Agricultural College）的院长，在他的就职仪式上明确表示：在学院内发展了一个新的课程计划。他对于女性的理性能力给予了充分的肯定。他提到，性别之间的理性能力的差距只是女性在知觉能力的发展上较快。在韦尔奇看来，为家庭而教育不是学习家务技能而是对于家事经济学（Domestic Economy）的学习，将这门课程补充进普通文化，将让这些职责更有尊严。他的这种观点强调了发展女性的理性能力，应该进入男性掌控的职业中工作，这反映在他开办的学院对于女性开放并开设家政学项目中。他提道："我们为女性提供的教育必须借助于学院，这是一个科学进步和研究的平台，对于女性没有限制并且是自由的。原因如下：第一，母性的职责是上帝赋予的，需要全面的表现，包括广泛的和有教养的理性；第二，理性和道德文化将拯救、提升并纯净家的影响力，并将家作为培养未来公民的一个独特的学校；第三，通过特别的培养，让女性能够自给自足，参与适合她们的并且需要特别才智的活动；第四，尽可能地提供给女性这种必要的教育，给很多没有目标的生命以信仰，增加世界中有教养的工人的数量；第五，让所有的学习和文化致力于帮助妇女完成她的自然使命，提高其道德品质。"[①] 韦尔奇的夫人后来成为爱荷华州立农业学院家

---

① Marjorie M. Brown, *Philosophical Studies of Home Economics in The United States*: *Our Practical Intellectual Heritage* (*Volume I*), East Lansing, MI: Michigan State University, 1985, p. 192.

庭经济学系的创始人，用她的话来讲，她希望发展一种"关于家庭经济学的更为生动的理论"，并且处理"个人在学习和工作中的复杂问题"。家庭经济学不但包括家务知识，也包括了单调的工作或更高级的艺术。韦尔奇夫人所关注的远远超过了对于家的生理舒适的需要，她支持家远远不只是意味着一个住所，那里的服务是最完美的形式。她认为，"家，不仅仅意味着住房或住所，意味着家庭成员共同生活的地方……妇女在家庭中的影响和权力通过她的精神责任、理想和现实的环境来衡量"。①

2. 伊利诺伊工业大学

家事经济学项目的发展是在伊利诺伊工业大学（Illinois Industrial Agricultural College）的第一个董事格雷戈里（John Milton Gregory）的推动下建立的，在1872年他发展了一个家庭科学艺术（the Art of Household Science）的教学。在1875—1876年大学开设了一个为期四年的学士学位的家事科学（Domestic Science）项目，创立者是艾伦（Lou C. Allen）小姐，她也是项目的第一位教师。家事科学包括了商品和饮食、家事卫生、景观园艺、家具审美、家庭科学和家庭经济学。艾伦认为这个项目的目的是提供关于家庭管理艺术与科学的全部教学。没有什么比人类幸福和家庭康乐（Well‐being）更为重要。② 之后家事科学项目在1881年被取消，直到1900年才重新建立，被命名为家庭科学（Household Science）。在1900年，伊利诺伊工业大学的校长椎朴（Anchew Sloan Draper）聘用比薇儿（Isabel Bevier）为家庭科学院长时说到：其希望的是大学的院系能够尊重别的大学的院系，同时重视人们的大学生活。其不关心烹饪或服装制作，而是在乎妇女是否受到教育，因为她们能够对家庭的需要并且怎么满足这些需要做出合适的决定。③ 新项目在20世纪初期比较活跃的家政学家比薇儿的领导下，重新焕发出新的生机。比薇儿认为，烹饪学校或裁缝铺不会在大学里开设。在大学里开设家事科学的目的是提供一个将科学和艺术与家庭相联系并应用的地方和机会。

① Mary B. Welch, "Woman in the Home", *Iowa State Journal of Research*, Vol. 55, 1981, p. 306.

② Isabel Bevier, *Home Economics in Education*, Philadelphia: J. B. Lippincott, 1928, p. 127.

③ Margaret Goodyear, "Early Leaders and Programs of Home Economics at the University of Illinois: 1874‐1948", *Illinois Teacher of Home Economics*, Vol. 24, 1980, p. 46.

3. 南达科他州农业学院

在 1885—1886 年，南达科他州农业学院（South Dakota Agriculture College）就有了开设四年制家庭经济学科学学士学位的课程记录。课程的目的是"发现当前家庭进步的需要，将妇女的博雅、实践的教育联系起来"。校长麦可罗斯（McLouth）在 1887 年的就职演说中，描述了家事经济学，所有烹饪科学和实践，家庭的营销、家庭理财、家庭卫生、照顾病人与事故处理、家庭装饰及所有的家庭艺术与成果。①

4. 俄勒冈农业学院

在 1889 年，内科医生斯耐尔（Margaret Snell）博士来到俄勒冈农业学院（Oregon Agriculture College），并成为教师和家庭经济与卫生（Household Economy and Hygiene）学院的领导人。1911—1916 年克拉克（Ava Milam Clark）是家事科学的教授，后来成为家政学学科的院长和主任，并提到：大学董事会看到为年轻妇女提供家庭管理与改进的教育的需要。良好修养的基督教淑女的影响是我们所追求的——教授家庭与个人、疾病与健康的卫生知识，也许对于这个年轻的国家能达到最大的好处，因此我们需要雇用斯耐尔博士。② 在 1889—1890 年，学院对于家庭经济与卫生项目有了正式的描述：这个院系的目的是教授女孩们怎么烹饪、缝纫，怎么照顾自己和家庭成员的健康。斯耐尔博士的教学并没有局限于烹饪和缝纫，还教学生对于良好艺术和文化的欣赏，以及人文关系的重要性。她启发女孩们认识到家庭的重要性及妻子和母亲对于整个家庭质量、品质、成功的重大影响。③

5. 芝加哥大学

塔尔伯特（Marion Talbot）是 19 世纪末颇有名气的家政学家。他于 1892 年去了芝加哥大学作为卫生科学的助教，并于 1893 年开设了一门家庭管理（Household Administration）的课程，后来成为家庭管理系的主任。芝加哥大学早期的家政学项目提供的课程包括：在社会学系教授卫生科学、食品和饮食，后来通过教育学院教授食品的准备。当家庭管理系成立

① Marjorie M. Brown, *Philosophical Studies of Home Economics in The United States：Our Practical Intellectual Heritage（Volume I）*, East Lansing, MI：Michigan State University, 1985, p. 195.

② Ava Milam Clark, Kenneth J. Munford, *Adventure of a Home Economist*, Corvallis：Oregon State University Press, 1969, p. 42.

③ Ibid.

的时候，新的课程加进来，包括家庭的社会起源、社会学研究、国家与家庭的关系、妇女的法律与经济地位、家庭装饰、纺织品、服装设计。学生可以通过在后两年选择这些课程来学习家庭管理专业。前两年全部学习博雅教育课程。通过这种方式获得学位并没有特别的要求，但要通过教育学院获得家政学学科学位则要同时满足二者的要求。芝加哥大学对于家庭管理系的介绍包括：将家庭作为社会自由文化的手段；作为社会单位的家庭的理性与科学管理培训；培养家事科学的教师或作为社会家庭管理机构的工作者。关于经济学的、法律的、社会学的、卫生学的、营养学的和审美的理论部分将补充到实践工作中。[1]

　　总体来看，19世纪末在赠地大学和学院开始的家政学课程或项目主要有几种类型。第一种是将家政学学科看作男性和女性的普通教育或博雅教育，如东部女子学院；第二种是作为家庭管理的教育，如芝加哥大学、伊利诺伊工业大学和俄勒冈农业学院；第三种是作为家庭专业服务的教育，如爱荷华州立农业学院。[2] 第一种定位没有让家政学学科得到期望中的发展，主要原因在于西部女子学院的文化，定位是自由博雅教育，强调培养女孩的理性能力。相比之下，中西部的赠地大学和学院的情况要好得多，中西部赠地大学和学院允许男女合校，讲求的是实用的技能教育，目的是为地方经济发展服务，家政学学科对于女性的实用技能教育符合赠地大学的宗旨。尽管在萌芽时期，家政学学科的名称和教学内容并没有统一，但这一学科符合转型期间社会对于女性在家务劳作中实用技能的需要，将科学技术的最新成果通过赠地大学推广到家政学毕业生中间，从而带动了家庭的现代化进程。

二　家政学学科的建立阶段

　　1890年到1912年这段时期是美国独立以来变化最快、最猛、最烈的

---

　　[1]　Alice P. Norton, "Reports From Colleges Which Have Introduced Home Economics—University of Chicago", *Lake Placid Conference on Home Economics*: *Proceedings of the Sixth Annual Meeting*, Lake Placid, NY, 1904, p. 41.

　　[2]　Marjorie M. Brown, *Philosophical Studies of Home Economics in The United States*: *Our Practical Intellectual Heritage* (*Volume I*), East Lansing, MI: Michigan State University, 1985, p. 197.

时期。① 第二次工业革命全面完成，工业化、城市化和垄断化基本实现。美国经济、科学、文化高速发展，农业国变成工业国，农业社会向现代城市社会迅速转化；自由资本主义发展到了以私人垄断为特征的垄断资本主义新阶段。

在这一阶段，美国在世界上由一般的资本主义国家一跃成为国际一流的经济和军事强国。这种剧变同时也带来各种工业综合征：复杂的工业社会结构和城市分层导致社会问题层出不穷；产品的极大丰富与分配的不合理、提高效率和公平原则间的矛盾导致贫富差距悬殊；垄断的无度和无序膨胀破坏了资本主义经济发展的游戏规则，致使中小资本强烈不满；权力和金钱的联姻，垄断集团和政府的勾结，导致政治腐败，丑闻迭出；物质生活的富裕与精神生活的空虚，造成文明的失落和道德的沦丧；千百万外来移民为美国带来勃勃生机，也导致城市贫民区域的扩大蔓延。② 这一阶段还发生了美国历史上著名的进步主义运动。19 世纪末开始的这种全面而深刻的社会改革运动，包括了工人运动、农民运动、妇女运动、社会主义运动、黑人运动和社会正义运动在内的强大社会运动是它的直接推动力量。中产阶级知识分子在运动中起了先导作用，他们首先提出新的社会理论作为运动的理论指导，他们揭露黑幕为改革制造有力的舆论，在联邦、州、市镇各级改革派和各领域改革派的领导下，美国人民在不同层面、不同领域，以不同方式进行了程度不同的各类社会改革。进步主义运动从本质来说是美国社会对工业化做出的一种反应。为了适应已经工业化的经济基础，上层建筑必须做出相应的改革，是资本主义自我调节功能的体现。

（一）学科的创生

家政学学科在这一阶段正式诞生。学科诞生的标志是 19 世纪末 20 世纪初的一系列普莱斯特湖会议（Lake Placid Conference）（1899—1908）。1899 年，普莱斯特湖俱乐部的董事杜威（Melvil Dewey）向那些对于家庭科学或家庭经济学感兴趣的人士发出了邀请函。根据会议纪要的记载，筹备这个会议花费了几个月，但因为一些阻碍后来会议被推迟。会议的目的

---

① 余志森、王春来：《美国通史（第四卷）：崛起和扩张的年代 1898—1929》，人民出版社 2008 年版，第 1 页。

② 刘绪贻：《美国通史（第四卷）：崛起和扩张的年代 1898—1929》，人民出版社 2002 年版，第 2—3 页。

是将家庭研究的人士在同一个称谓下团结起来，并制定出一致的知识体系。由于通知时间比较短，最后只有 7 个人能够参与这次会议。这 7 个人中，包括教师、讲师和作家，两位是提倡更好的生活的先锋者，一位对于种族福利怀着热情，一位信仰纯粹的科学，一位对于女性的未来怀抱着希望，一位是乐观主义者，一位代表着理性的家务管理观。① 后来的几次会议中参会人员不断扩大。他们来自手工学校、公立学校、烹饪学校、缝纫课堂、午餐教学学校、师范学校、大学、妇女杂志及妇女俱乐部，还有大学的家政学家。② 家政学学科大会上的成员是世纪转折时期新兴中产阶级专业化运动的一部分。他们不但希望将家政教学和社会工作专业化，还希望将家庭管理工作专业化。

艾伦·理查兹（Ellen H. Richards）被选为 1899 年的第一届会议的主席。在 1908 年的第十次会议中家政学学科（Home Economics）的命名被确定。理查兹认为："家"意味着养育孩子的住所及那种能够做出自我牺牲，从为别人服务中得到力量的个人品质；"经济学"意味着从经济学的角度管理家庭，如时间和精力及金钱。会议上成立了美国家政学会（American Home Economics Association），大会的目的是"改进家庭生活、家用及公共机构用具（Institutional Household）及社区的状况"，会员来自"所有对于家庭问题感兴趣的人士"。③ 1909 年，美国家政学会及杂志（Journal of Home Economics）产生。通过一系列的会议，家政学学科逐渐被正式构建起来，成为具有一定专业性的学术团体。

（二）普莱斯特湖十次会议综述

根据十次大会的讨论主题，下文对核心的几个问题（包括家政学学科的目的、使命、知识体系、课程等）进行了综述，这是家政学学科发展的理论基础。

---

① Marjorie M. Brown, *Philosophical Studies of Home Economics in The United States: Our Practical Intellectual Heritage (Volume I)*, East Lansing, MI: Michigan State University, 1985, p. 245.

② Ibid.

③ Ellen Richards, "Ten Years of the Lake Placid Conference on Home Economics: Its History and Aims", *Lake Placid Conference on Home Economics. Proceedings of the Tenth Annual Meeting*, Lake Placid, NY, 1908, pp. 21 - 22.

1. 家政学学科目的

美国家政学学科的目的是建立在美国社会转型过程中传统家庭结构解体的基础上的。理查兹在第六次会议上提出这种家庭解体使得上千万儿童在精神、道德、生理福利上受到损害。艾丽斯·诺顿（Alice P. Norton）也表达了对这种现象的担忧，她认为人们有丧失家庭规范的危险。海伦·肯恩（Helen Kinne）认为最大的危险在于"我们的师范学校没有教给学生真实的生活。我们正在忘记国家的现实情况"。他们一致认为家政学学科作为一个领域可以服务于家庭的福利（Welfare）。① 与会代表一致同意家庭中一些特定的活动对于理想的家庭生活是非常重要的。家政学学科的目的就在于教育并引导这些活动。但每个人基于不同的视角总结出不同的影响家庭福利的关键性活动。总体来看，十届会议与会代表对家政学学科的观点可以分为两派：科学管理派，即认为家政学家是以科学管理家庭的工作来达成效率和经济；社会文化派，即认为家政学家通过家庭教育增强人类的能力，个人能够发展成为健康强壮的个人，男女都参与社会活动促进社会的自由发展。两个流派观点的分歧显示了技术理性与人本精神在社会转型初期并没有和谐地同步发展，二者具有一定的张力。

2. 家政学服务对象

在普莱斯特湖会议上，与会代表更倾向于认为家庭与家庭活动是妇女的工作，并且认为家政学家服务的对象主要是妇女。理查兹虽然持比较传统的观点，认为家政学学科服务的对象主要是妇女，但其将家政学运动看作是一种家庭的运动，男女都是其中的一部分。本杰明·安德鲁（Benjamin R. Andrew）也认为男女都应该接受家政学教育。但总体来看，主流的观点认为妇女是家政学学科关注的主要对象，她们作为母亲、妻子和家庭管理者理应接受家政学教育。家政学家的这种观点主要受当时社会性别分工的影响。虽然部分家政学家认识到男女都是家庭的成员，但大多数家政学家认为家政学为妇女服务更容易使学科得到主流社会的认可。

3. 家政学知识观

理查兹认为，要获得理性的承认尤其是学术界的认可，必要有一个称

---

① Ellen Richards, "Reprt of Committee on Personal Hygiene", *Lake Placid Conference on Home Economics: Proceedings of the Sixth Annual Meeting*, Lake Placid, NY, 1904, p. 16.

谓和一个有机组织的知识体系。① 她认为，家政学学科下一步需要有能力的教师，必须有学科内容，还需要专业学校。需要大量的调查，还没有一个学科有着如此丰富的研究领域。② 从理查兹的观点来看，家政学学科是一个应用学科（Applied Discipline），研究包含了理论科学的对于家庭问题的应用。剩下的工作就是哪些学科是家政学学科借鉴的对象。但会议并没有对应用科学和这种借鉴的工作作出具体的解释和定义，表述都是比较模糊的。

1902 年的大会中成立了课程委员会，委员们对于家政学学科大学和学院的课程做出了表述，对后来影响深远。他们一致认为和家庭联系的学科的时代到了，大学和学院都应该考虑开设这门课程，而已经建立这种课程的机构应该扩展并介绍到其他机构，致力于当今一些重要问题的解决。第一，家政学学科在最广泛的意义上是一方面研究人类当前物理环境，另一方面研究作为社会存在的人，另外尤其还重视对于二者之间关系的研究。第二，在狭窄的意义上，这个术语指的是实证科学的研究应用到家务工作，例如烹饪等实践问题上。③ 但其为家政学学科的知识体系列出了一个理论框架，这个定义中也有很多模糊之处，每个委员对于一些概念的理解都有所不同，如对于关系的理解。

在 1903 年，理查兹提出三种知识，根据地方情况来选择大学课程，分别是经济的、社会的、卫生的。④ 经济取向指的是从经济学的角度来管理食品、服装、住房，价值观主要是营养学、艺术原则和清洁。社会取向指的是研究朝向社会改进的社会运动的趋势，目的是减少低收入阶层的花费成本。卫生取向包括从营养学、食品材料的化学、物理学、化学、生物

---

① Ellen Richards, "Ten Years of the Lake Placid Conference on Home Economics: Its History and Aims", *Lake Placid Conference on Home Economics: Proceedings of the Tenth Annual Meeting*, Lake Placid, NY 1908, p. 20.

② Ellen Richards, "Practical Suggestions from the Lake Placid Conference on Courses of Study in Home Economics", *Lake Placid Conference on Home Economics: Proceedings of the Sixth Annual Meeting*, Lake Placid, NY, 1904, p. 69.

③ Mary Roberts Smith, Alile P. Norton, "Statement of Committee on Courses of Study In Colleges and Universities", *Lake Placid Conference on Home Economics: Proceedings of the Fourth Annual Meeting*, Lake Placid, NY, 1902, pp. 70 - 71.

④ Ellen H. Richards, "Home Economics in Higher Education", *Lake Placid Conference on Home Economics: Proceedings of the Sixth Annual Meeting*, Lake Placid, NY, 1905, p. 66.

学、细菌学和生理学那里获取的家庭的卫生标准。1903 年理查兹代表委员会将 1902 年的定义向前推进了一点，提出要将家政学学科的相关学科整合起来；还提到人作为社会存在指的是特定的日常环境的物理要素，人类精神的和道德的发展受到食品、土壤、空气、水等的影响；通过技术教育的社会影响，家庭的经济的和物理的元素都应该得到改进。①

　　在之后的会议上，家政学学科的重点放在了区分教育层级上，区分出小学的、中学的和大学的层级。芝加哥大学教育学院开发的小学的家庭工作艺术课程在 1906 年的会议上得到审查。芝加哥大学的《家事艺术课程大纲》（Outline of Household Arts Course）是为 1 至 8 年级的学生准备的。② 在小学层面，家政学课程教授烹饪、应用科学和住所。四年中学家事艺术课程，包括了手工劳动（缝纫、制帽、服装制作、烘烤和刺绣）及特定的经济知识、服装和家具的健康因素、艺术考虑及社会关系。③ 高中家事科学课程大纲包括了食品、住所和家庭管理（包括儿童保育）。④

　　委员会在 1908 年的会议上提出了一个中小学家事艺术的大纲。委员会还努力让家政学课程成为中学升入大学的学分课程，因此准备了一个大学准备课程的提纲。各种大学和学院的报告中并没有列出课程内容和家政学学科大纲。丹尼尔斯（Amy L. Daniels）是委员会的成员之一，她来自斯普林菲尔德（Springfield）技术学校，认为大纲可能不会被东部学院和大学接受。⑤ 在此基础上，她将大纲做了部分修改。第一年学生学习物理学和生理学；第二年学习的是食品制作；第三年学习的是卫生学，包括了住所、家庭与社区的卫生问题、住所、垃圾、温度、住所护理及其他和卫生环境有关的问题。

　　在实践中，普莱斯特湖会议小组采纳了三重的术语。以家庭艺术

---

　　① Marjorie M. Brown, *Philosophical Studies of Home Economics in The United States：Our Practical Intellectual Heritage（Volume I）*, East Lansing, MI：Michigan State University, 1985, p. 277.

　　② Jenny H. Snow, "A Course in Household Arts for Grade And Rural Teachers", *Lake Placid Conference on Home Economics：Proceedings of the Eighth Annual Meeting*, Lake Placid, NY, 1906, pp. 25 – 29.

　　③ Report of Feaching Section Lomm：Ttee, "Teaching of Domestic Art and Division of Subject Matter in Elementary and Secondary Schools", *Lake Placid Conference on Home Economics：Proceedings of the Tenth Annual Meeting*, Lake Placid, NY, 1908, pp. 90 – 91.

　　④ Ibid. , pp. 80 – 81.

　　⑤ Ibid. , p. 70.

(Household Arts) 来指小学，暗示着与公立学校手工劳动相关的烹饪和缝纫等。家事经济学（Domestic Economy）出现于比彻（Catharine Beecher）的著作《家事经济学论述》中，特指 19 世纪 80 年代中上层白人妇女管理仆人的问题。她们希望给移民女孩提供更好的培训，与雇主更好地进行交流。家事科学（Domestic Science）将厨房与化学实验联系起来，强调营养和卫生。家政学从社会科学中借用来，明确地指出家庭与更大的国家之间的关系，鼓励改革和市政管理。①

总体来看，家政学学科的建立是以普莱斯特湖的十次会议为基础的。在这一阶段，家政学学科正式确立了学科的命名，并建立学科的组织——美国家政学会，尝试构建出一个家政学学科的理论框架，包括学科的概念、目的、理论基础、知识体系，为家政学学科的发展奠定了基础。但这并不意味着家政学学科就得到了学术界的正式承认，只能说家政学家为学科进行的合法性努力才刚刚开始。

建立时期的家政学学科带有明显的社会改革色彩，家政学家带着对于时代和社会的责任感，希望通过学科的科学化来提升美国家庭的生活水平，具有一定的进步意义。家政学家是一群带有进步思想的中产阶级白人女性，大多受过高等教育，她们希望通过家政学学科的建立帮助女性走出家庭，在社会中发挥更大的作用。她们对于家庭和女性的认识没有完全脱离当时两性分工的固定模式，通过延伸家的概念，将社会看作更大的家庭，从而打破家庭与社会的隔绝状态，帮助女性走入社会。这种思想是理想化的，也是天真的，没有看到隐藏在这种社会分工之下的男权思想的本质。历史表明，妇女只有通过争取经济地位，进而改变经济基础上的上层建筑，才能赢得平等的权利。

家政学学科的诞生是美国进步主义运动的一部分，是资本主义生产力对于生产关系的一种调试。转型时期传统家庭结构改变，家庭伦理价值观也在发生变化，亟须新的生活方式的引导来帮助人们适应这种剧变。家政学学科和家政学家以科学技术专家的身份出现，告诉人们"正确生活的科学"，在一定程度上帮助美国家庭从农业社会向工业社会转型。科学和经济效益成为家庭生活新的准则，人们相信通过让家庭生活科学化可以带

① Sarah Stage，Virginia B. Vincenti，*Rethinking Home Economics*：*Women and the History of A Profession*，Ithaca and London：Cornell University Press，1997，p. 5.

动家庭道德的发展。但这种进步是有限的，家政学学科作为女性群体建立
的学科，除了学科的理论合法性问题外，还面临着社会性别的挑战。这种
学科困境被玛格丽特·罗希特（Margaret Rossiter）描述为是一个"在男
性学术界的妇女飞地"。① 与此同时，家政学学科还需要应对来自女权主
义者的批评，如何处理女性特质及传统的女性角色成为家政学学科永恒的
论题。女权主义者对于家政学学科的批评主要是在权威统治的社会机构中
将妇女作为服从的固定的角色。她们认为妇女在历史上一直都是通过家庭
来获得地位的，妇女在家庭中具有一定的权威。家政学家继续延续这种思
路，相信女性的个人发展及公共领域的政治经济活动都可以借用在家庭中
的道德权威来进行。女权主义者认为家政学家并不能主导家庭的生活方
式，她们所倡导的只是符合商业利益的效率、经济消费及理性科学管理的
思想。因此家政学家只是接受现存的社会管理的主导，通过经济结构和对
于家庭中妇女设定外在世界的期望，而不是鼓励并促进妇女真正在经济政
治等方面取得进步。

这一时期的家政学学科完成了学科的初建工作，并形成两种不同的观
点，一种是科学管理学派，另一种是社会文化学派。二者的分歧主要来自
哲学基础的不同。但先锋家政学家并没有重视这种不同，而是在求同的基
础上掩盖了少数不同的观点。科学派主导下的实证主义导向下的家政学学
科，忽视了家庭的精神、心理、文化等方面，传统文化承载的价值和意义
被摧毁，留下的是技术理性和理想的代理，缺乏实践理性的反思传统，倾
向于利用理性程序和实验规范来处理争端。这种缺乏反思的发展思路为家
政学学科后期的学科危机埋下了隐患。科学派在家政学学科创立期占据了
绝对的统治地位，并忽视了人文派的批评和意见。两大学派随着家政学学
科的现代性维度的逐渐生成而产生了越来越大的分歧，二者之间的张力成
为家政学学科发展的一条主线。

三　家政学学科的扩张阶段

在这段时间中，爆发了人类历史上的第一次世界大战，战争使美国国

① Sarah Stage, Virginia B. Vincenti, *Rethinking Home Economics*: *Women and the History of A Profession*, Ithaca and London: Cornell University Press, 1997, p. 12.

际地位上升，并获得巨大的经济利益。19 世纪末 20 年代初，美国依靠强大的经济实力、管理革命和科技创新，在经历短暂社会危机后呈现了前所未有的经济繁荣。资本主义社会本身的调整使得人民群众的生活质量整体得到提升，经济水平、政治权利和文化教育机会都显著增多。

这是家政学学科发展的重要阶段，学科在 1913 年到 1950 年这一时期得到了很多发展机会，在教育、医院等公共事业领域占据了一定的地位。家政学学科的现代性维度在这一阶段开始生成，主要得益于以下几个社会因素。

第一，理性精神新发展。在 20 世纪前半叶，科学成为美国社会实践真理的唯一标准。家政学学科受这种思想影响，将科学技术作为学科发展的根基和检验学科知识的准则。1914 年《史密斯—利弗法案》的出台，直接推动了各州技术推广合作机构的创建和发展，加快了农业科学知识的普及和传播速度。《史密斯—利弗法案》与其之前出台的第一、第二《莫里尔法案》和《哈奇法案》等，还共同缔造了美国高等职业技术教学、科研、推广工作的完整结构，标志着美国联邦高等职业技术教育立法完整体系的创建。[①] 这个法案是家政学学科在各级教育中迅速扩展的直接推动力。虽然这种发展得到了一些专业人士的质疑，但不可否认的是，在法案的支持下，各级教育尤其是高校培养了大批家政学毕业生，为学科的发展壮大奠定了重要的基础。

第二，家庭结构变化。经济大萧条期间，许多丈夫失业，更多的妻子走出家庭，谋求职业。传统的父权制核心家庭的结构发生改变。家庭在社会结构中的突出地位也在逐渐动摇。传统家庭结构的松动为女性外出就业带来了大量的机会。家政学家在这种情况下更起到了示范作用。她们积极地受雇于各种部门，帮助民众掌握科学营养而又省钱的食品保存和烹饪方法，为萧条时期饥肠辘辘的民众带来了生活的希望。在这段时期内，家政学学科得到了迅速的扩展。在若干职业教育法案的推动下，家政学教育渗透进各级教育单位，成为培养贤妻良母的教育。虽然这种发展取向遭到了很多家政学家的质疑，但家政学教育和研究力量的壮大是学科的成熟成长的必要条件。

---

① 荣艳红：《美国联邦职业技术教育立法研究（1917—2007）》，博士学位论文，河北大学，2008 年，第 31 页。

（一）《史密斯—休斯法案》对家政学教育的推动

1917 年，《史密斯—休斯法案》正式通过，法案全称为《促进职业教育：在促进农业、商业和工业的职业教育方面与各州的合作；在培训职业科目的教师方面促进与州的合作；拨款并规定其用途的法案》。法案在开头就明确了仅对两方面的工作进行资助："本法案第二、第三、第四条规定的为与各州合作而支付农科教师、督学、主任和商业、家政以及技工科目教师的薪金和培训款项"；"第七条中规定的供联邦职业教育委员会执行本法案和为帮助职业教育进行组织与活动而进行调查、研究和准备报告的款项"[①]。也就是说，法案资助的项目之一是农业、商业、家政业和工业四大领域教师、督学和主任的工资；资助的项目之二是联邦职业教育委员会每年的调查、研究和公务费用等。在单项拨款中，为了突出农业教育的重要地位，法案规定 1918 年财政年度为与各州合作而支付农科教师、督学和主任的薪金 50 万美元，为与各州合作而支付商业、家政业与工业三项教师的薪金共计拨款 50 万美元，其中特别规定，家政科的拨款"均不得超过根据本法案为支付商业、家政和技工等科教师薪金所拨款项的百分之二十"[②]。同时四项拨款应逐年增长，至 1926 财政年度农业拨款达到 300 万美元，而商业、家政业与工业三项拨款亦达到 300 万美元，并在 1926 年以后各自稳定在 300 万美元的水平。[③] 另外，法案具体规定了职业教育的目标人群、具体培训、管理方式等。法案要求各州开展的职业教育，在层次上应该低于学院层次，目标定位在 14 岁以上已经投身或准备投身以上四项职业的人群。同时为了确保农业、商业、家政、技工等教学科目的实践性，法案还强行规定农科的学生，"或是在学校指定的农场，或是在别的农场进行有指导的或有人带领的农业实习，每年至少 6 个月"[④]。对于专门为工业工作的 14 岁以上人群开设的学校或训练班，"应该至少把一半的时间用于进行实用的或生产性的实习工作，这样的延续教育每年不少于 9 个月，每周不少于 30 小时"[⑤]。对于半日制学校或训练班

---

① 夏之莲：《外国教育发展史料选粹（下）》，北京师范大学出版社 1999 年版，第 168 页。

② 同上。

③ 同上书，第 172 页。

④ 同上书，第 173 页。

⑤ 同上书，第 174 页。

"应该规定每年的课堂教育不少于 144 小时；技工夜校应规定 16 岁为最低的入学条件，而且应该限制利用上班时间补课"①。

通过资助培训中小学的家政学教师，法案刺激了家政学学科在大学的扩张。在 20 世纪早期希望追求科学研究职业的妇女经常选择家政学学科。随着家政学学科日益参与到公立学校教学的教师培训中，这些学院更容易作为一个职业培训机构，而非科学机构。法案带来了一种家政学学科在中小学和大学的新观念：不是科学基础上的早期家政学家支持的观念，而是作为一种职业教育观，一种技能导向的课程，强调信息和技能比思考和判断更有力量。② 这是一种家政学学科发展的新趋势。在 1913—1914 年，本杰明·安德鲁调查了 288 所美国教育署下的高中，发现大多数高中开设的家政学课程都比较狭窄。89% 的高中主要是食品和营养课程，81% 有缝纫课程，只有 25% 开设了更为广泛的家庭管理课程。没有学校提供早期家政学家倡导的课程。③ 一位大学家政学教师认为这种变化的原因在于男性管理了学校，他们渗透的是妇女在家的观念，喜欢家政学学科中的美食并将其当作烹饪课程。④

《史密斯—休斯法案》是家政学运动发展史上的里程碑，巩固了家政学学科和联邦政府的关系。家政学教育在全国的学校系统中扩展，早期家政学学科所构想的科学生活方式在美国全国范围内开始传播，在一定程度上促进了新的适应工业文明的生活方式的形成，促进了人的现代化。但这种进步程度是有限的，甚至有些早期改革派家政学者质疑这种发展对家政学学科本身所造成的后果，包括削弱了科学研究是学科持续发展基础的原则，取而代之的是一种来自行政方面的对于家政学学科管理和控制的力量；阻碍了早期家政学家所倡导的家政学学科潜在的社会改革作用，促进了技能导向的公立学校为女孩开设技能课程。女性试图通过家政学学科来改革社会地位的天真理想在法案中被解构了。有学者认为法案的颁布被证

---

① 夏之莲：《外国教育发展史料选粹（下）》，北京师范大学出版社 1999 年版，第 174 页。

② Mabel Barbara Trilling, *Home Economics in American Schools*, Chicago：University of Chicago Press, 1920, pp. 1 – 2.

③ Beulah I. Coon, *Home Economics Instruction in the Secondary Schools*, Washington, D. C. : Center for Applied Research in Education, pp. 23 – 24.

④ Greta Gray, "Vocational Training for Girls", *Journal of Home Economics*, Vol. 11, 1919, pp. 23 – 24.

明是必要的但是并不是家政学学科发展的前提。真正让法案得以通过的力量是传统文化对于妇女作为妻子和母亲形象的需要，家政学学科作为技能培训可以让女性更有效地经营家庭。这种观念在当时的美国仍然非常流行。这种观念与现代化进程中的人本精神并不是一致的，女性所接受的这种性别化教育将其束缚在家庭中，没有为其在社会公共生活中的发展提供机会。

（二）家政学学科的理论发展

普莱斯特湖会议中所形成的家政学学科两大学派在这一阶段得到了迅速的发展，相应地发展出各自的理论体系及由此派生的教育观和知识观。科学管理派自创立起就一直作为显学，压制了人文派的发展。但随着 20 世纪人文社会科学的发展，家政学学科开始借鉴最新的社会学、心理学等发展成果对自身的理论体系进行补充。家政学学科的人本派开始得到进一步发展，开始系统地反思科学派的弊端，并与科学派形成一种张力，促进了家政学学科理论的完善。

1. 对科学管理派的反思

家政学学科在创立期的知识主要是由家政学家根据自己日常的实践和教育背景加以选择的。以理查兹为代表的科学管理派为实证研究出身的科学家，他们相信只有科学是唯一的理性方式，确立了科学主义的家政学思想。在这种思想的影响下，家政学学科最初并没有围绕家庭问题来选择并组织知识，而是进行了一系列的实证研究，产生的研究成果均为将科学技术应用于家庭工作的新发现，如家庭清洁方法、食品烹饪方法等。

科学管理派的思想影响深远，包括与家政学学科相关的行政机构和教育机构。家政局（The Bureau of Home Economics）作为美国农业部的一个研究单位在 1923 年成立。比薇儿引用了家政局的 1923 年一位长官的报告，报告中提到该局引进的各种实验室设备，足以显示出对于实证科学的推崇。1913 年的《家政学教学大纲》（*Syllabus of Home Economics*）也体现了这种思想，围绕着家务活动，而不是家庭问题，将知识仅仅局限于生物学、化学或技术。例如，在营养学的描述中，健康的问题是和家庭的营养相关的，与贫困、文化及心理特点与生物化学中的营养学都有关系，但《家政学教学大纲》认为只有通过对于食品的化学研究才能达成目的。在 1925—1931 年，在赠地大学协会的会议上，与会者发言同意只有实验方法才能用于家政学学科研究行为。

随着家政学学科研究队伍的发展壮大和社会科学的加入，科学派的家政学思想开始受到一些反思和质疑。一些家政学家在 20 世纪 20 年代之后就开始批评科学管理取向的家政学学科。如 1928 年尼兰（Hildegarde Kneeland）认为家庭管理者永远不能达到工业中的那种效率，因为家庭中生活的特征和条件是不同的。工作标准化在家庭内是不可能实现的。行政效率主要是工作的分工及人事管理，但家庭管理者经常是家庭中所有工作的管理者。此外科学管理也并不能回答家庭管理者的工作是什么的问题。尼兰在 1928 年的家政学杂志上不但反对科学管理，还反对将家庭管理局限于家务活动。① 他提出应该重视发展没有建立在家庭活动基础上的家庭生活，必须转向于家庭管理中无形的部分。②

在 1928 年，美国家政学会的主席丽塔·贝恩（Lita Bane）提出："也许我们应该改变整个家政学学科的概念……并承认不能与工业相提并论，家庭工作的过程除了效率还有别的要素。"贝恩在 20 世纪 20 年代提道："我们的生活本身并不能只满足于金钱和物质，需要寻找更为无形的价值，这些都更有深度和重要性。"③ 考虑到现存的将自然科学作为家政学知识来源的情况，她警告说，家政学学科必须认识到家庭管理的问题不能仅仅通过化学家或物理学家及生物学家来解决。将学科转向将人类理解为个人与群体，她要求家政学家要拓展他们的知识来源，增加社会科学和人文科学。她的观点具有一定的达标性，标志着美国家政学会的关注点开始转变。④

在两派思想的不断论争中，家政学学科的内涵得到拓展。第一个拓展的标志是家庭管理开始包括父母教育和儿童研究。在 1924 年美国家政学会的建议中提出学会应该包括儿童研究的项目，各个阶段的儿童护理和管理是项目中最为基本的部分，这些都应该成为家庭管理和父母教育的培训

---

① Hildegarde Kneedland, "Limitation of Scientific Management in House Work", *Journal of Home Economics*, Vol. 20, 1928, pp. 311 –314.

② Ibid. , p. 314.

③ Lita Bane, "Home Economics Outward Bound", *Journal of Home Economics*, Vol. 20, 1928, p. 703.

④ Ibid. , p. 704.

内容。① 不久之后，家政学家埃德娜·怀特（Edna N. White）成立了著名的关注儿童发展的护理学院和研究机构——米勒帕默（Merrill Palmer）研究院。"儿童护理与管理"课程也在 20 世纪 20 年代被引入大学和中等教育中。美国家政学会在外部资金的支持下，在华盛顿成立了一所儿童研究与父母教育中心。② 弗洛拉·罗斯（Flora Rose）在《康奈尔大学的家政学四十年》（*Forty Years of Home Economics at Cornell University*）一文中提出，康奈尔的家政学系从洛克菲勒基金会得到一笔资助，为的是开展儿童护理和培训。③ 这一时期，家庭中社会的和心理的方面逐渐得到重视。

总体来看，社会文化派的家政学家开始反思科学管理学派的弊端，开始质疑家政学学科：第一，过分地将自然科学作为家政学学科的基础；第二，家政学学科将那些自然科学作为基础理论学科；第三，专业间存在的严格的界限，以及过分专业化的趋势；第四，家政学学科信念与实践下所隐含的各种不一致的思想。

2. 家政学学科研究不断扩展并深化

家政学学科研究内容不断深化主要表现在：关注点逐渐从物理环境转移到心理和精神层面的内容，从研究家庭工作到家庭问题，开始觉察到学科分化的危机并采取了一定的应对措施。

（1）注重心理和精神层面

1938 年，心理学家劳伦斯·弗兰克（Lawrence K. Frank）在第七届国际管理大会（the Seventh International Home Management Congress）上提出，人们在家庭中不仅仅需要有效的技巧，更重要的是学习一些家庭成员需要掌握的理念、概念和价值。家政学学科一方面是为家庭成员传授家庭文化包括思维方式、社会交往的模式、世界观；另一方面是促进家庭成员个性的发展。他反对将家庭看作家务劳动的副产品。④ 他认为男性和女性

---

① Isabel Bevier, *Home Economics in Education*, Philadephia: J. B. Lippincott, 1928, p. 229.

② Marjorie M. Brown, *Philosophical Studies of Home Economics in The United States: Our Practical Intellectual Heritage* (*Volume I*), East Lansing, MI: Michigan State University, 1985, p. 433.

③ Plora Pose, A Page of Modern Education, 1900 – 1940: Forty Years of Home Economics at Cornell University, *A Growing College: Home Economics at Cornell University*, Ithaca: Cornell University, 1969, p. 69.

④ Lawrence K. Frank, "The Philosophy of Home Management", *Proceedings of Seventh International Home Management Conference*, The Waverly Press, Inc., 1938, pp. 3 – 6.

不仅应该做具体的工作，还需要形成一种关系模式来设计生活，通过这种模式他们获得激励并试图在很多的问题上达到一致，例如时间、精力和关注。[①] 对于弗兰克来说，家庭生活的中心问题是家庭成员必须履行的责任。[②] 家庭的第一种功能是作为文化代理来传递传统文化，包括语言、概念、思维方式、社会互动的规范及世界观。第二种功能是关注家庭作为个人个性发展的领域。弗兰克呼吁另一种研究家庭的方法：当注意力从大规模的数据统计落到个人行为和影响行为的家庭生活模式的时候，将带来社会科学和社会生活的发展。[③]

到 20 世纪 40 年代，家庭生活的社会和心理维度得到更多的关注。例如，在 1940—1965 年康奈尔大学的家政学项目中，埃丝特·斯道克斯（Esther H. Stocks）引用了儿童发展与家庭关系的长期研究项目。研究项目在性质上是跨学科的，并且研究家庭与个人的社会发展。[④] 这种调查集中于生理健康和成长、心理地位和发展及社会环境。[⑤] 但这种从内部研究家庭的方法，解释个人的行为并与社会心理过程相联系，直到 1950 年之后才开始流行起来。

（2）从家庭工作到家庭问题

1933 年，黑兹尔·塞尔克（Hazel Kyrk）提交了一份《家政学学科研究的问题选择》（*The Selection of Problems for Home Economics Research*），其中提到，家政学学科正确的研究领域应该是家庭问题。家政学学科研究不是食品和服装本身，不是设备或任何商品。"我能看到的是统一的整合的研究计划，对于怎么整合家政学学科的知识和教学则是个问题。"[⑥]

随着讨论的深入，家政学家进一步思考到家政学学科的研究对象，到底是家庭问题还是家庭工作？以科学为指导的家政学学科将家庭的活动分

---

① Lawrence K. Frank, "The Philosophy of Home Management", *Proceedings of Seventh International Home Management Conference*, The Waverly Press, Inc., 1938, pp. 3 – 4.

② Ibid., p. 5.

③ Ibid.

④ Plora Pose, A Page of Modern Education, 1900 – 1940: Forty Years of Home Economics at Cornell University, *A Growing College: Home Economics at Cornell University*, Ithaca: Cornell University, 1969, p. 168.

⑤ Ibid., p. 168.

⑥ Hazel Kyrk, "The Selection of Problems for Home Economics Research", *Journal of Home Economics*, Vol. 25, 1933, p. 684.

为若干类别，将科学应用于各类家庭工作，提高了家庭管理的效率和质量。但其将科学奉为圭臬、缺乏反思的特点受到了很多批评。随着社会科学和人文科学的不断发展，家政学家进一步质疑了科学管理学派的弊病，并开始深入到对于家庭问题的研究。

1935 年，埃菲·雷特（Effie I. Raitt）对于这种自我分配任务导向（Self - Assigned Tasks）的家政学学科持批判态度。她提道："通过让家政学符合基础学科的程序，其失去了很多权利。"① 她认为应该将基础学科领域知识与专业或服务导向的知识区分开。雷特认为家政学学科应该将所有学科整合起来共同致力于人类问题的解决，核心的问题是家庭与家庭生活。与解决特定人类问题相联系的学科问题也许来自相关的理论学科，但这种分散的部分经过整合、增强并调整用于特殊的目的。② 丽塔·贝恩提到了家政学学科过度分化，她认为家政学专业化的大方向是对的，但各个方面不能单独分离发展，要为了共同的目的整合起来。③

（3）初现端倪的学科分化危机

学者们经过深入的讨论，认识到科学管理学派在建立了家政学学科的理论基础上，导致了很多隐患。建立在科学实证主义的哲学上，随着科学发展的分化，家政学学科的体系也随之不断扩张。但由于缺乏一致认同基础上的学科使命和目的，家政学变成对于科学的无反思的应用。家政学学科的分支越来越多，研究的内容越来越专业，与母体渐行渐远，导致了学科混乱的专业分化。家政学各个分支专业逐渐成为自然科学、社会科学或文学的附属品。纽约州立大学的家政学家在 1936 年的年度报告中指出，家政学教育尤其是大学层面的，在全面发展一个阶段之后倾向于专业分化，围绕着几个具体的职业领域或专业机遇，最初只是集中于将家政学学科作为一个整体理解，将家庭与其主要功能作为主题，然后注意到具体工

---

① Effie I. Raitt, "The Nature and Function of Home Economics", *Journal of Home Economics*, Vol. 27, 1935, p. 270.

② Ibid. , p. 268.

③ Lita Bane, " Philosophy of Home Economcis", *Journal of Home Economics*, Vol. 25, 1933, pp. 379 - 380.

具的职业或专业用途。①

20世纪30年代到20世纪40年代期间的大学和学院开始考虑反思家政学学科的目的、学科的组织结构及专业化的本质。② 弗洛拉·罗斯是康奈尔大学家政学院的院长，认为康奈尔大学的家政学项目应该关注的是学科问题，包括理论的相互联系、协调和学科的整合。③ 在20世纪30年代末到40年代早期，康奈尔大学和其他很多学院都在实施核心课程（Core Course），就是从现存的家政学专业中选择核心课程（例如儿童发展与家庭关系，家庭经济学和家庭管理，食品与营养，家庭艺术，纺织品与服装）。这意味着需要家政学学科的每一个本科生至少学习每个专业领域的一门导论性课程。在康奈尔大学，这个阶段开始于协调和跨学科视角（Coordination and Interdisciplinary Approach）。④ 但大多数大学和学院，协调和整合则是让学生自己来完成，家政学教师不能或不会对知识进行整合。因此这种整合的效果极其有限。

对于学科分化的零散反思并不是这个阶段的主流，随着家政学学科在学校教育中的大范围扩张，早期家政学学科理论基础混乱模糊的弊端全部暴露出来，并为后期发展留下了长期难以解决的问题。这种危机的本质是迅速扩展中的家政学技术理性过度膨胀的结果。

（三）家政学学科的社会推广活动

对于家庭的关注促进了工业社会价值观对于家庭生活的改变。虽然这种改变带有极强的社会达尔文主义的控制思想，但在一定程度上促进了妇女教育，并将理论与生活实践联系起来，普及了科学知识，提高了公民的生活质量。20世纪20年代，随着职业教育法案对于家政学学科的资助和家政学学科在各级教育中的扩张，早期改革派思想已经慢慢地减弱，先锋家政学家的部分女权思想也慢慢在家政学学科的大发展中逐渐消失。

在1922年的美国家政学会大会上，玛丽·斯威尼（Mary E. Sweeney）

---

① Plora Pose, A Page of Modern Education, 1900 – 1940: Forty Years of Home Economics at Cornell University, *A Growing College: Home Economics at Cornell University*, Ithaca: Cornell University, 1969, p. 187.

② Ibid., p. 146.

③ Ibid., p. 148.

④ Ibid., p. 147.

谈到美国学会的主要成就："作为一个群体，我们必须扩展我们的联系。课堂需要商业，商业需要家政学学科妇女。所有的家政学学科工作需要家庭妇女。我们需要让课程满足电气化、自动化、无线电联系的家庭。"①家政学学科的迅速增长是通过进入各级各类教育机构实现的，家庭代理展示工作、职业教育、继续教育与夜校也需要大量的师资，还有世界大战带来的推动力。② 由此可以看出，家政学家的发展盛况令学会感到满意。来自商业、教育、公共事业甚至战争的需要让家政学家发挥了重要的作用，为女性走向公共领域做出了巨大的贡献。

两次世界大战期间，家政学家为战地的食品管理做出了杰出的贡献，从而为学科分支——营养学的发展奠定了良好的基础。1944 年，杰西·哈瑞斯（Jessie W. Harris）写道："在这场为更好地生活的世界大战中，家政学学科的成就体现在战地医院的营养师和食品管理者。在和平的日子里，我们也许期望更多地增加新的角色：学校午餐教育者、小学咨询师、家庭生活咨询师、儿童拓展服务专家，城市与郊区的家庭管理工作者、营养师、商业的和工作的食品管理者、研究工作者、住房专家。另外，有更多的教师、家庭展示代理员、家庭管理专家和管理者，以及更为广泛的在商业、媒体中的应用。我们在未来有着无可匹敌的机会。"③

随着家政学学科在社会中的作用不断增大，家政学家开始了进一步的设想：争取更高的专业地位。家政学学科在公共领域中帮助妇女打开了职业之门，但社会对于女性的歧视问题仍然存在，这种性别不平等影响了女性知识分子聚集的领地——家政学学科的专业地位。但多数学科都不承认家政学学科的专业地位。在这种情况下，家政学家和美国家政学学科从立法、公共关系等方面为争取学科的合法性地位进行了一系列的努力。1944年美国家政学杂志发表文章《美国家政学会应该放弃立法工作吗》（*Should the AHEA Abandon Legislative Work*）④。弗洛伦斯·哈瑞斯（Flor-

---

① Mary E. Sweeney, "The President's Address", *Journal of Home Economics*, Vol. 13, 1921, p. 385.

② Ibid. , p. 386.

③ Jessie W. Harris, "The AHEA: Today and Tomorrow", *Journal of Home Economics*, Vol. 36, 1944, p. 459.

④ Hazel Kyrk, Dorothy Dickins, Florence La Ganke Harris, Lillian Storms, "Should the AHEA Abandon Legislative Work？", *Journal of Home Economics*, Vol. 36, 1944, pp. 562 – 567.

ence L. Harris）认为合法性工作只是一个个人信服的问题，家政学会的角色也只是告诉会员这种合法性。莉莲·斯道姆斯（Lillian Storms）认为家政学学科的合法地位的重要性在于让个人成为专业人员并保证作为一个专业群体得到承认。黑兹尔·基尔克反对放弃家政学学科合法化的工作，她认为政治活动是民主过程的精髓，家政学家可以通过组织得到想要的社会活动。在 1947 年的家政学学科大会上，通过了一个大范围的公共关系项目。在第二年，一个公共关系的咨询师在家政学杂志中发了一篇文章《你喜欢得到更多的承认吗》（Would You Like More Recognition），她为全国家政学家报告了公共关系委员会的工作，认为很多通往家政学学科领域的门都打开了。① 虽然这些努力并没有取得实质性的成果，但家政学者从这些实践中积累了一定的经验。

　　总体来看，家政学学科的现代性制度维度随着家政学学科实践活动的开展而逐渐生成。与精神性维度相比，这种制度性维度发展相对迟滞，有时甚至与精神性维度相违背，如家政学学科的人本精神要求女性发展与家政学教育培养待在家中的贤妻良母之间的矛盾、家政学学科在商业领域中的毕业生有时积极推销一些昂贵但并非家庭生活中的必需的生活产品与家政学学科从经济效益等方面增进家庭福利的目的之间的矛盾等。这些现象反映了家政学学科所生成的现代性维度并没有理顺，维度内部强烈的张力在学科缺乏反思调整的能力的情况下对学科发展产生了不利的影响。

　　扩展期的家政学家坚信：科学福音让所有的部分都能得到分类并应用科学。1913 年的《家政学教学大纲》及各种家政学项目都是建立在主流的观点上的，家政学学科的目的被分成不同的分支来为不同的利益服务。建立在简单的唯物主义基础上，经济学和科学管理主导了家庭主妇，帮她们从家务活的压力中解放出来。② 这种科学管理主义的思想一直持续到 20 世纪 20 年代。在这种思想影响下，家政学学科在改善家庭和各种社会机构的生活条件中，其作用更像是家务管理，因为家政学学科的目标是改进这些机构和人员的卫生、审美、食品、服装等。

　　到了 20 世纪 30 年代，美国家政学会的福音主义的热情已经减弱，采

① Marjorie Child Husted, "Would You Like More Recognition?", *Journal of Home Economics*, Vol. 40, 1948, p. 459.
② Ellen H. Richards, "Ten Years of the Lake Placid Conference", *Lake Placid Conference on Home Economics: Proceedings of the Tenth Annual Meeting*, Lake Placid, NY, 1908, p. 21.

取的态度是"发展并促进家庭生活的标准,满足并发展个人的需要并适合社会的需要"。家政学家认识到人们将会对生活标准进行反思而不是完全遵照科学技术规则和专家技术指导。但他们随后为妇女设计的理性的生活计划却又处处带着专家的标签,在这些活动背后都反映出家政学学科作为社会主流文化代理人的角色,向普通民众施予了一种技术理性,引导家庭的生活。由此可见,科学管理学派的思想仍然深深影响着家政学家的行为。1913—1950年,家政学学科的知识范围扩展了很多,从服装、食品、住所和时间、精力和金钱的管理到儿童发展和家庭关系。社会科学开始和自然科学共同成为学科基础。儿童发展开始正式进入家政学学科的研究领域。随着实证社会科学的影响增强,儿童在家庭中的发展被解释为家庭中特定因素与儿童发展之间的因果关系的规律。有了这种规律,家长和未来的家长可以得到养育儿童的技能技巧。自然科学继续应用于营养、食品准备、纺织品、家务管理、家庭护理和家庭计划。科学实证主义的范式还是占主导地位。

但家政学家们做出的一系列反思确实已经开始向实证主义的绝对统治提出挑战。美国家政学会主席丽塔·贝恩提出家庭和家的存在绝不仅仅是为了效率。社会成员还追求者价值,而不单单是物质和商品,是一种更深层次的东西。她提倡反思哲学和人文思想,但没有发展出这种追求与家政学目的之间的相互联系。塔尔伯特的家政学思想能够帮助男人和女人发展出对于家庭、对于个人发展重要性及全面的社会参与的理解。心理学家劳伦斯·弗兰克认为家政学学科除了教授专业的家庭管理技能,还应该发展出人类关系的模式。

在家政学学科迅速扩张的背后存在着令人担忧的隐患:家政学学科自建立以来就面临着学科被分化的危险,没有一个整体的概念,没有围绕家庭的真正问题来组织学科知识。家政学家们都来自不同的专业领域,受到过单一学科或应用学科的方法训练。虽然有学者在1902年的会议中就提到要整合学科知识,但总体来看,他们缺乏整合的视角、能力等。最简单快捷的方法就是将家庭主妇的工作分解,分别用化学、物理学、生物学、经济学、社会学或心理学加以整合。家庭工作的分类建立在基础学科的基础上,但没有关于家庭作为一个社会心理单元的知识及文化代理的知识。家政学学科一直以来都是学科分化导向的。各个学科相互独立,但为了共同的目的而使用不同的方法。但这种共同的目的有时候也表述不清,使得家政学学科的知识在一个模糊的理论框架下围绕不同的职业联系起来。先天理论基础的不足使得学科分化的危机在这一时期已经开始显现。

四　家政学学科的反思阶段

美国社会在这段时间内进入了调整期。在 20 世纪 50 年代，社会的两极分化越来越严重。从 20 世纪 60 年代开始，社会运动不断涌现，被称为黑暗的时代。70 年代则被称为多事的时代。由此可见，美国在国际范围内的经济扩张和随后到来的消费主义社会并没有带来公众精神上的相应满足。现代化的发展进入一个反思调整期。

始于 20 世纪 60 年代末期的新女权主义运动也对家政学产生了巨大的冲击。妇女意识的觉醒，为每一个妇女提供研究自己过去发展历史的机会并表达他们对于性别歧视的不满。家政学学科在这一波女权主义运动中受到严厉的抨击而开始进行社会性别的反思。

经历了大扩张之后，家政学家发现学科体系在不断扩大之时已经开始面临着一些严重的危机——学科的分裂。这种危机是技术理性在学科内急剧膨胀的结果。家政学学科根据科学技术的分化思想，不断将家庭工作进行分化，形成越来越专业的分支。随着科学知识的不断发展，家政学学科各个分支的发展也越来越精细。庞大的学科结构在缺乏统一明确的概念和理论基础的情况下，这些分支开始有脱离整体、自立门户的趋向。这种严重的学科危机关系到家政学家的专业利益和社会地位。他们在这段动荡纷乱的时期里，结合各种社会运动和思潮的最新成果，进行了长达 30 年的反思工作（1951—1980 年），为美国家政学学科在 21 世纪的发展奠定了基础。

（一）对于家政学学科的反思

在这段时期中，各种社会运动及批评理论的出现，致使美国整个社会都对于科学实证主义逻辑进行了全面的反思和清理。家政学学科一直深受科学实证主义范式的影响，导致其人本维度发展严重不足。在科学技术不断分化的影响下，家政学学科体系也随之不断扩展，由于缺乏整体性的反思和理论建设，学科在迅速发展了庞大的体系之后，开始面临分裂的困境。这种困境关系到家政学学科的生死存亡，迫使美国家政学家不得不进行全面的学科整顿工作，家政学学科由此进入了全面的反思时期。

1. 学科目的反思

这一时期主要出现了两种不同的学科目的：一种观点是增进家庭福利，另一种观点则为获得职业机会。事实上两种学科目的并不冲突，因为家政学毕业生大多数都要走向各种各样的职业领域。二者的区别在于前者是一种比较传统的目的观，将家政学定义得更为广泛。虽然对家政学学科的目的达成了共识，但家政学者们基于不同的视角对学科的认识是不同的，在各种学术讨论中，家政学的理论深度和广度也得以体现。后者将家政学学科的目的定位为获得职业机会，在一定程度上将家政学学科的研究内容窄化，受到市场因素的影响较大，学科知识体系不如前者稳定，更为侧重职业技能的培养。

（1）增进家庭福利

1953 年，美国家政学会重申了家政学学科的实践目标：为专业的家政学家及其他相关领域的协会成员提供为个人和家庭福利做贡献的机会，改进家庭生活质量，保持家庭生活中的重要价值观。[1] 在 1955 年，李巴伦写到，家庭的福利在学科历史上都是共同目的的基础。[2] 同一年，大学管理者贝尔根（Theodore C. Belgen）认为家政学学科在教育和社区中的潜力就在于它关注的是家庭生活的所有相互联系。[3] 格雷丝·亨德森（Grace M. Henderson）在 1955 年写到，家政学学科形成和发展的那场运动宣布了家政学学科的目的是"为民主的家和家庭生活的教育"。[4] 家政学学科的哲学和目标委员会，是美国家政学会主席任命的，在 1959 年发布了标志性的著作《家政学：新方向》，认为"家政学"主要是关注增强

---

① American Home Economits Association "AHEA Constitution and By Laws", *Journal of Home Economics*, Vol. 45, 1953, p. 525.

② Helen R. LeBaron, "Home Economics—Its Potential for Greater Service", *Journal of Home Economics*, Vol. 47, 1955, p. 468.

③ Theodore C. Blegen, "The Potential of Home Economics in Education and the Community", *Journal of Home Economics*, Vol. 47, 1955, pp. 479 – 482.

④ Grace M. Henderson, *Development of Home Economics in the United States: With Special Reference to Its Purpose and Integrating Function*, University Park, PA: Pennsylvania State University, College of Home Economics Publication, 1955, p. 7.

家庭生活知识与服务的领域，是实践性的，即政治道德的。^① 1960 年，威廉·马丁（William E. Martin）也表达了这种相似的目标，她认为家政学学科是一种帮助性专业（Helping Profession）。^② "我们将要在教育和研究项目中，致力于问题的解决。我们最终的目标将不再是家庭生活的描述而是个人的发展，个人可以为增进自己和家庭的生活作出明智的决策。我们潜在的行动动机是理性上的好奇心。"^③ 在 1961 年的弗伦奇·利克（French Lick）的家政学研讨会中，家政学学科领域整体上关注的是家庭，提供给个人与家庭的专业实践，关注的是增加家庭生活的质量。^④ 塞尔玛·利匹特（Selma Lippeatt）和海伦·布朗（Helen I. Brown）在 1965 年的书中写到，家政学学科是一个应用领域，建立在很多学科的基础上，目的是达成并维持不断变化的社会中家与家庭福利。这门学科领域的独特性在于其整合的力量，因为从很多学科中使用基础的科学并将这些知识应用于解决个人和家庭在日常生活中面对的问题。^⑤

　　在 20 世纪 70 年代，学者们继续深入讨论，再次确认了家政学学科的目的。弗洛茜·伯德（Flossie M. Byrd）在 1970 年写到，家政学研究人类和各种影响人类和家庭的因素的物质力量及使用这些知识来为人类造福，学科定义需要考虑基础地位的同时还要不断随着时代变化而变化。^⑥ 在一项琼·斯格雷特（Jean D. Schlater）和美国家政学会在 1970 年主持的研究——"家政学国家研究目标和原则"（National Goals and Guidelines for Research in Home Economics）中，目标反映了家政学对于家庭的持续贡献

---

① Committee on Philosophy and Objectives, *Home Economics: New Directions*, Washington, D. C.: American Home Economics Association, 1959, p. 4.

② William E. Martin, "International Relations in Family Life", *Journal of Home Economics*, Vol. 52, 1960, pp. 655 – 658.

③ Ibid., pp. 657 – 658.

④ French Lick, *Home Economics Seminar: A Progress Report*, Home Economics Division, Association of State Universities and Land-Crant Colleges, 1961, pp. 24 – 28.

⑤ Selma Lippeatt, Helen I. Brown, *Focus and Promise of Home Economics: A Family Oriented Perspective*, New York: Macmillan, 1965, p. 4.

⑥ Flossie M. Byrd, "Definition of Home Economics for the 70's", *Journal of Home Economics*, Vol. 62, 1970, p. 411.

及人与就近环境之间的相互关系。① 在 1973 年的第十一届普莱斯特湖家
政学大会上，并没有对于家政学学科的目的达成共识，但很多发言者都表
达了意见，比阿特丽斯·保罗西说，为家庭提供服务是学科的使命，提供
知识，协助家庭解决问题，包括了家庭福利的获得、家庭生活质量的改进
及家庭生活中重要价值观的维持。② 詹姆斯·蒙哥马利（James Montgom-
ery）提到，今天的家政学学科关注的仍然是家庭福利。③

　　由于"增进家庭福利"这一目的过于宽泛，所以部分家政学家认为
这种目的的陈述无益于学科的发展，尤其是当前学科分裂问题的解决。
1974 年，雪莉·拉尔森（Shirley G. Larson）研究了家政学学科的目标，
她发现这些陈述都是模糊不清的或过于简单的。④ 在 1980 年，玛乔丽·
伊斯特（Marjorie East）认为，家政学学科的基础问题是缺乏明确的目
的。⑤ 她指出，需要积极地思考并在家政学学科目的、进一步在世界与实
践的连续性上达成一致。

　　（2）为职业做准备

　　随着美国社会进入消费社会，家政学学科在商业领域中的潜在价值被
越来越多的商人所认识到。家政学毕业生就职于商业领域的人数也越来越
多。美国家政学会还成立了商业家政学委员会。在 1973 年的普莱斯特湖
会议上，有家政学家提出，家政学的教育者和学生应该意识到新的商业领
域中非传统就业的模式。⑥ 高等教育应该为工商业提供更多的职位经验和
培训，尤其是监督和管理职位。⑦

---

① Jean Schlater, *National Goals and Guidelines for Research in Home Economics*, East Lancing,
MI：Michigan State University, 1970, p. 7.

② Beatrice Paolucci, "Home Economics：It Nature and Mission", *Proceedings of the Eleventh
Lake Placid Conference on Home Economics*, Washington, D. C.：American Home Economics Associa-
tion, 1973, p. 31.

③ James Montgomery, "Quo Vadis, Home Economics", *Proceedings of the Eleventh Lake Confer-
ence on Home Economics*, Washington, D. C.：American Home Economics Association, 1973, p. 29.

④ Shirley G. Larson, *A Hypothetical Moral Obligation to Define Clearly the General Goal of Home E-
conomics：A Philosophical Analysis*, University of Minnesota, 1974, p. 205.

⑤ Marjorie East, *Home Economics：Past, Present, the Future*, Boston：Allyn and Bacon,
1980, p. 237.

⑥ *Proceedings of the Eleventh Lake Conference on Home Economics*, Washington, D. C.：American
Home Economics Association, 1973, p. 10.

⑦ Ibid. , p. 12.

罗伯特·司准（Robert W. Strian）是艾森豪威尔政府的内阁成员，在1969年的商业家政学家（Home Economists in Business，HEIB）年度会议上提到，商业领域雇用一名家政学家，其最重要的理由就是能够获得利润。商业领域需要家政学学科提供的服务，但没有利润之外的理由。家政学家应该将所有的精力集中在这个方面。① 在1976—1977年美国家政学学科大会中，商业部的主席认为商业家政学家对于家政学会的目标的回应是"提高了家政学学科作为社会的积极力量的地位"，达成的目的是强化了美国社会经济自由体制的重要性。

商业家政学一再强调他们关注的是家庭的福利，而不只是商业权力和利润。但反思了高等教育的一系列项目之后，他们发现很多家政学项目并没有提供关于保护家庭利益的道德与社会方面的理解，家政学学科重点是商业利益。在一篇名为《商业领域中家政学本科教育的适切性》（*Adequacy of Undergraduate Education as Perceived by Home Economics in Business*）的文章中，简·克莱门斯（Jan Clemens）提到：商业家政学的基本功能是理解消费者的需要。② 但这种理解更多的是关于商业、营销、广告和消费者经济学的课程，很少关于家庭、儿童发展和社会学的课程。这里面所提到的伦理也只是对于公司的忠诚及公司指定的政策和规则。

商业家政学的取向受到了部分家政学家的质疑。在1963年，珍妮特·李（Jeanette Lee）认为受到商业的影响，过去的时间内家政学学科各个专业分化越来越严重，导致课程窄化。这种将如此广泛的项目集中在一个领域下或组织结构中的线索越来越不明显了。她提出应该强调家政学教育的可转换性，家政学学科提供的是所有可能领域的职业准备：时装设计、纺织品设计、广告、社会服务等。但家政学学科为这些领域提供的专业服务很难合法化。事实是这些领域的专业人员并没有大学学位，如果有的话也不一定受过家政学教育。家与家庭在一些职业上的相关性似乎很遥远。③ 保罗·米勒（Paul A. Miller）在1960年的美国赠地大学和家政学协

---

① Robert W. Strain, "Business Values the Home Economics", *Journal of Home Economics*, Vol. 62, 1970, p. 49.

② Jan Clemens, "Adequacy of Undergraduate Education", *Journal of Home Economics*, Vol. 63, 1971, p. 663.

③ Jeanette Lee, The Search for Unity in Home Economics, Paper Presented at a Workshop for Southern Regional Home Economics Administrators, Atlanta, GA, 1963, p. 3.

会中指出，"我认为目前我们正在选择一个职业化路线来发展学科。"在 1974 年《家政学家形象研究》（*Home Economist Image Study*）中丹尼尔·扬克洛维奇（Paniel Yankelovich）认为很多对于教师和营养师的功能性期望通过工商业和政府雇主及潜在的雇主表达出来，当被要求描述家政学家最可能被什么职位雇用时，并没有出现准确的表达，因为他们不属于任何一种职业分类。家政学学科被分解成一系列不相关的身份，只能导致人们不能对这个学科有一个公共明确的整体认识。①

玛乔丽·布朗（Brown）认为家政学学科扩张到工商业领域的兴趣及归入不同职业的兴趣仅仅是工作机会和专业人员的利己主义。这种关注不是为了家庭和责任义务的专业服务，而是与职业学校和就业机构的目标更为一致。这种价值取向不是道德的而是经济的。只要在家政学学科的理论框架下找到服务家政学学科的新方式并与合理的价值导向相一致就是令人满意的。后一种方式认为家政学学科的职业发展反映在 1972 年玛丽·伊根（Mary Egan）的文章《家政学的拓展服务领域》（*The Expanding Service Arena in Home Economics*）中。② 在这篇文章中，指出现在家庭所经历的问题，伊根修正了 1955 年格雷丝·亨德森所提出的家政学学科的理论模式下的职业发展途径。③

2. 学科困境反思

家政学学科分化问题在 20 世纪 50 年代就已出现端倪，随着学科内部反思的逐步加深，这种问题得到了更多家政学家的重视。李巴伦在 1955 年说道："家庭不能被分为 7 个独立的部分……现在我们正面临着通过表面化的学科问题分类来进行工作的分工，因此需要格外谨慎。如果我们要满足美国家庭的需要，我们必须将注意力集中在家庭问题的研究上。"④ 1956 年美国家政学会主席凯瑟琳·丹尼斯（Catherine Dennis）任命了学科地位委员会，从 20 世纪 70 年代到 20 世纪 80 年代期间，委员会对学科

---

① Daniel Yankelovich, *Home Economist Image Study*: A Qualitative Investigation, New York: Skelly and White Inc. , 1974, p. 14, 17.

② Mary Egan, "The Expanding Service Arena in Home Economics", *Journal of Home Economics*, Vol. 64, 1972, pp. 49 - 55.

③ Ibid. , p. 55.

④ Helen R. LeBaron, "Home Economics—Its potential for Greater ServicJe", *Journal of Home Economics*, Vol. 47, 1955, pp. 468 - 469.

地位做了大量的工作。在 1959 年的《家政学：新方向》中，多萝西·司各特（Dorothy Scott）提出委员会应该对家政学学科的哲学和目标进行审查。1961 年佛伦奇·利克的家政学研讨会关注了家政学学科缺乏统一性的问题。在 1965 年，玛乔丽·伊斯特提出这个问题，"什么是家政学?"到了 1982 年，弗吉尼娅·文森特（Virginia B. Vincenti）在她的家政学哲学史研究中提到，学科内部缺乏一致性。①

在 1957 年，琼·佛灵（Jean Failing）在一篇《理解家政学》（Interpreting Home Economics）的文章中警告说："我们现在的专业分化导致了公众对家政学更不理解。"② 这种职业定向与专业分化导致了相互之间缺乏理解。1961 年在弗伦奇·利克的家政学研讨会上提到，家政学家新的专业发展机会需要更高的专业层次。知识在这个领域不断扩张，专业不断分化，家政学学科内部的统一变得模糊。家政学学科成为一系列不相关学科的集合。③ 厄尔·麦格拉思对于 1963 年珍妮特·李和保罗·戴斯勒（Paul Dressel）的高等家政学教育研究做了评论，她认为这个研究很好，但还需要更多整合性的研究，来阐明家政学学科目的、使命及整合家政学学科在学术界内的地位，以及在更大的美国社会中的位置。

在 1973 年第 11 届普莱斯特湖会议上，贝雷斯福德（Sister Cecile Therese Beresford）评论："我们的学科必须为内部的异议提供连续的讨论，各种各样的观点可以得到批判性的评估。"④ 威廉·马歇尔（William H. Marshal）认为，"持续的家政学学科分化的现状与专业整合之间的较量，家政学学科更像是一系列学科的集合，很难在高等教育中生存，而是需要依靠其他学科的政治权利。我们并没有任何防御措施来防止家政学项目被移除到其他学科……这种学科集合发展模式的后果就是我们变得对于

---

① Virginia B. Vincenti, "Toward a Clearer Professional Identity", *Journal of Home Economics*, Vol. 74, 1982, pp. 20 – 25.

② Jean Failing, "Interpreting Home Economics: Understanding and Appreciation", *Journal of Home Economics*, Vol. 59, 1967, p. 764.

③ French Lick, *Home Economics Seminar: A Progress Report*, Home Economics Division, Association of State Universities and Land – Grant Colleges, 1961, p. 26.

④ Sister Cecile Therese Beresford, "Comment", *Proceedings of the Eleventh Lake Placid Conference on Home Economics*, Washington, D. C.: American Home Economics Association, 1973, p. 37.

权力的操纵非常脆弱。"① 莉拉·奥图尔（Lela O'Toole）评论道："我们
不能成为无所不包的全能之人，我们不能什么都做。因为我们非常有必要
区分重点来强调那些能够产生重大成效的在整个国家范围内让家庭生活更
为健康的能力。"② 奥珀尔·曼恩（Opal Mann）提道："最重要的问题是
专业的地位、使命、基础和哲学……"③

在1982年，弗吉尼娅·文森特写道："家政学学科作为一个学科缺乏
明确的定义……这导致学科的改进工作缺乏哲学上的统一性。应该从规范
性的视角出发，为家政学家提供更多的交流机会指导内部达成一致。"④
很多家政学家都指出学科缺乏相互理解并且需要团队意识。很多家政学家
将这种共同认识缺乏的原因归于学科的分化和家政学学科内部专业的职业
定位。

（二）寻找合法性的努力

家政学学科的反思源于学科遇到合法性危机。由于家政学学科自创立
起便被贴上了性别的标签，再加上一直以来占据上风的科学派家政学学科
缺乏反思批判精神，所以长期以来学科沦为了对各种学科的应用，从而成
为一种技术教育，失去了应有的学术性。随着子学科的群体越来越大，家
政学学科的整体性大大削弱。在子学科逐渐与家政学学科脱离的时期，面
对越来越多的家政学家认识到这种危机，一方面展开了理论的探索，从学
科的目的、概念、理论基础等方面进行了激烈的争论；另一方面则在实践
中为争取学科的合法性做出了不懈的努力。

1. 外部努力

家政学寻找合法性的外部努力包括通过公共关系项目确立家政学学科
在公众心中的正面形象，高等教育课程中的修正，以及学科命名的改变。

---

① William H. Marshall, "Issues Affecting the Future of Home Economics", *Journal of Home Economics*, Vol. 65, 1973, p. 9.

② Lela O'Toole, *Proceedings of the Eleventh Lake Conference on Home Economics*, Washington, D. C.: American Home Economics Association, 1973, p. 43.

③ Opal Mann, *Proceedings of the Eleventh Lake Conference on Home Economics*, Washington, D. C.: American Home Economics Association, 1973, p. 43.

④ Virginia B. Vincenti, "Toward a Clearer Professional Identity", *Journal of Home Economics*, Vol. 74, 1982.

（1）公共关系项目

这种策略的逻辑在于如果让家政学学科得到更多公众的理解，就可以增进学科的地位，进而产生一种正面的形象。这种策略开始于 20 世纪 40 年代，在 20 世纪四五十年代期间比较集中，在 20 世纪 70 年代达到顶峰。从 20 世纪 70 年代开始，美国家政学会从公共关系公司雇用咨询师，并且成立了公共关系委员会，任命公共关系主任，开展了各种各样让家政学学科提高可见度的活动。家政学家被要求参与专业会议并通过专业文献来提高公众形象，积极建构一个有利的形象。甚至还出现了家政学形象研究，其中最为著名的是丹尼尔·扬克洛维奇开展的研究，由美国家政学会承办的活动。① 研究报告的建议部分提到，家政学学科和家政学家需要积极的、有利的公共关系项目的支持。需要理解：家政学学科的首要目标是什么？家政学家受到的培训和能够完成的任务是什么？家政学家能够给雇主提供什么样的基本技能？这一项目的目的是：首先，建立一个明确的地位，接受过家政学培训的人员能够做什么及不能做什么？怎么在相关领域中工作的最有成效？其次，建立一个家政学家的内在一致的形象。这个研究的建议是：强调专业主义（Professionalism）；明确的和一致的关注点；需要直接的和有权威的支持。② 1974 年的杂志《美国家政学会行动》（*AHEA Action*）中，在丹尼尔·扬克洛维奇的报告之后，包括了一篇名为《形象制造者》（Image Makers）的文章。后来陆续又有文章讨论这方面的问题。

通过公共关系项目来寻求合法地位的困难在于，首先家政学学科本身的特征不能改变，即关于目的、原则、服务及专业的理解和理性协议和承诺。有两种思考形象的方式：一种是物体的反映，另一种是商业意义上的创造形象，但并不一定是真实的。虽然公共关系项目的努力失败了，但明确家政学学科前进的方向，就是与外界的人进行更多的联系。

（2）调整高等教育课程

这种策略的逻辑在于，如果能够抓住项目的正确大纲，教授正确的内容并使用正确的教学和学习策略，家政学学科和家政学家将有着明确的身

---

① Daniel Yankelovich, *Home Economist Image Study*：A Qualitative Investigation, Skelly and White, Inc., New York, NY, 1974, p. 14, 17.

② Ibid., pp. 5 – 8.

份意识。问题在于，这种正确的标准是什么？如果这种决定权取决于高等教育中的教学研究单位，将会出现很多不同。

事实上，1961 年在弗伦奇·利克的家政学学科研讨会上，就已经提出课程统一的问题。建议让一些科学专家制定学科的结构，任何专业的课程在任何层次都可以根据基本的理解来决定，即学科结构之后的概念和原则。① 这种努力没有成功，因为没有正面回应学科身份地位建立的问题。

（3）改变命名

这种策略的逻辑在于，通过改名从而带来新的生活，一些家政学家认为换一个命名可以更准确地描述家政学学科的本质，这种策略的寓意似乎是从过去的形象中脱离出来的。但在改变名称之后，家政学学科的内容保持不变，家政学学科的根本问题也没有得到解决，因此这种策略注定是不能达成效果的。

保罗·米勒在 1960 年美国赠地大学和学院家政学协会的会议上提出，家政学学科的命名是没有目的的，没有能够表达定义。② 在 1962 年，戈登·布莱克威尔（Gorden W. Blackwell）也表达出相似的观点，他认为一个新的命名可以包括更多的博雅艺术和科学，连同对于态度、价值的关注和家庭管理者的决策能力，将扩展新的更广阔的服务。③

在 20 世纪 60 年代到 80 年代初期，美国很多大学家政学院系改变了名称。在一项研究中发现，直到 1973 年，有 22 个单位（大约 10%）更换了名称。④ 但更多的单位并没有考虑改变命名。改变名称的单位都表示承受着巨大的压力。管理者认为家政学学科改名是比较实用的。⑤ 调查显示改名后学生和研究生的数量增加了，学科的形象、地位和管理支持及学科的兴趣、教师在高等教育政策制定中的参与、研究生的就业机会、学生

---

① French Lick, *Home Economics Seminar: A Progress Report*, Home Economics Division, Association of State Universities and Land – Grant Colleges, 1961, p. 3.

② Paul A. Miller, *Higher Education in Home Economics: An Appraisal and a Challenge*, Paper Presented at the Meeting of the Division of Home Economics of the American Association of Land – Grant Colleges and State Universities, Washington, DC, 1960, p. (11) . 8. (unpublished)

③ Gordon W. Blackwell, "The Place of Home Economics in American Society", *Journal of Home Economics*, Vol. 54, 1962, p. 450.

④ Susan Weis, Marjorie East and Sarah Manning, "Home Economics Units in Higher Education", *Journal of Home Economics*, Vol. 66, 1974, pp. 11 – 15.

⑤ Ibid. , p. 14.

和教师的态度都有了部分程度的"改进"。① 但没有提到学生专业学习的质量、专业服务的质量方面的提高。

厄尔·麦格拉思在 1968 年指出，仅仅改变名称是不能改变家政学学科本身的。② 他坚定地认为改变命名只能导致失去地位。③ 从行政的目的、数量和金钱来衡量命名的意义，各个分支专业建立起自己的独立领域，反而不利于家政学学科地位的确立。

2. 学科内部的努力

在这段时期，以美国家政学会为代表的家政学学科研究组织进行了几个有影响力的研究，对学科的理论基础进行了系统的检验，溯本清源，为家政学学科未来的发展探明了方向。

(1)《家政学：新方向》系列研究

美国家政学会对于会员的委员会研究和汇报（Committee Study and Report to the Membership of AHEA），分别为《家政学：新方向 I 》（1959年）和《家政学：新方向 II 》（1975 年）。

《家政学：新方向 I 》是 1959 年美国家政学会任命的哲学与目标委员会的工作成果。委员会的工作是：根据影响家庭和家庭成员及家政学学科的条件评估家政学的哲学、实践和程序；确认家政学学科前进的方向及未来需要面对的挑战。④ 委员会的第一次会议检验了家政学学科早期领导者的哲学。⑤ 委员会检验了普莱斯特湖会议中的早期领导人的家政哲学观点，一致同意那些文件还是可以接受的。1975 年的《家政学：新方向 II 》非常简洁，但很多说法仍然含混不清。如对于家政学学科的定义是：家政学学科通过家庭来运行，目的是达到人与环境的最优平衡。家政学学科接受挑战，帮助人们来适应变化并改变未来。⑥ 两篇报告中缺乏更多家政学

① Susan Weis, Marjorie East and Sarah Manning, "Home Economics Units in Higher Education", *Journal of Home Economics*, Vol. 66, 1974, p. 14.

② Earl J. McGrath, "The Imperatives of Change for Home Economics—Questions and Answer Panel", *Journal of Home Economics*, Vol. 60, 1968.

③ Ibid.

④ Dorothy D. Scott, "The Challenge of Today: Introduction", *Journal of Educational Research*, Vol. 47, 1953, p. 687.

⑤ Ibid.

⑥ American Home Economics Association, "Home Economics: New Directions II", *Journal of Home Economics*, Vol. 67, 1975.

学科的交流讨论及对于家政学学科理论表述模糊的后果。

（2）实证研究和建议

这段时间对家政学学科进行的实证研究以厄尔·麦格拉思、杰克·约翰逊、丹尼尔·扬克洛维奇等家政学家为代表。他的研究是按照赠地大学和学院协会执行委员会的要求，对高等教育家政学学科的课程、拓展服务进行研究。在 1968 年，麦格拉思的研究成果《家政学变化的使命》（*The Changing Mission of Home Economics*）发表。扬克洛维奇对家政学学科形象的研究也产生了一定的影响。他的研究主要包括三个部分：第一是简要的历史，什么思想和动力让家政学学科成为现在的样子；第二是家政学学科在州立大学和赠地学院的项目的量化描述；第三是对于决定当代家政学学科目的的趋势。[①] 但他们忽视了对于科学理性主义和经济唯物主义的分析，这两股思潮主导了当时的工商业、政府和教育，使教育呈现出一种技术的和非理性主义的方向。

（3）第 11 届普莱斯特湖会议的未来主义规划

20 世纪 70 年代阿尔文·托夫勒（Alvin Toffler）引领的未来主义思潮支持对于未来进行规划，依靠系统和理性的技术控制。[②] 这种技术的典型代表是德尔菲技术。家政学学科在这种思想和技术的影响下也开始尝试使用了德尔菲方法。1973 年的第 11 届家政学会议召集了家政学学科专家，共同探讨家政学学科作为一个学科和专业的未来，并且使用了德尔菲技术对家政学学科的未来进行规划。

（4）《家政学学科：一种定义》

1977—1978 年美国家政学会成立了家政学学科定义委员会（The Home Economics Defined Committee）。委员会主要有六个目标。第一，挑选人员来准备家政学学科基本知识的定义，这将阐释清楚学科服务社会的功能、实用和贡献，从而形成一个关于家政学学科基本理论的报告。报告解决的是理论基础、哲学地位和学科的未来方向。第二，描述这种定义的范围和原则。第三，召开一个 40—75 人的研讨会来讨论报告，并在四个地区进行。第四，为报告的作者提供心理的、理性的、财政的和逻辑的支

---

①　Earl J. McGrath, Jack T. Johnson, *The Changing Mission of Home Economics*, New York: Teacher College, Columbia University, 1968, pp. iv, v.

②　Alvin Toffler, "Value Impact Forecaster—A Profession for the Future", *Values and the Future*, New York, Free Press, 1970, p. 7.

持并对报告进行讨论。第五，发展对学科内外的人员传播和解释这篇报告
的途径。第六，在协会内部使用报告作为政策制定的基础并引导家政学学
科未来方向。① 这是美国家政学学科发展的一个转折点，标志着美国家政
学会开始对学科进行系统的反思，在这种反思下科学实证主义的主导地位
进一步受到挑战。

　　委员会选定的人员是比阿特丽斯·保罗西和玛乔丽·布朗。两位家政
学家运用规范的视角（Normative）对众多家政学家所理解的基本概念和
理论进行了梳理，形成了美国家政学学科发展史上划时代的著作《家政
学学科：一种定义》。书中的观点非常多样化，与会员多种教育背景与经
历有关。自然科学逐渐在这本书中失去主导地位。这本书的主旨是，一个
关注人类福利的学科要区别于纯科学，并倡导一种不同于以往的方式：实
践对话和推理（Practical Discourse and Reasoning），主体间的意义得以传
达，积极地创造而不是被动接受。布朗认为过去家政学学科在借鉴众多学
科的同时并没有注意到这些学科背后的思考方式，自然科学、社会科学和
文学都是不同的，导致了内部语言规范的混乱，从而出现了长期以来的理
论概念模糊不清、学科内部缺乏交流、专业人员缺乏整体归属感等问题。
但总体来看，她认为此次论坛并没有达到预想中的相互理解和理性一致，
但这种讨论展示了家政学学科的现状，是一种新的思维方式的开始。

　　3. 人类生态学理论探索

　　人类生态学的框架是作为一种应对学科分裂危机的有效方法而出现
的。从 20 世纪 60 年代开始，一些大学和学院的家政学院系将家政学学科
改名为"人类生态学"（Human Ecology）。在这一时期，家政学学科内部
关于人类生态学的研究也开始激增。1959 年，美国家政学会的家政学学
科哲学与目标委员会提交了《家政学：新方向 I》，但没有提到人类生态
学的视角。而到了 1975 年，再次发布的《家政学：新方向 II》中提到了
"家政学学科的核心"是作为"家庭生态系统"的"家庭成员和自然环境
与人为环境之间的相互关系的研究"②，家政学学科"通过帮助人们适应

---

① Carole Vickers, *Report of the Home Economics Defined Committee*, November 22, 1977, p. 1.

② American Home Economics Association, *Home Economics: New Directions II*, American Home Economics Associationp, 1975, p. 26.

变化并重塑未来"，目的是"让人们与环境之间达到最优的平衡状态"。①
随后有一些大学的家政学院系改名为人类生态学学院，这一运动是从康奈
尔大学和密歇根州立大学开始的。经过两年的自我反思，康奈尔大学的家
政学院在 1969 年 1 月改名为人类生态学学院。相似地，1967 年密歇根州
立大学的家政学院也改名为人类生态学学院。从此之后人类生态学的文献
多了起来。总体来看，主要存在两种家政学学科作为人类生态学的理论。
一种是将人类生态学看成是管理科学，认为家庭管理是中心问题；另一种
是家庭生态学研究。两种观念的相同点在于：第一，二者都将人类生态学
作为整合现存专业的理论框架；第二，二者都关注家庭和家庭成员，以及
环境分类（物理的、生物的、社会的、家庭内部的、文化的）；第三，二
者都是导向于实证科学的分析；第四，在分析家庭与环境关系的时候，二
者都使用了系统论。二者的不同在于：人类生态学作为学科更为关注理论
性。这场运动是对前期家政学学科内部反思的一种实践性回应，至于具体
对学科产生多大的作用，学者们评价不一。布朗认为人类生态学作为家政
学学科的一种新的理论框架是可以考虑的，其整合性的视角对家政学学科
当前学科分裂的现状具有一定的补救意义。但如果将人类生态学作为家政
学学科的命名则是有问题的。她认为这种命名只是一种形象建设罢了。②
本书将在后文对这场运动进行详细的阐述。

　　总体来看，家政学学科创立后，经过了半个世纪的发展后遇到了严重
的学科危机问题。在学科发展的困境中，家政学家不但需要知道学科的未
来走向，还需要有一种自我认同和外部社会认同。于是家政学家开始了身
份寻找的过程。布朗指出，家政学学科在身份形成过程中主要有两种错误
的方式值得警惕。第一种是排斥变化并在自我理解和理解世界的过程中逃
避内省或反思。结果可能导致特定的独裁主义和官僚主义。第二种是通过
表面化的方法来扩散身份，但并没有经过深思熟虑，因此并不能取得
成效。

　　这一期间家政学学科主要面临的问题有两个。第一，解决基本的问
题。1899—1908 年的一系列会议上留下了很多没有解决的问题，如家庭

---

① Anna M. Creekmore, "The Concept Basic to Home Economics", *Journal of Home Economics*, Vol. 60, 1968, pp. 93 – 99.

② Marjorie M. Brown, *Philosophical Studies of Home Economics in The United States: Basic Ideas of Home Economics in The United States*, East Lansing, MI: Michigan State University, 1993, p. 411.

生活的正确方式是什么？家政学家可以做什么来帮助家庭决定最好的生活方式？在 1980 年，家政学家金茜·格林（Kinsey Green）指出，家政学学科是从发展性的、教育性的视角来研究家庭的学科，而不是治疗性的、危机干预的模式。① 第二，反思科学理性主义。过去的家政学学科崇拜自然科学和实证研究范式，甚至将科学和技术作为一种意识形态，导致了家政学家作为技术专家，成为信息给予者。他们关注影响家庭的社会政策和各种政治行动，但并没有发展出一种家庭的批评性意识，家政学家只是作为技术专家参与政策制定的过程。这种毫无批判反思的实践活动与家政学学科的专业使命是相违背的。在这段时间内家政学家认识到了技术过分膨胀的严重后果，学科的人本维度开始发展，从而开始了现代性的反思和调整。

五　家政学学科的当代新发展

在经历了现代性的危机和困境后，家政学学科进行了长达 30 年的反思，对于学科的理论基础进行了充分的讨论，从而形成了具有共识性的认识。为家政学学科在美国全国范围内的统一发展奠定了重要的基础。在 20 世纪 80 年代之后，以美国家政学会为代表的家政学学科研究力量，召开了一系列的全国性会议，确定了家政学学科在 20 世纪的发展框架、全国性的教育标准和知识框架，并使家政学学科成为美国学科分类系统中一个官方承认的一级学科。至此，家政学学科争取合法性的工作取得了重要的成果。但这并不意味着家政学学科发展已经和经济学、社会学之类的学科具有同样的社会地位和认可程度。由于学科人本维度的先天性发展不足，以及父权制结构仍然在长时期存在的现状，家政学学科今后仍将面临各种各样的隐形歧视，学科的建设工作任重而道远。

（一）家政学学科命名变化

近 20 年来在美国比较有代表性的新命名主要有两个。第一是家庭与

---

① Marjorie M. Brown, Phyilosophical Studies of Home Economics in the United States: Our Prncti-cal Intellectual Heritage (Volume II), East Lansing, MI: Michigan State University, 1985, p. 898.

消费者科学。1993 年，4 个主要的家政学学科组织：美国家政学会、美国职业教育协会家政学分会（Home Economics Education Division of the American Vocational Association）、全国拓展家政学家学会（National Association of Extension Home Economists）和全国家政学管理者委员会（National Council of Administrators of Home Economics）在美国亚利桑那州的斯科茨代尔市召开了一场名为"为家政学在 21 世纪定位"的会议，与会者对于在 21 世纪最适合此学科的命名达成了共识，将家政学学科重新命名为"家庭与消费者科学"（Family and Consumer Sciences，FCS）。命名变化的意图在于超越家政学学科的刻板印象，将家政学学科的视域拓展得更为宽阔，而不是仅仅局限于家庭。[①]

第二是人类科学（Human Sciences）。卡帕协会（Kappa Omicron Nu，KON）是美国的一个研究家政学学科的权威专业团体，1995 年，协会成员选择了"人类科学"作为家政学学科的名称。[②]卡帕协会认为人类科学是以改善和提高人们生活质量为目的而形成的学科，它致力于改善社会的公正并发展人类之间的关系。1995 年，美国州立大学和学院家政学协会也将名字改为"人类科学"，他们认为这个名字能够在以农业导向的环境中更好地为学科服务。近年来，美国一些大学的项目也将家政学学科命名改为"人类科学"，并将不同的学术单位整合到一起（特别是将健康、教育和农学整合在一起）。[③]

家政学学科的这次命名变化与反思期的不同之处在于，这次命名的变更是经过了 30 年的学科大调整之后深思熟虑的结果，并且命名本身也反映了美国家庭在新时期发展的突出特点——家庭作为一个消费单元，以及家庭成员都是消费者。人类科学的命名则反映了家政学学科受 70 年代兴起的人类生态学框架的影响，试图通过一个广泛的学科观，将家政学学科建设成一个解决当代人类生活问题的领域或平台，淡化了家政学学科原有的狭窄范围意识，是新时期交叉学科发展的新体现。

①　Sarah Stage，Virginia B. Vincenti，*Rethinking Home Economics：Women and the History of a Profession*，Ithaca and London：Cornell University Press，1997，pp. 25 – 33.

②　Sue L. T. McGregor，"Name Changes and Future – Proofing the Profession：Human Sciences as a Name?"，*International Journal of Home Economics*，Vol. 3，2010，pp. 20 – 37.

③　Ibid.

（二）21 世纪家政学学科发展框架

1993 年，美国家政学会在斯科茨代尔召开了重要会议，被称为斯科茨代尔会议（Scottsdale Conference）。此次会议被认为是家政学学科 21 世纪发展的蓝图。会议检验了家政学学科的任务、范围、命名及推荐性的新的理论框架，并发布了重要的文献《学科迈向 21 世纪》（*Positioning the Profession for the 21st Century*）。这份文件的主要观点包括：①

家政学学科发挥领导作用的方面：提高个人、家庭和社区的福利；对发展、传递和评估消费者的物品和服务产生影响；影响政策发展；促进社会变化，增强人类的生活状况。这种关注点远远地超越了家政学学科原来局限于家庭工作分析的范畴，而是拓展到"人类的生活状况"中，为家政学学科局限于性别分工的困境带来一个新的发展思路。

家政学学科主要关注以下内容：家庭的优势和活力；发展和利用个人的、社会的和物质的资源来满足人类需要；个人和家庭生理的、社会心理的、经济的、审美的福利；个人和家庭作为消费物品和服务的角色；设计、管理和利用环境；设计、利用并评价目前和正在出现的技术；批评、发展和执行政策来支持个人、家庭和社区。家政学学科的研究内容也得到了相应的扩展。除了继续重视技术对于家庭生活的作用外，还强调个人的评价和批判，体现了现代性的反思性维度在家政学学科发展中的强化。

家政学学科的基本信念：家庭作为社会的基本单位；从人的一生角度来看个人和家庭的发展；在家庭内外满足个人和家庭的需要；多样化可以增强个人、家庭和社区的福利；所有人接受教育的权利，增强他们的理性并将他们的潜力发挥到最大；研究模式的多样化；教育作为一个终身的过程。这种信念体现了新时代的特点，如从人的一生跨度来思考个人的家庭的福利，研究过程中强调多样化和平等观念。家政学学科的研究越来越呈现出开放的特点。

家政学学科的研究假设：建立在历史的和哲学的基础上；是有远景的和有影响的；建立在科学、艺术和人文科学的基础上；使用研究作为学科实践的基础；为个人职业和专业做准备；努力具备专业的能力并持续专业

---

① KAPPA OMICRON NU HONOR SOCIETY. Positioning the Profession for the 21st Century. Conceptual Framework Scottsdale, http：//www. kon. org/scottsdale. html.

发展；包括全球的视角。研究假设中综合了以往的各种视角，突出了家政学学科实践性和跨学科特征。

家政学学科的专业实践：关注发现、整合和知识的应用；使用分析，实证，解释的和批评的范式；横跨学科整合知识；使用系统的视角来进行实践；提供服务的范围从预防到干预，以预防为主；强调通过建设强有力的专业、将专家聚集在一起及建立专业实践者和消费者的合作关系对个人和家庭进行持续的和永恒的关注；实践有伦理基础；通过专业实践支持个人、家庭、消费者和社区；促进领导力和组织发展；在教育、政府、研究、拓展机构、商业、传媒、健康和人类服务、社区基础上的机构、家庭范围实践。对家政学学科专业实践的描述中集中地体现了过去 30 年反思的结果：突出了研究范式的多样化和跨学科视角，强调了家政学学科实践活动的专业性并扩大了家政学学科实践应用的范围。

家政学学科的研究成果：将增强个人和家庭社会、认知、经济、情感、生理的健康和福利；为个人和家庭赋权，利用他们的生活，最大化地发挥潜能；增强个人和家庭工作环境的质量。这与家政学学科之前的目的是一脉相承的，突出家政学学科对提供个人和家庭生活质量的重要贡献。

这个框架是此后一系列国家性的家政学教育标准和知识体系的理论基础，因此在家政学学科发展史中具有重要意义。这份文件针对之前家政学的学科分化危机和性别化困境提出了新的发展方向：强调跨学科视角对知识的整合作用，将社会科学和人文科学与自然科学提到同等重要的位置，并强调对科学技术进行批判性评价和使用；将家庭生活提升至人类生活的高度，系统地将个人、家庭与社区联系起来，避免了过度强调家庭而给学科造成的女性化刻板印象。

（三）一系列全国性文件的出台

在 1993 年框架和 20 世纪末美国国家教育标准化运动的影响下，以美国家政学会为代表的家政学研究者共同开发了一系列的国家性标准，为家政学学科在教育、研究及社会服务中的规范统一奠定了基础。

1. 全国性教育标准

1995 年 5 月，美国家庭与消费者科学各州管理者协会（NASAFACS）提议共同开发一个国家家庭与消费者科学标准，并成立家政学学科国家标准委员会，参与人员包括美国家庭与消费者学会会员、家庭与消费者科学教师、大学教师、工商业雇主、家长和学生。在 1997 年 7 月，家政学学科国家标准委员会起草了一个标准的意见稿，标准的目的主要是在全国范围内达成共识，试图整合各州家政学教育的哲学，并允许使用多种方法来实施标准。在 1998 年 5 月《家庭与消费者科学教育国家标准》（*The National Standards for Family and Consumer Sciences Education*）（以下简称《标准》）正式发布，成为家政学教育推广的有效工具。在过去的十年中，《标准》为全国、州和地方范围内的家政学教育提供了清晰的概念和共同的方向。在 2008 年 5 月，《标准》得到重新的修订。修订后的版本延续了 1998 年标准对于家政学教育的定位，但更为强调学生的参与过程和能力发展。①

标准在社会需要、实践问题、推理行动标准和过程问题理论框架下，综合了四类过程领域和系统行动，制定出 1 个推理行动标准和 16 个组成部分的具体标准。16 个具体标准的领域分别是：职业、社区和家庭联系；消费和家庭资源；消费者服务；早期教育；设施管理和维护；家庭；家庭和社区服务；食品准备和服务；食品科学、饮食和营养；招待、旅游和娱乐；住房和内容设计；人类发展；人际关系；营养和健康；为人父母；织物、时装和服装。② 标准体现了以能力为基础、重在培养问题解决能力和批判性思维的特点。《标准》将其定位为一个愿景性的文本，为家庭与消费者科学的教师提供了一个应该交给学生什么并如何去做的结构框架。《标准》建立在家庭生活以及和职业成功需要相关的知识和技能的基础上，提供了满足个人为全球化社会中的生活做准备的系统。

《标准》尤其反映了布朗的《家政学学科：一种定义》的最近研究成果，摒弃了科学实证主义的知识观，从规范的视角强调学生反思批判能力的培养，目的是为学生在 21 世纪的生活做好准备。

2. 全国性知识体系

2000 年，鲍尔等家政学家（Shirley L. Baugher, Carol L. Anderson, Kinsey B. Green, Jan Shane, Laura Jolly, Joyce Miles, Sharon Y. Nickols）共同研究出一个家政学学科的知识体系，这个体系结构清晰，包括了两个线索：横向的（Cross – Cutting Threads）和专业的（Specialization

---

① National Association of State Administrators of Family and Consumer Sciences（NASAFACS），The National Standards for Family and Consumer Sciences Education. http: // www. nasafacs. org/ national – standards – and – competencies. html.

② Ibid.

Threads）。横向的线索包括：基本人类需要；沟通技能；公共政策；批评性思考；多样化；全球视角；专业主义；独立、依存和创造性思考的相互依赖；社区发展；技术；道德、伦理和精神发展。专业的线索包括：健康、为了基本营养和健康的食物及未来食物创新中的科学发展；服装和织物；住房；经济学和管理；人际关系和社会领导；福利（Wellness）。这个体系开发了一个家政学知识体系的模型来代表这些线索和学科的基础。现存模型的基础是家庭和社区系统、资源获得和管理、人类一生发展，这些都是家政学知识库的核心。① 这个知识体系在家政学学科国家教育标准的基础上进行了提炼，强调了家政学学科满足人类基本需要的重要作用，通过沟通、批判性和创造性思考进行专业实践，多样化、全球化构成了家政学的开放事业，改变了家政学过度依靠技术理性的现状，突出了学科对于公共政策、社区发展的重要贡献。专业的线索则为家政学学科列出了学科的基本内容，基于此前对于家庭工作分析的基础，强调了健康与福利的重要目标。这个标准充分体现出家政学学科进行了现代性反思之后的新气象：人本维度和技术理性维度的和谐发展。但这种理论能否真正落实到现实中的制度性维度中，还需要家政学家的不断努力。

2009 年，鲍尔等家政学家（Shirley L. Baugher, Carol L. Anderson, Kinsey B. Green, Jan Shane, Laura Jolly, Joyce Miles, Sharon Y. Nickols）重新修订了 FCS 知识体系。这个知识体系包括了三种概念类型：整合性元素（Integrative Elements）、核心概念（Core Concepts）和交叉性主题（Cross - Cutting Themes）。核心概念包括：基本人类需要、个人福利（Individual Well - Being）、家庭优势和社区活力。整合性元素包括：生活过程发展（Life Course Development）和人类生态系统。交叉性主题包括：能力建设、全球相互依存、资源发展和持续性、技术（合理的使用）及福利（Wellness）。② 鲍尔等家政学家还设计了一个知识体系的模型，不但

① Shirley L. Baugher, Carol L. Anderson, Kinsey B. Green, Jan Shane, Laura Jolly, Joyce Miles and Sharon Y. Nickols, Body of Knowledge for Family and Consumer Sciences Jowrnal of family and lomsumer Sciences, Vol. 92, 2000, pp. 29 - 32.

② Sharon Y. Nickols, Penny A. Ralston, Carol Anderson, Lorna Browne, Genevieve Schroeder, Sabrina Thomas, Peggy Wild, The Family and Consumer Sciences Body of Knowledge and the Cultural Kaleidoscope: Research Opportunities and Challenges Family and Consumer Sciences Research Journal, Vol. 37, 2009, pp. 266 - 283.

呈现出概念还展示了它们的相互联系、协同作用和相互作用。这个知识体系以人类基础需要为核心，将家政学学科视为开放的生态系统，并突出了个人、家庭与社区在这个系统中的关键性作用。引入生活过程发展理论，强调从人一生的跨度来思考人的福利问题。从能力建设、全球化、资源的可持续利用及技术的合理使用方面突出了大环境观，体现了强烈的人文关怀和国际意识。与 2001 年的知识体系相比，这个体系更具有整合性和时代意识，体现了家政学学科应对 21 世纪挑战，增进人类福利的决心。

3. 全国性专业划分

如果说教育标准和知识体系更体现为理论的构想，那么美国全国性的专业划分对于家政学学科的发展起到了重要的制度性支持。2010 年美国的最新修订版学科专业分类系统（CIP）中，家政学学科作为一个一级交叉学科群，其中包括了 10 个学科和下属的 33 个专业。[①] 这个划分为家政学学科进入高校，与各种相关学科区分各自的定位起到了重要的作用。CIP–2010 在每一个层次都为像家政学学科这样的交叉学科设立专门标识与代码，通用于研究生和本专科等各层次的学科专业，同时又包容学术型、专业应用型、职业技术型三种类型迥异的学科专业。如在家政学学科二级学科对"19.05 食品、营养和相关服务"中的"19.0504 人类营养"专业的描述是："关注食品消费和人类发展与健康的关系……也见：30.1901 营养科学，51.3102 临床营养学/营养学家。"[②] 可见"人类营养"专业在三个交叉学科群中都有所涉及，但三者的教学特色不同，各有针对性，呈现出层次错落、类型多样、特色鲜明的学科专业布局。

（四）21 世纪美国家政学学科发展情况

家政学学科在 21 世纪延续了赠地法案中培养家政学教师的思想，家政学学科最大的用武之地仍然是教育领域。但这一时期的家政学教育已经突破了传统社会中性别分工的框架，从人类发展和消费社会的要求方面对

---

① Family and Comsumer Science Human Science. National Center for Education Statistics – Introduction to the Classification of Instructional Programs；2010 Edition（CIP – 2010），http：//www. nces. ed. gov/ipeds/cieds/cipcode/cipdetail. aspx? y = 55&cipid = 88326.

② U. S. Department of Education，Table of National Center for Education Statistics，2008 – 09 Integrated Postsecondary Education Data System（IPEDS），Fall 2009，http：//nces. ed. gov/programs/digest/d10/tables/dt10_ 294. asp? referrer = list.

学生进行专业的培养，目的是通过家政学教育向美国公民传递科学的生活理念和方式。在 21 世纪，美国家政学学科在此前多个国家性教育标准和知识体系的指导下，在各级教育层面稳步地向前发展。结合美国教育改革中的最新理念，为培养适应 21 世纪需要的合格公民做出了一定的贡献。

1. 家政学在大学

家政学学科还是以本科培养为主。家政学项目的主要名称为：家庭与消费者科学、人类生态学、家政学和人类科学。

在 2008—2009 年美国的学位授予机构所授予的副学士学位中，家政学的副学士学位授予总数为 9020 人，其中男性 356 人，女性 8664 人。2008—2009 年，学士学位授予人数共 21905 人，其中男生 2754 人，女生 19151 人；硕士学位授予总人数为 2453 人，其中男生 366 人，女生 2087 人；博士学位授予人数为 333 人，其中男生 66 人，女生 267 人。[①] 2008—2009 年公立院校中授予家政学专业副学士 8078 人，学士 18380 人，硕士 1674 人，博士 248 人；私立院校中授予家政学专业副学士 942 人，学士 3525 人，硕士 779 人，博士 85 人。[②] 全部总学位授予数量为 3113193 人。家政学学科所占的比例大约为 1.08%。全国大约 100 人中就有一人学习家政学学科。

家政学学科在大学的项目有很大不同，因为各个学校的关注点很不同，从儿童发展、理财与营养教育到住房、室内设计和服装设计。根据美国家政学会的分析，在咨询、设计、教学和旅店管理工作中就业至少需要 2 年制或 4 年制学位。从事研究和管理工作至少需要研究生学位。[③] 学习家政学学科可以改进家庭生活质量、开发公共政策、保护消费者并对大众进行理财教育。一般来说主要包括营养学、健康、个人理财和家居管理。

---

① U. S. Department of Education, National Center for Education Statistics, 2008 – 2009 Integrated Postsecondary Education Data System (IPEDS), Fall 2009, http：//nces. ed. gov/programs/digest/d10/tables/dt10_ 294. asp? referrer = list.

② U. S. Department of Education, Degrees conferred by degree – granting institutions, by control of institution, level of degree, and field of study：2008 – 2009, National Center for Education Statistics, 2008 –09 Integrated Postsecondary Education Data System (IPEDS), Fall 2009. (This table was prepared September 2010) ［EB/OL］. http：//nces. ed. gov/programs/digest/d10/tables/dt10_ 288. asp, 2010.

③ Family and Consumer Sciences. http：//education – portal. com/directory/category/Liberal_ Arts_ and_ Humanities/Human_ and_ Consumer_ Sciences/Family_ and_ Consumer_ Sciences. html.

学生可以从交叉学科的视角出发学习家政学学科的若干专业，也可以选择一个具体的专业进行学习。①

大多数家政学学位项目的设计都是来让学生从事教育工作，课程分为教育学与家政学，学生需要掌握二者。大多数项目需要学生进行教学实习。研究生也许可以获得初中和高中层面的教师资格证书。大多数研究生毕业后成为初中或高中教师，教给学生如何抚养孩子、准备有营养的食品并进行家庭理财。另外，也有些学生就业部门为合作性的拓展机构、出版社、教育媒体、社会工作及社会服务和儿童保育机构。② 家政学学科初级教师一般需要获得家政学学科的学士学位，大学教师需要硕士或博士学位，一般情况下还需要具有相关资格证书。最典型的本科家政学课程包括儿童与成人护理、家庭关系、服装制作和经济管理及课堂教学和政策与领导，实习一般通过学生教学经验获得。在公立学校从事家政学学科教学必须具备州教育委员会的资格证书。各州之间差别很大，但一般包括完成学分课程、教学实习和通过实践（Praxis）考试。有些州要求通过家庭与消费者科学方面的实践考试。另外，家政学教师可以获得美国家庭与消费者学会颁发的证书，要求包括学士学位和通过考试。③

2. 家政学在中学

中学家政学教育一方面可以教给学生必备的基本生活知识和技能，另一方面为学生提供初级的与家政学学科相关的就业入门技能。美国中学家政学教育课程将学术知识和技能教学相结合，突出核心技能的培养，可以为学生今后的继续升学和就业做双重准备。

以加利福尼亚州为例，根据经济发展需要确定了加利福尼亚州生涯与技术教育中的 15 大专业门类，中学家政学教育主要与三个专业门类的知识和技能相联系，见表 2 - 1。

中学家政学教育的一个很重要的目标就是可以让学生初步探索家政学学科相关专业门类和职业分支的知识和技能，为今后继续接受这方面的高

---

① Home Economics Schools and Colleges in the U. S, http：//education - portal. com/home_ e-conomics_ schools. html.

② Home Economics Major：Information and Requirements, http：//education - portal. com/arti-cles/Home_ Economics_ Major_ Information_ and_ Requirements. html.

③ Home Economics Teacher Career Info and Education Requirements, http：//education - por-tal. com/home_ economics_ teacher. html.

等教育和就业做准备。在家政课程中，教师都会对学生的职业生涯进行有效的指导。以儿童发展职业分支的就业岗位说明为例，学生在中学学习的儿童发展知识可以帮其在高中毕业后找到儿童护理员、学前教育助理、课后项目监管人员、家庭儿童护理监管人员或婴儿保育员之类的工作，而在同样的职业分支中接受过中学后培训或大学教育后，所从事的工作则会有所不同，具体见表2－2。通过对于就业岗位的教育水平进行分析，有助于学生思考自己的生涯规划，根据自己的能力、兴趣选择继续升学或就业。

表2－1　　　　　　　　专业门类与职业分支对应的家政课程

专业门类	家政相关的职业分支	对应的家政课程
教育、儿童发展和家庭服务	儿童发展 教育 消费者服务 家庭与人类服务	儿童发展与指导 消费者教育 家庭与人类发展 个人与家庭健康
时装设计与室内设计	时装设计、服装制作和销售 室内设计、家具和维护	时装、纺织品和装饰品 住房和家具
酒店、旅游和娱乐	食品科学、饮食和营养 食品服务和酒店 酒店、旅游和娱乐	食品和营养 个人和家庭健康

资料来源：Home Economics Careers and Technology Education Staff, California Department of Education, Home Economics Careers and Technology Education Consumer and Family Studies Standards Implementation Resource Guide (Grades 7–12), http：//www.hect.org/standards.php。

总体来看，家政学学科通过百年的努力，为自己争取到了来之不易的地位，终于在美国教育中占据了一席之地。每年培养出上百万的专业人才，为美国现代化进程做出了重要的贡献。家政学学科之所以在美国能够发展并壮大起来，与美国本土的实用主义文化和社会经济发展程度是分不开的。赠地大学的产生是家政学学科发展的重要平台，家政学学科通过赠地大学培养出大量活动于社会公共领域的实用性人才，并在两次世界大战、经济大萧条和现代化生活方式的商业推广中做出了杰出的贡献。虽然在20世纪后半叶遭遇了学科发展的困境，但美国家政学学科所具备的现代性维度经过了长达30年的调整终于成功转型，突破了传统社会中的性别分工框架，在人类生态学的框架中找到了个人、家庭与社区的系统联系，在国际化、多元化的大背景下，家政学学科从资源的可持续发展、满足人类生活的基本需要和促进人类个人与家庭的福利的视角出发，构建出一个开放性的学科体系，并形成了教育、科研和社会服务三位一体的合作系统，为美国人生活的现代化做出了重要的贡献。

表 2 - 2　　　　　　　　儿童发展职业分支中的就业岗位举例

职业要求的教育水平	就业岗位
高中（文凭）	儿童护理员 学前教育助理 课后项目监管人员 家庭儿童护理监管人员 婴儿保育员
中学后培训（证书或副学士文科学位）	学前教师 班主任 家长教育者 教师助理
学院或大学（学士学位或更高）	儿童图书馆媒体专家助理 儿童保护社会工作者 幼儿园管理者 入学辅导咨询师 儿童心理专家

资料来源：California Department of Education Sacramento，California State Board of Education，Career Technical Education Framework for California Public Schools（Grades Seven Through Twelve），http：//www. cde. ca. gov/ci/ct/sf/documents/cteframework. pdf。

第三章

美国家政学学科的现代性维度

第二章从动态的历程上梳理了美国家政学学科在现代化进程中的发展。从本章开始，本书将从相对静态的视角剖析家政学学科在现代化进程中所生成的现代性维度（第三章），这种维度本身内在的张力所造成的现代性困境（第四章），以及家政学学科现代性维度中所具有的反思调整能力所带来的现代性潜能（第五章）。

现代性是特指西方理性启蒙运动和现代化历程中所形成的理性的文化模式和社会运行机制。家政学学科作为现代化的产物，其自发展之始就深深烙上了现代性的特征。本书将现代性的维度分为精神性维度、制度性维度和价值约束维度。在第三章中将集中阐明家政学学科现代性的精神性维度和制度性维度。由于价值约束维度十分复杂，既能在某些方面体现出强化现代性的精神性维度和制度性维度的取向，也会在许多方面对现代性的基本的理性化维度构成约束、制约和修正，因此本书将现代性的价值约束维度放到家政学学科现代性困境和潜力中加以分析。

一 家政学学科的精神性维度

现代性的精神性维度从根本上来讲是技术理性与人本精神的具体表现。基于个体自由和主体性的自我意识与超越性的和进步性的时代意识体现了人本精神发展下人的主体性和超越性本质，而科学化的且普遍化的宏大的历史叙事和无所不包的世界图景则是近现代自然科学范式和相应的意识哲学范式的产物，集中反映了工具理性的精神特征。

技术理性和人本精神是支撑着工业文明的两大主导精神，极大地改变了人的生存方式，把人从自由自在的生存状态提升到自由自觉和创造性的生存状态。在现代化的推进过程中，随着理性化和个性化的不断发展，公共理性文化精神也不断丰富、发展和分化。一方面，这种公共的理性文化精神不仅作为社会中下层阶级的文化素养而普及，而且越来越成为自觉的社会历史理论和政治哲学思想。另一方面，这种公共的理性文化精神在后来的发展和丰富过程中，由于近现代实验科学的迅速发展，而越来越被科学精神和技术理性所渗透，离不开理性和科学的精神。① 正是在这种意义上，我们习惯于用人本精神和技术理性来表征现代社会普遍的、公共的理性精神，而人本精神和技术理性的分野使得公共的理性文化精神包含着民主化和法治化及治理和管理所蕴含的保护人的平等和自由的人本价值维度，也包含着把人视作监视目标和宰制对象的非人文的技术理性。因此，这种契约化和理性化的公共文化精神在不断发展的过程中就已经形成了内在的张力，包含着现代性的内在矛盾机制。②

　　传统日常生活变革与重建要求用技术理性与人本精神塑造现代主体。这是深层次的、微观的变化，是人自身现代化的内核。社会的教育、文化、理论应当形成一种自觉的运行机制，引导自觉的类本质知识向日常生活领域渗透，用科学、艺术和哲学等精神生产领域的积极成果（现代知识和思维方式）来改造传统的日常生活主体，使个体不再满足于自在的"什么"，而能以"为什么"和"应如何"的自觉态度来对待生存。③ 在这种情况下，家政学学科产生了，家政学所表现出的技术理性和人本精神是日常生活批判和重建的决定性因素。从美国家政学学科的发展史来看，技术理性和人本精神二者之间的张力是家政学现代性不断增长的助推力量。技术理性集中体现为一直占据学科主导地位的科学派家政学家的思想和实践活动，人本精神则反映在人文派家政学家的观点中。两大学派在不断地此消彼长中逐渐趋于协调发展，使得现代性的技术理性和人本精神通过各种途径不断渗透进日常生活领域，促进了美国人民日常生活方式的改变，为美国人的现代化进程贡献了重要的力量。

---

　　① 衣俊卿：《现代性的维度》，黑龙江大学出版社、中央编译出版社 2011 年版，第 127—128 页。

　　② 同上书，第 128 页。

　　③ 衣俊卿：《现代化与日常生活批判》，人民出版社 2005 年版，第 327 页。

（一）家政学学科的技术理性维度

马尔库塞在《哲学与批判理论》一文中做了如下规定："理性，是哲学思维的根本范畴，是哲学与人类命运相联系的唯一方式……理性代表着人和生存的最高潜能；理性和这些潜能是一而二，二而一的东西。"① 他在《理性与革命》一书中更全面地考察了理性概念，认为理性是一种历史地变化着的概念，需要整理出它的基本的构成要素，并评估它的各种影响。他列出理性在哲学上出现的五种含义：理性是主体客体相互联系的中介；理性是人们借以控制自然和社会从而获得多样性满足的能力；理性是一种通过抽象而得到普遍规律的能力；理性是自由的思维主体借以超越现实的能力；理性是人们依照自然科学模式形成个人和社会生活的倾向。马尔库塞强调理性的第四个和第五个含义，认为理性原是一种超越现实的批判能力，即它原是一种批判的理性。韦伯认为，西方近代历史变迁的核心是理性化过程，所谓现代化就是传统社会以传统、习惯和情感为基础的行为让位于现代社会以理性的目标取向为基础的活动的进程。②

技术理性既指谓科学技术、科学知识、科学方法和技术方法等直接的文化知识形态，也蕴含着人们关于这种文化形态的理性知识观念、文化价值取向和社会心理态度，后者则属于具有一般意义的深层文化观念和文化精神，因而技术理性是科学技术与理性主义文化价值观念的结合体。这样一种结合为西方的社会历史锻造出了一种深层的文化精神，即近代以来逐步形成的技术理性主义。雅斯贝斯指出，"现代科学在精神上具有普遍性。在长时期中，它无不涉及，无一遗漏。无论自然现象、人类言行，或是人类的创造和命运，凡世上发生的一切都是观察、调查、研究的对象。宗教和各种权威都被加以审视。不仅每个实体，而且所有的思想可能性都成为研究的对象。调查和研究的范围没有任何限制。"③

家政学学科是人的理性能力提高到一定程度的产物。在农业社会中，家庭中的工作不需要专业的研究和学习，完全可以凭长辈的经验向儿女传

---

① ［美］马尔库塞：《现代文明与人的困境——马尔库塞文集》，李小兵译，上海三联书店1989年版，第175页。

② 衣俊卿：《现代化与日常生活批判》，人民出版社2005年版，第71页。

③ ［德］卡尔·雅斯贝斯：《历史的起源与目标》，魏楚雄、俞新天译，华夏出版社1989年版，第9页。

授，是以重复性思维与重复性实践为主的自在的活动方式。家庭中的工作
主要依靠传统、习惯、常识、经验等经验主义的活动来完成。随着工业社
会的到来，社会大生产和科学管理的兴起，追求经济效益和效益成为社会
的核心价值。科学技术的迅速发展和巨大作用让人们在控制自然世界的过
程中产生了空前的信心和勇气。这种价值观内化在当时受过良好教育的主
妇心中，成为家庭专业化改革的推动力。她们推崇科学技术，追求经济效
益，认为家庭物理环境的改善可以决定个体的道德和自由状况。在技术理
性的指导下，家政学学科将科学技术全面应用于家庭生活之中，形成科学
的生活方式，促进了人自身的现代化。家庭是传统日常生活的寓所，家政
学学科对家庭的现代化改造是对传统日常生活的变革与重建。在这种变革
中，家政学学科绝非根本超越或彻底抛弃日常生活。变革的目的只是打破
传统社会中日常生活结构和图式的专制统治地位，从而使自然主义和经验
主义的社会关系和结构逐步为合理的和合乎人的发展需要的真正属于人的
和自觉的关系所取代，并且对传统日常生活进行重建，使之从一个纯粹自
在和封闭的王国逐步走向自觉、自为与开放。这就是家政学学科所表现出
的技术理性维度，这种维度集中体现在家政学科学管理派的观点中，尤其
是创始人理查兹的思想中。

　　科学管理派是家政学学科自产生后一直到 20 世纪上半叶的主导思想。
这个学派充分利用了家政学学科现代性的技术理性精神，将学科发展建立
在科学，尤其是自然科学发展的基础上，将各种最新的科学发现成果应用
于家庭工作之中，极大地改善了家庭工作的环境和效率。这一学派通过各
种科学生活方式和产品的推广，将工具理性精神传播到美国公众的家庭生
活之中，在一定程度上促进了人的现代化进程。这一学派最著名的代表人
是美国家政学学科的创始人——艾伦·理查兹。

　　1. 科学管理派的始祖——理查兹的家政学思想

　　艾伦·理查兹（1842—1911）是家政学学科的创始人，被誉为"家
政学之母"。她是 19 世纪末进步主义时期杰出女性的代表，通过将科学
主义思想与女性特征相结合，创立了家政学学科，希望为妇女在家庭中争
取更多的发展机会，赋予女性更多的道德权威和地位。她的科学家政学思
想和伟大家政学教育实践为后世的家政学家提供了宝贵的财富。理查兹的
科学家政学思想集中体现了家政学所具有的技术理性精神。

　　理查兹，1873 年从麻省理工学院获得科学学士学位，她是美国历史

上第一个获得高等科学学位的女性。1873 年，瓦萨学院基于她的科学论文给她颁发了硕士学位。当她申请博士学位的时候学校因为她的性别问题拒绝了她的请求。1876 年理查兹利用自己的智慧及丈夫在麻省理工学院任校长的职位，成功地在麻省理工学院成立了第一个女子实验室，为当地希望接受高等教育的女学生授课，毕业后可以获得学位。1878 年，美国科学进步协会吸收理查兹和另一位妇女为第一批会员。1883 年，男女可以在同班一块儿上课之后，理查兹的女子实验室关闭。麻省理工学院聘理查兹为讲师，她继而成麻省理工学院历史上第一位女教师。1887 年，理查兹做了大量的卫生调查（Great Sanity Survey），并将城市垃圾处理现代化，发展了第一个污水净化台和饮用水质量标准。1894 年，理查兹在波士顿开办了第一所颇具影响力的营养学校。1899 年，理查兹与一批志趣相投的先锋家政学家共同召开了第一届家政学学科大会，宣告了家政学学科的诞生。1909 年理查兹与其他家政学学者共同成立了美国家政学会，并进行了一系列专业实践活动，为家政学学科的发展建设做出了重大的贡献。理查兹是一个经济唯物主义者，她的家政学思想受到多种思潮的影响，包括了维多利亚时期的经济学、早期马克思历史唯物主义思想、实证主义（尤其是孔德和社会达尔文主义），贝拉米（Edward Bellamy）的国家主义，沃德（Lester Ward）的社会理论，18 世纪的理想主义，杜威和凡勃伦的实用主义与自由主义的思想。她的主要著作包括《化学烹饪与清洁：家庭管理者的指南》（*The Chemistry Cooking and Cleaning*：*A Manual for Housekeepers*）（1882）、《食品的费用》（*The Cost of Food*）（1901）、《生活的艺术》（*The Art of Right Living*）（1904）、《环境改善学：科学控制环境的科学》（*Euthenics*：*The Science of Controllable Environment*）（1910）。理查兹的家政学思想主要包括以下几个方面。

（1）通过控制环境获得美好的生活

"控制"（Control）是理查兹家政学思想中的关键词。通过控制人所生活的家庭环境，理查兹认为可以达到精神性和道德性的目的。这种思想帮助人们在现代化进程中将非日常生活的思想观念渗透到日常生活中，从而达到走出日常生活的目的。

其一，环境改善学和人类生态学。

理查兹深受社会达尔文思想的影响，认为人是自然的一部分，从属于自然法则，是自然进化的结果。人类可以理解并控制这些法则。自然科学的因果知识可以控制物理环境，理查兹相信社会科学的因果知识也可以控制社会环境。她认为家庭和个人可以通过环境来塑造和重塑。她曾经提道："我们意识到社会力量如同自然力量一样有一定的规律，不以我们的意志为转移，但社会力量很明显可能直接进入人类的意志。"①通过科学测定社会因果关系，就可以如自然科学那样归纳出普遍适用的法律。在理查兹看来，使用这些知识进行社会控制非常合适。她提到：家事科学的主要教学目的就是正确的生活（Right Living），意味着当今的知识应用于家庭，需要很多教育性的控制。②她认为通过使用社会科学的知识来控制社会，可以朝向于社会的完善并改进社会生活和家庭生活的状况。

1892年在波士顿的一个鞋类时尚品的俱乐部，她将这一学科首次命名为"优生学"（Oekology），并将其表达为"教人们生活的科学，让他们知道怎么在环境中生活"的想法。③但是她的想法还是遇到了很多问题，首先是科学界的发展方向是专业化的，学者们普遍鄙视如理查兹这样的跨学科学者。其次是因为当时的社会出现了货币不稳定、工业萧条、城市大批移民问题，人们的视线更多地集中在社会问题上，环境科学还没有得到足够的重视。最后是因为她自己的性别问题，当时在大学对于妇女的歧视还是普遍存在的。由于理查兹的想法没有得到学术界的认可，所以她将更多精力转移到家政学运动上，并成为家政学学科的创始人。理查兹对于环境的关注开始集中于家庭这一空间之内。早期关于家庭的广泛含义转变为具体的家庭成员居住的地方，家政学学科也成为管理家庭环境的科学。自然科学和经济学的知识能够用于改善家庭的健康和安全，让家庭的生产和消费更有效率，有效地管理金钱、实践和精力。家政学学科成为家庭意义上的环境科学。后来理查兹将这种改善人类生活状况的科学称为"Euthenics"（环境改善学），意思是改善生活状况的科学，目的是人类能

① Ellen H. Richards, Response, *Lake Placid Conference on Home Economics*, *Proceedings of the Fourth Annual Meeting*, Lake Placid, NY, 1902, p. 7.

② Abby L. Marlatt, "Domestic Science in High School", *Lake Placid Conference on Home Economics. Proceedings of the Seventh Annual Meeting*, Lake Placid, NY, 1905, p. 21.

③ Robert Clarke, Ellen Swallow, *The Woman Who Founded Ecology*, Chicago: Follett Publishing Company, 1973, p. 117.

够进入更为圆满有机的生活（Fuller Organic Life）。① 但这个命名并没有得到其他家政学家的认可。

理查兹对家政学学科大会中通过的"家政学"这一命名并不满意，后期曾考虑用人类生态学代替家政学。在 1907 年，她将人类生态学定义为"研究影响人类生活的环境"，目的是促进人类发展，但由于人类生态学当时也是生物学的研究框架，因此理查兹最终放弃。理查兹还预测到人类生态学将是一门实证学科，这与她的自然科学家的背景有关。但她似乎忽略了在家庭内部的人际关系和这种关于施加于个人之上的社会影响。理查兹看到的主要是两方面，一方面是经济，家庭要控制食品、服装和住所的生产和消费；另一方面是管理，要管理物品、时间、精力和金钱，为的是创造一个健康的环境，这样才能够促进个人理智、道德、审美方面的发展。

理查兹是一位科学家，她坚信人类可以通过科学技术来控制环境，从而得到想要的生活。她所处的时代是美国独立以来变化最快、最猛、最烈的时期。② 第二次工业革命全面完成，工业化、城市化和垄断化基本实现。美国经济、科学、文化高速发展，农业国变成工业国，农业社会向现代城市社会迅速转化；进入了自有资本主义发展以私人垄断为特征的垄断资本主义新阶段。美国在世界上由一般的资本主义国家一跃成为国际一流的经济和军事强国。现代化的迅速发展让人们强烈地感受到科学技术带来的巨大变革力量，人们坚信科学技术可以解决社会的一切问题，从而使技术理性的精神深入人心。理查兹将家政学学科作为应用科学技术的平台，让科学技术从宏观的社会化大生产深入到微观的家庭日常生活，使现代化的进程不断深化：从社会层面走向人的层面。家政学学科的工具理性维度加速了人的现代化的进程。

其二，经济效益决定道德和自由。

1911 年，理查兹写道："家庭工程学（Household Engineering）是需要物

---

① Ellen Richards, "Euthenics in Higher Education: Better Living Conditions", *Lake Placid Conference on Home Economics. Proceedings of the Eighth Annual Meetings*, Lake Placid, NY, 1906, pp. 33 – 34.

② 余志森、王春来：《美国通史（第四卷）：崛起和扩张的年代 1898—1929》，人民出版社 2008 年版，第 1 页。

质福利（welfare）的，社会工程学也需要道德和伦理福利（wellbeing）。"① 社会工程学被看作科学管理时间、能量和金钱的方法。理查兹支持的教学是"社会控制，能够培养出良好的公民"。② 社会控制的方法指的是改进社会和经济的条件并建立一个富有道德和宗教责任感的家庭。③ 她认为改变家庭的物理条件，能够促进家庭道德和伦理的改进。④

理查兹在著名的论文《再评估》（Revaluation）中提出，家政学学科教学的最终目的就是自由。自由指的是从个人身体的不完善和虚弱中解放；从效率或从不必要的障碍中解放出来（如衣服和家具）；具有机会或自由的选择（不必选择和完成局限性的工作）。家政学家的工作就是抓住这种自由。另外，她也提到经济上的独立是自由表达的一种形式。家政学学科的目的就是教育健康、效率及选择和完成不受障碍的、使用科学知识的工作。⑤ 但家庭中的那些传递文化传统的方面（语言、概念意义、行为规范）是不在理查兹考虑范围之内的，她认为家政学关注的主要是科学经济地管理家庭的物理环境。

理查兹认为家政学学科的最终目的是人的自由，但这种自由与人本主义的自由含义有很大区别，这种自由是通过物理环境的改善来得到的，是一种从外到内的自由。理查兹认为使用最新的科学技术可以让家庭环境得到更有效率的优化，扫除各种浪费时间和不利于身体健康的环境因素。可以看出，理查兹的自由具有很大的局限性，忽视了心理、社会文化等无形的因素。在理查兹的家政学思想中，理性的概念已被技术的进步所支配，它的批判性逐步为工具性所取代。她坚信可以依照自然科学的模式塑造人和社会生活。但当理性逐渐成为主导人们生活的唯一法则时，人反而不能得到真正的自由。

（2）实证主义的知识观

理查兹受到孔德的社会学思想的影响，认为知识就是力量，可以控制

---

① Ellen H. Richards, "The Social Significance of the Home Economics Movement", *Journal of Home Economics*, Vol. 3, 1911, p. 124.

② Ibid., p. 125.

③ Ibid., pp. 124–125.

④ Ibid., p. 125.

⑤ Ellen H. Richards, "Revaluation", *Lake Placid Conference on Home Economics*: *Proceedings of the Third Annal Meeting*, Lake Placid, NY, 1901, p. 89.

环境。但这种知识主要是实证科学的知识。她提出要教会学生正确地生活，这种理想和生活的标准包括了卫生、清洁、健康、效率、经济等。①

理查兹认为知识从感官得来，具有控制的力量。她认为"信仰科学可以解决一切问题"。② 她相信使用科学使社会更为完善，在这种应用上科学本身也会得到提升。她的观点代表着使用所有的现代科学的资源来改进家庭生活，并让今天的家庭生活不被过去的传统所阻碍。理查兹是一个非常有目标感的人，使用科学来改进家庭的时间、精力和金钱，这种目标主要表现在健康、卫生、清洁和经济上。她是一个具有科学功利主义价值观的人，将知识服务于特定的目的。理查兹认为，使用来自于实证科学的新知识并通过行动达到特定的目的是一种权力。这种权力指的是使用知识控制环境。她提出要对众所周知的规律进行实践的应用，作为正确生活的规律。正确生活的规律应该作为行动的实践法律和推理的基础。③

理查兹认为家政学学科是使用实证科学研究成果作为基础来管理家庭的，实证科学知识在家政学学科中作为推理技术的规则。她在第十届会议中提道："国家目前最大的需要就是认识到科学对于家庭主妇的日常家务工作的重要性，让她的工作变得更为容易和更有效率。满足这种需要的障碍似乎是妇女自己。我们文明中最黑暗的一点在于忽视了基础健康应该作为每个妇女教育的一部分。会议的目的就是教给美国人，主要是通过学校，从经济学的角度来管理家庭中的时间和精力。"④ 她提到，一些大学开设了兽医专业，如果动物都值得关爱，那么人类也应该建立一个管理家庭的学校。理查兹还认为大多数妇女忽视了对于家庭收入的理性分配。生活的花销方式在很大程度上是教育的结果。要想修正这种教育，需要从孩子教育做起。

要教育学生正确生活的法则，孩子不但可以学习关于家庭环境的知

---

① Ellen Richards, "Ten Years of the Lake Placid Conference on Home Economics: Its History and Aims", *Lake Placid Conference on Home Economics: Proceedings of the Tenth Annual Meeting*, Lake Placid, NY, 1908, p. 22.

② Ibid. , p. 20.

③ Ellen H. Richards, "Report of the Committee on Personal Hygiene", *Lake Placid Conference on Home Economics: Proceedings of the Second Annual Meeting*, Lake Placid, NY, 1900, p. 65.

④ Ellen Richards, "Ten Years of the Lake Placid Conference on Home Economics: Its History and Aims", *Lake Placid Conference on Home Economics: Proceedings of the Tenth Annual Meeting*, Lake Placid, NY, 1908, p. 25.

识，还可以将这些知识带给他们的父母。家庭经济学、临床卫生学、食品
价值、清洁、卫生，都应该通过学校来教育，作为所有学生普通教育的一
部分。① 理查兹尤其注重经济学在环境中发挥了重要的作用。她提道：
"学院或大学已经跟时代的需要联系得非常密切……优越的物质环境将帮
助或阻碍精神或心灵的发展。"② 她认为家政学学科的目标是个人效率
（Individual Efficiency）和经济效益（Economics Efficiency）。没有一个国家
的公民在浪费健康、能量和脑力的情况下能够生存。理查兹的家政学思想
最终落实到教育思想上，强调了儿童和妇女学习家政学对于国民素质提高
和国家家庭生活改善的重要意义。这种教育观在本质上是一种日常生活的
现代化教育，将技术理性精神渗透到家庭生活之中，教会人们掌握现代化
进程中所要求的理性的生活方式。

　　2. 科学管理派的影响

　　科学管理派作为家政学学科发展的前半世纪的显学，尤其是在赠地学
院科学技术教育推广模式的促进下，将家政学学科改造为一个以科学实证
主义范式为主导的学科，对家政学学科后来的发展产生了深远影响。这
种家政学思想受到科学技术发展的影响，强调研究的专业化发展，并对科
学实证知识推崇至极。

　　（1）专业化导向

　　当时科学的发展是专业化的，家政学学科应用了科学，也希望能够专
业化。这种思想延续了理查兹的科学管理信念。伍德豪斯（Chase Going
Woodhouse）是一个对家政学学科感兴趣的经济学家，1926 年在杂志《调
查》（Surway）中写了一篇文章：《新的专业——家庭管理》（*The New
Profession of Homemaking*）③。同年，家政学杂志发表了伍德（Mildred
W. Wood）的一篇文章《家庭管理作为一种可能的专业》（*Homemaking As
A Possible Profession*）。他们一致认为家庭管理作为一个职业需要"专业技

---

① Ellen Richards, "Ten Years of the Lake Placid Conference on Home Economics: Its History and Aims", *Lake Placid Conference on Home Economics: Proceedings of the Tenth Annual Meeting*, Lake Placid, NY, 1908, p. 23.

② Ellen Richards, "Euthenics in Higher Education: Better Living Conditions", *Lake Placid Conference on Home Economics: Proceedings of the Eighth Annual Meeting*, Lake Placid, NY, 1906, p. 33.

③ Chase Going Woodhouse, "The New Profession of Homemaking", Survey, Vol. 57, 1926, p. 317.

能"，必须接受标准的培训，这个专业的成员的未来可以预测。① 阿比·马拉特（Abby L. Marlatt）认为现代家庭是一个应用科学的实验室，致力于维护家庭的物理健康和呈现出良好的环境，这可以保护儿童的精神和道德发展。家庭的维护需要应用化学、物理学、生物学、植物学、社会学和商业方法及一般的家庭管理技能，才能保证目的的达成。对于家庭管理者开设的教育课程也应该从自然科学、商业、工作管理及有限的社会科学中吸收有用的知识，目的是为孩子精神和道德的发展提供良好的环境。

根据主流的家政学学科观点，通过改进家庭中食品、服装和住所的条件并科学管理经济资源，家庭成员可以得到高质量的生活（Higher Life）。在先锋家政学学科看来，家庭是这样的一个结构：改变家庭工作中的工具、技术和技能，家庭管理的经济性可以促使家庭中思想、道德、艺术和宗教的变化。他们也认为改变家庭管理者之间的关系，将家庭物质产品的生产者转变为产业社会中的消费者，将解放人并使他们获得更多的自由，从而达到更高质量的生活。如杜威，他是理查兹家政学思想坚定的支持者，他一直坚信："专业和技术学校的迅速发展……实践学习需要系统化的教学。为了效率，为了获得做事的能力，需要强有力的现代教育。食品、服装和住所的科学研究、阅读和其他形式的教育、娱乐，总之都和家庭有关，这些都是我们民族目前最需要处理的问题。"② 为了达到高效的目的，人们需要在行动中使用通过实证科学的因果知识。技术规律为我们提供了达到特定目的或怎么产生特定的结果的知识途径。

这些观点都反映了早期家政学家的家庭工作专业化的认识。他们只有用科学的方法才可以解决所有的问题，甚至包括道德问题。科学技术指导下的家政学学科才是专业化的，这种专业性是家政学学科安身立命的根本所在。

（2）推崇科学实证知识

马尔库塞说："自从'实证主义'一词第一次被使用以来，它就一直包含着如下的意义：①认识依据对事实的经验而获得有效性；②认知活动以物理科学为确定性和精确性的模型；③相信知识要进步必须以此为方

---

① Mildred Weigley Wood, "Homemaking as a Possible Profession", *Journal of Home Economics*, Vol. 18, 1926, p. 67.

② Melvil Dewey, "The Trend toward the Practical in Education", *Lake Placid Conference on Home Economics*: *Proceedings of the Eighth Annual Meeting*, Lake Placid, NY, 1906, pp. 31 – 32.

向。由此出发，实证主义把各种形而上学、先验论和唯心主义当作愚昧主义的落后方式来加以反对。"① 哈贝马斯则对科学主义有明确的说明："科学主义是科学对自身的信念，即认为不应把科学理解为知识的一种可能形式，而应把知识等同于科学。"② 霍克海默则认为："实证主义坚持科学主义原则，即认为知识只能通过科学所定义的东西来加以定义，它只有通过科学程序方法论的分析才能得到充分的解释。"③ 可见，科学实证主义是这样一种主张，即将科学等同于知识，并由此出发，排除其他知识形式，特别是排除形而上学。家政学学科在这种思想影响下，将科学知识，尤其是自然科学知识作为正确的知识而加以推崇，主要表现为：科学知识是高等的知识。在这种知识观的影响下，家政学课程开始科学化。

在第一届会议中，当对于学科的名称达成一致意见的时候，很明显家事艺术被视为更为底层的教育，与会者一致认为家政学学科则朝向应用（Applied）科学来发展。随着家政学学科对于科学越加重视，将知识作为力量来控制环境的状况主导了家政学学科。大多数家政学家坚信：知识可以作为力量来控制物理的和社会的环境。通过应用技术规律，家政学家可以从实证科学中吸取知识来产生特定的结果或达到特定的目的，由此得出家政学学科是一种实践（Practical）学科，但这种实践局限于技术活动（Know – How）。

1909 年的波士顿大会中，在家政学杂志中显示了对于实证科学知识的持续关注。波士顿项目强调了自然科学，包括物理学、化学、生物学与家庭的关系。第二届大会强调了应该重视经济学和社会科学对于家庭与各种家用及公共机构用具的应用。在 1912 年的第十次会议上，会议的重点仍然是自然科学，将社会进化与自然进化相类比，认为自然科学更为规范，在学术界的地位更为稳固。为了得到尊重和承认，家政学学科必须向学术界证明自己与自然科学一样，科学就意味着采用自然科学的术语。例如，在 20 世纪中期，康奈尔大学的家政学家通过加入化学课程让学科变

---

① ［美］马尔库塞：《单向度的人——发达工业社会意识形态研究》，刘继译，上海译文出版社 1989 年版，第 154—155 页。

② ［德］哈贝马斯：《认识与兴趣》，郭官义、李黎译，学林出版社 1999 年版，第 69 页。

③ ［德］霍克海默：《批判理论》，李小兵等译，重庆出版社 1989 年版，第 128—129 页。

得让人尊重。①

　　对科学实证知识的推崇反映到课程中，表现为家政学课程的科学化。阿比·马拉特在 1905 年的《高中家事科学》（*Domestic Science in High School*）中提出这样的观点：通过观察每天的现象来进行学习经验方法的过程，指的是家庭艺术（Household Arts）；家庭科学或家事科学是另一回事。科学原则的体系或理论科学先要掌握，然后应用于家庭问题。在高中，第二年，在 10 周的物理学和 20 周的普通化学学习之后，学生开始将科学应用于烹饪和清洁。在第三年，将科学应用于家庭的营养和卫生。②1913 年美国家政学会发布的《家政学教学大纲》则集中体现了家政学课程的科学化思想。《家政学教学大纲》的内容基于对家务活动的工作分析，将家政学学科分为：食品、服装、住所及家庭与机构管理。《家政学教学大纲》主要是集中于食品、服装和住所的挑选、准备、护理、使用。在工作的每个分支中，都有一长串的标题列表，列出具体应该学习的知识、技术和标准。③《家政学教学大纲》提出当前美国生活条件的改进方向是生理健康、安全、舒适、美丽和经济效益，认为物理条件和管理程序的提高就可以促进社会和道德的相应提高。这种思想体现了以理查兹为代表的科学管理学派的假设：如果物理条件和管理技术改进了，社会和道德条件或结果就会得到改善。家和家庭被作为家庭经济学中生产和消费的经济单元。

　　在传统社会中，绝大多数人凭借着习惯、传统、风俗、经验、自在的规则、惯例、常识、情感等自在的文化因素而自在自发地、习以为常地生活于相对狭小的范围内。而现代化则意味着把个体从这种自在的和自然的状态中提升出来，使之成为适合现代科学技术和社会化大生产发展需要的，具有主体意识、批判意识、技术理性、人本精神的自由自觉的和创造性的个体。理查兹创立的家政学学科出现于美国传统社会向现代社会转型期间，结合了时代赋予的技术理性意识与当时两性在家庭中的分工特点，

　　① Esther H. Stocks，"A Second Page，1940 – 1945"，*A Growing College：Home Economics at Cornell University*，Ithaca：Cornell University，1969，p. 168.

　　② Abby L. Marlatt，"Domestic Science in High School"，*Lake Placid Conference on Home Economics：Proceedings of the Seventh Annual Meeting*，Lake Placid，NY，1906，p. 21.

　　③ Marjorie M. Brown，*Philosophical Studies of Home Economics in the United States：Our Practical Intellectual Heritage（Volume I）*，East Lansing，MI：Michigan State University，1985，p. 425.

在技术理性的指导下，将传统的家庭生活方式进行改造，适应了现代社会对家庭和个人的要求。家庭生活中科学技术的应用和各种科学生活观念的传播，加速了美国人自身的现代化进程。但这种技术理性如果过度发展，也会给学科带来不利的影响。如理查兹的家政学思想中缺乏对于家政学学科中心理和精神层面的关注，而这种无形因素对于个人和家庭福利的影响有时甚至比物理环境更大。因此，只具备技术理性的家政学学科是不能达成增进家庭福利的最终目的的，需要人本维度的有效补充，二者之间形成一股张力，才能促成真正的现代性精神的生成。

（二）家政学学科的人本精神维度

家政学学科所具有的人本精神主要体现在两个方面。一个体现是个体自由和主体性的自我意识。在现代化的进程中，个体自由和主体性的普遍发达，导致人的自我意识的生成或走向自觉。这是现代性的本质规定性之一，也是全部现代文化精神的基础和载体。人从自在自发的生存状态进入自由自觉的生存状态，这是人类社会历史进程中的重大事件，它成为现代社会运行的支撑性因素，是现代社会的创新维度、内在活力和驱动力的源泉。[①] 这种主体意识和自由精神首先体现于家政学学科的社会文化学派思想中，由于科学派无反思批判地全盘接受了技术理性的统治，导致家政学学科成为科学技术对家庭工作的应用。这种将科学技术视为万能的思想忽视了人的精神和心理层面的发展，物理环境决定人的道德的观点更是不合逻辑的。在这种情况下，人不但不能得到想要的自由，反而可能会在各种科学技术的控制下成为"单向度"思考的人。家政学学科社会文化学派的出现显示了人对自由和主体发展的渴望。其次，家政学学科的主体性还表现在家政女权主义的思想中。自父权制社会产生之后，女性与家庭关系就更为密切。维多利亚时代，美国社会更是出现了男主外女主内的家庭分工模式。家庭成为女性经营的私人的领域，外面的世界则由男性来掌握。女性长期封闭于家庭的日常生活之中，思想保守，影响了自身主体性的发挥。随着工业社会的发展，美国人口素质普遍提高，女性这一群体的主体性逐渐提高，对自由发展的要求也随之增大。妇女希望通过科学技术等非

① 衣俊卿：《现代性的维度》，黑龙江大学出版社、中央编译出版社 2011 年版，第 110—115 页。

日常生活观对家庭生活的渗透，帮助她们走出封闭的日常生活世界，家政学学科由此创生。家政学家以女性为主，女性在掌握科学技术改造家庭生活的过程中，掌握了走出家庭的生活能力和思想观念。家政学学科的出现为女性从自在自发的生存状态进入自由自觉的生存状态转变奠定了重要的基础。由此可见，家政学学科创生的内在动力就来自于这种个体自由和主体性的自我意识。受过高等教育的女性不满足于在家庭中做贤妻良母的角色，希望利用女性的道德优势，将先进的科学技术应用于家庭工作的管理中，并由此而创立一个专业的学科。这种进步思想和实践活动充分体现了女性要求自由和发展的愿望，是人的主体性提高的集中表现。先锋家政学家虽然并没有意识到打破父权制才能彻底地获得两性的平等，但她们所创立的家政学学科，为妇女接受高等教育并进而走出家庭获得独立生活的工作做出了重要的贡献。

　　人本精神另一个体现就是人开始具有超越性的和进步性的时代意识。"在某种意义上，现代性的精神维度的一个最显著的标志就在于一种新的时代意识的生成。这种新的时代意识同传统的自然历史观或神学历史观的最大不同，就在于它把一种真正的历史感或历史意识引入了人们的精神结构之中，开始把人自身的历史视作一个不断超越、不断发展、变化不居、永无止境的开放的过程。"① 这种被哈贝马斯等人称为"新的时代意识"的现代性的精神维度，是现代人特有的一种精神气质：一方面，现代人不再沉溺于带有神圣性的过去和传统，而是把此时此刻的现在或现代置于关注的焦点，并将自己的时代规定为一个根本不同于过去的时代；另一方面，现代人又不停留于现在，而是突出强调现在的过渡性质和暂时性质，强调现代是被未来规定的，是被不断超越并向未来开放的。由此，蔑视传统、轻视神性，强调人的创造性和超越性，强调人的历史进步的可能性，就成为现代性的一种突出标志和一个重要的精神性维度。家政学学科的这种超越性首先体现在家政学学科的社会文化学派的思想中。科学派在将科学技术奉为圭臬的同时走入了极端，技术理性成为另一个上帝，成为不容怀疑的对象，被家政学家全盘接受。家政学学科的超越性维度催生了对科学派对立的社会文化学派。

---

　　① 衣俊卿：《现代性的维度》，黑龙江大学出版社、中央编译出版社 2011 年版，第117 页。

这个学派从社会文化等无形的层面入手,研究这些因素对家庭发展的影响。这种视角超越了当时技术理性绝对统治的观点,构成了家政学学科宝贵的解释和批判维度,具有一定的进步性。其次,这种超越性和进步性还表现为对女性工作的超越,通过科学技术的运用,将家庭管理工作转变为一个专业。要想提升家庭生活的质量,就需要进行专业系统的学习,这种专业化思想是时代精神的体现,即非日常生活向日常生活世界渗透,重复性和经验性思维方式逐渐被理性的思维方式所替代。家政学学科的进步性则体现在为女性走出家庭做出了一定的贡献。虽然早期的家政学学科并没有突破传统的性别分工,但通过为更多的女性提供接受高等教育的机会、发展外出工作的职业能力创建了广阔的平台。

1. 社会文化学派的思想

这一学派在家政学学科创立之初就已经存在,由于工具理性在学科中的绝对统治地位,这一学派一直没有得到足够的重视,直到 20 世纪才开始流行起来,与科学派形成一种张力,制约着技术理性在学科内的过度膨胀,协调着家政学学科现代性的生成。社会文化学派否定环境决定论,否定人是被动地由客观环境决定的个人。这一学派认为人自出生之后就处于动态的社会关系之后,要提高家庭的福利,需要了解个人所处的这些社会文化背景对家庭和个人产生的影响,并强调人在改变这种社会关系中的主动性,从而促进家庭问题的解决。这一学派还强调个人道德和自由自主发展,否定科学派所秉持的环境万能论,即环境的改善可以带来道德和自由。社会文化学派认为个体道德和自由的发展需要了解人类真正的心理需要,家政学学科可以为这种需要的满足创设条件并扫除各种不利障碍。这一学派的知识观打破了实证主义的绝对统治地位,重视批评的、解释的维度,使家政学学科具有反思和批判精神,能够根据时代的需要进行创造性和超越性的发展。本书从社会文化学派对科学派的批判和其所持的知识观两方面,综述了这一学派的具体思想。

(1) 对环境决定论的批判

社会文化学派一直作为科学派的对立面,在各种学术讨论平台中阐述社会文化对家庭的重要性,从而对科学管理派形成了一定的制约,并对家政学学科的健康发展做出了重要的贡献。

其一,社会文化是家庭和个人发展的重要背景。

塔尔伯特认为当前的大学家政学教育混淆了技术学校和大学的区别,

前者是学习行业技术，而后者是一个一般性训练和学习文化的地方。① 家政学学科在不同时代的需要是不一样的。她认为制作面包并不是持家的核心部分，家庭的活动也绝不仅仅只是生理的，家庭生活的义务绝不可能只限于四面墙，家政学必须经常性地思考其与一般性的社会系统的关系，理解男女在家庭中的过程、活动、责任义务和机会是社会重要的组成部分。② 高等教育也绝不能仅仅教授给妇女家庭管理的技术。她认为："大学课程对于男女都是一样的。学生在更广泛的意义上都需要家政学。"③ 家政学在广义上指的是"发展，而不是机械的或手工的，甚至不是卫生习惯，而是家庭与个人以及家庭与社会的生理的、社会的、道德的、审美的和精神的条件。"④ 这种观点超越了理查兹的物理环境决定论，人除了受到物理环境的影响之外，更受到所处的社会文化背景的影响，因此应当从更为广泛的角度思考家庭的问题。

乔治·文森特（George E. Vincent）认为社会的一般状况从根本上受到产业和商业的影响。其中经济结构发挥了重要的作用，但文森特并没有认为物质状况在社会关系中起了决定性的作用。⑤ 文森特认为是社会关系而不是经济结构决定了人类存在的状况。⑥ 建立在思想和情感之上的普通生活和忠诚没有相互的理解与思考和信念的一致是不可能的。

1912 年，塔尔伯特和布雷肯里奇（Sophonisba P. Breckinridge）发布了《现代家庭》（*Modern Household*），在这本书中，区分了家庭管理（house keeping）和家事管理（home keeping），家庭管理是维持家庭的物理条件，家事管理则包括了和家有关的所有精神文化方面的发展。⑦ 在塔尔伯特和布雷肯里奇看来，家庭的重要性不仅在于它是一个生产和消费中心，还在于它是一个培养人的社会文化机构并满足人类的需要。在这种意

① Marion Talbot, Discussion, *Lake Placid Conference on Home Economics*: *Proceedings of the Fourth Annual Meeting*, Lake Placid, NY, 1902, p. 21.

② Ibid., p. 22.

③ Ibid., pp. 22 –23.

④ Ibid., p. 23.

⑤ George E. Vincent, "The Industrial Revolution and the Family", *Lake Placid Conference on Home Economics*: *Proceedings of the Tenth Annual Meeting*, Lake Placid, NY, 1908, p. 152.

⑥ Ibid., p. 155.

⑦ Marion Talbot, Sophonisba P. Breckinridge, *The Modern Household*, Boston: Whitcomb and Barrows, 1912, p. 120.

义上，家庭之所以重要，在于家庭能够提供一定的社会文化环境，从而"促进个人的全面发展和全面的社会活动"。

其二，强调个人道德和精神的自主发展。

艾丽斯·乔恩（Alice A. Chown）是加拿大家庭经济学协会的领导者，她也在 20 世纪初参与了普莱斯特湖会议。她认为理想的教育应该划分为两类。第一种是文化教育，大学就是教育理想，发展个人，训练学生的逻辑思维，开展原创性研究……但极少学生能成功地到达这种目标。第二种是应用科学教育。大多数学生应该学的是应用科学，是功利主义的，家政学就是这种学科。[①] 但乔恩反对将家政学的理解简单化，家政学绝不仅仅是对当前科学技术的应用。她认为工业革命对于家庭最大的影响在于给妇女以自由，她们可以独立谋生而不用将婚姻作为生活的手段。[②] 家庭生活已经从婚姻交易中转变，成为建立在个人关系之上的。家庭在发展人性的可能性的重要性在历史上就已经显现。她提道："家庭一直以来是个人臻于完善的中心。塑造社会的力量影响了家庭，受到社会局限和激励的影响。将家庭与社会隔离开来是不可能的，因此研究家政学必须要注意两方面，一是需要看当前主导社会的理想（ideal），二是看这种理想形态改变家庭的方式。"[③] 她并没有看不起家务工作，而是认为家政学学科不但应该包括家务管理，还应该增强社会和个人关系，致力于人的精神和道德的自主发展。[④] 对于发展自我而言，教育包括家庭教育，是核心的成分。乔恩认为家政学教育可以通过家庭来增进个人道德和精神的自主发展。这种观点尽管承认人类幸福需要科学和效率，但却不能被经济学和物理学所主导。这种思想强调的是发展，并使用家庭生活中内部的社会的和道德的、理论的和反思的能力，以及家庭与文化与社会状况的关系。人们对于家庭的需要不仅仅是物理的，还包括了作为一个社会人需要的社会—文化世界中的意义、语言、知识、社会关系、规范和做事的方式，以及社会心理

---

① Alice A. Chown, "Courses in Home Economics for Colleges and Universities", *Lake Placid Conference on Home Economics*: *Proceedings of the Third Annual Meeting*, Lake Placid, NY, 1901, pp. 105 – 108.

② Alice A. Chown, "Effect of Some Social Changes on the Family", *Lake Placid Conference on Home Economics*: *Proceedings of the Fourth Annual Meeting*, Lake Placid, NY, 1902, pp. 33 – 34.

③ Ibid., p. 31.

④ Ibid., p. 33.

需要。

　　塔尔伯特认为家政学学科应该是全面理解家庭的各种状况（生理的、社会的、道德的、审美的和精神的）及这些状况在个人生活和社会中的影响，应该承认社会对于家庭状况的影响。她没有将家政学学科局限于科学管理（提供食品、服装、居所）来节省时间、精力和金钱。尽管她认可这些活动，但这只是家庭在家庭成员中所发挥的一种作用，只是家政学学科的一个方面。塔尔伯特的同事，芝加哥大学的社会科学的教授乔治·文森特（George E. Vincent）在 1908 年的会议上提出，无论是一个理想主义者还是现实主义者，都要承认产业和商业对于人际关系带来的影响，以及它们冲突和合作的方式。文森特与塔尔伯特都认为科学管理并不是家庭问题的灵丹妙药。家庭单元中的社会和精神生活是由知识和理想来引导的，这不但在家庭中还会在社会中创造一种更好的生理的、社会的和伦理的生活。

　　本杰明·安德鲁也希望将家政学学科的目的拓展到管理家庭的物质生活之外。他提到了家庭生活的精神方面。他认为："家庭学目前主要关注的是物质方面，家事经济学和家政学的学科术语就充分表现出这一点。这些术语表示的是各部分之间的关系及功能的分配来获得有效的结果，但很明显这是一种不够全面的理解，将家庭理解为一部运作完美的机器。家庭和成员从根本上来说不是物质，是一种个人的或个人参与的精神生活，应该包括习惯、态度和个人关系，还有感情、欣赏、个人价值。家庭管理者懂得科学的食品、健康或任何生理科学都可以让家庭变得更为幸福。但必须记住的是科学本身就是个人的和精神的，当心理学、伦理学、社会学和其他个人科学直接应用于家庭时，家庭科学将得到更大的发展。"[①] 这一学派重视家庭中的精神和道德层面的自主发展，认为个人内心的自由比物理环境的改善更为重要。

　　（2）知识观

　　社会文化学派的知识强调家庭问题的研究，打破科学管理学派对科学实证主义知识的绝对推崇。社会文化学派的知识观更为开放，将自然科学、社会科学和人本科学知识并列为家政学学科发展的重要学科基础。

---

① Benjamin R. Andrew, "Psychic Factors in Home Economics", *Lake Placid Conference on Home Economics*: *Proceedings of the Ninth Annual Meeting*, Lake Placid, NY, 1908, pp. 151 - 153.

其一，从工作任务分析到家庭问题研究。

科学管理派基于家庭中的工作分类（如食品、服装、住所等），将各种科学技术应用于不同的工作中，从而形成很多的家政学学科分支（如营养学、服装设计、室内装饰灯）。这种分类方式适用于技术的应用，但缺乏对于家庭问题的思考。社会文化学派的家政学家认识到这一点，如1933 年，黑兹尔·基尔克提交了一份《家政学学科研究的问题选择》，其中提道："家政学正确的研究领域应该是家庭问题。家政学研究不是食品和服装本身，不是设备或任何商品。我能看到的是统一的整合的研究计划，对于怎么整合家政学的知识和教学则是个问题。"①

随着讨论的深入，家政学家进一步思考到家政学学科的研究对象，到底是家庭问题还是家庭工作？以科学为指导的家政学学科将家庭的活动分为若干类别，将科学应用于各类家庭工作，提高了家庭管理的效率和质量。但其将科学奉为圭臬、缺乏反思的特点受到了很多批评。随着社会科学和人文科学的不断发展，家政学家进一步质疑了科学管理学派的弊病，并开始深入到对于家庭问题的研究。

对家庭问题的研究强调将家庭视为一个整体，关注各种因素对于家庭福利的影响，而不仅仅是局限于技术细节。这种认识从一定程度上缓解了家政学学科内部的专业分化，让部分家政学家从更为宏观的视角思考特定时代下家庭遇到的各种问题，强化了家政学的主旨：增进人类家庭的福利。这种观点在一定程度上缓解了家政学内部专业分化所带来的学科分裂，与科学管理派的技术应用互为补充。

其二，打破实证主义的绝对统治地位。

社会文化学派认为知识从推理、人类主观互动性和社会相互作用的观察及自然控制中得来。这种观点基于不同的对于人类社会的认识及不同的意识在决定人类存在状况的作用，重视反思和文化传统知识的重要作用。

艾丽斯·乔恩是将这种观点阐述得最为全面的人。她提出，家庭的经济组织和自然控制都不是主要的，并且不能决定所有的社会关系和思想、规范、思考方式和知识。工作作为通过技术达成有目的的结果，构成了一种思考和行动的方式。在社会文化生活中也内含着思考和行动的方式。人

---

① Hazel Kyrk，"The Selection of Problems for Home Economics Research"，*Journal of Home Economics*，Vol. 25，1933，p. 684.

们之间的理性对话要求解释动机、意义、目标及语言文化内部的框架。理解从文化传统中来，因为通过对于文化规范和意义的认同，理解就会在交流中产生。相似地，社会关系通过社会文化中道德和责任来判断。对于文化传统的反思性认可及社会的、道德的和理性的规范对于每一代人理性地参与社会来说都是关键的。知识在反思性的过程中创生，并不是从一个人传到另一个人就像是传递物体，而是通过个人经历现象之后进行反思性的行动在个人内心产生。意识在这种自我反思中有了源头，这种意识形式给了解释行动以方向及目的性行动。通过经验的个体反思，甚至是体验自然，从而体验社会文化世界。更重要的是，这对于个人和社会来说都是一个历经的过程。在合适的条件下，思考和行动的方式形成，然后在自我和社会的实现和自由中得到发展。乔恩认为大学家政学是"解释并制定科学的原则"和"服务文化或将社会和家庭作为一个整体"。①

塔尔伯特认为家政学学科对于家庭问题的关注应该包括物理的、社会的、审美的和精神的方面。物理的知识可以解释在各种情况下可观察的现象或个人与社会生活中的重大状况。但塔尔伯特更看重社会的、审美的和精神的知识。她将家庭作为一个社会单元，认为家庭成员与家庭生活的社会关系和文化意义需要得到重视。儿童需要进入个人全面发展和社会充分参与的世界。个人全面发展（Full Developing）和全面的社会参与要求语言知识、发展特别的能力，从而可以保护个人资产，防止儿童变得自私自利。②

总体来看，这个流派将家庭视为社会文化单元，看重的是家政学学科帮助家庭履行社会责任的广泛的教育性的活动。作为社会单位，家庭有责任保护和教育儿童，通过日常互动来寻求相互的理解。他们的观点挑战了当前男性及主流经济利益主导下的家庭中的社会关系。社会文化学派自创立之时就与以理查兹为代表的科学管理派持不同意见，虽然在家政学学科发展的前期并没有发挥出应有的作用，但作为一种制约科学管理学派的潜在力量，在家政学发展中后期对学科成长做出了重要的贡献，协调着家政

---

① Alice A. Chown, "Courses in Home Economics for Colleges And Universities", *Lake Placid Conference on Home Economics*: *Proceedings of the Third Annual Meeting*, Lake Placid, NY, 1901, p. 107.

② Marion Talbot, Sophonisba P. Breckinrighe, *The Modern Household*, Bosten: Whitcomb and Barrow, 1912, p. 125.

学现代性精神维度的全面生成。

2. 家政女权主义的思想

家政学学科又被称为"家庭女权主义"，这是指那样一些人，她们认为解决妇女问题的根本办法是提高家政的地位和消除在美国文化中对家务和母亲的贬抑态度。① 家政女权主义在整个 20 世纪都是很引人注目的，在 50 年代的特定氛围下，能吸引大批的拥护者，是不足为奇的。即使对妇女的作用持保守态度的理论学家也知道。很多妇女对待在家里是不满意的，她们在一定条件下，对既得不到工资也得不到承认的工作很泄气。② 家政女权主义思想是传统社会分工与现代人本精神相结合的产物。

妇女在维多利亚时代被视为家庭领域的守护神，在家庭领域中积累了大量的家庭生产和消费经验。现代化的过程催生现代性的人本精神，提高人的主体意识，产生了现代的自由、平等、博爱等价值观念。这种精神催生了妇女的进步意识，她们开始反思并质疑这种社会性别分工。但现代化早期妇女因为自身思想水平的局限并没有认识到父权制才是制约她们发展的根本原因。她们通过一种折中的方法——家政学学科——来发展自己，实现走出家庭的愿望。早期家政学家利用妇女的道德优势——在家庭中的权威，将科学知识与家庭管理工作相结合，将家庭工作专业化，借此希望提升自己的职业能力，从而在社会公共领域中获得更多的个人发展机会。家政学家的这种尝试具有一定的女权主义思想。但如上所述，家政学学科的女权主义思想并不彻底，这种不彻底性也为家政学学科后期发展带来了诸多的问题。

要想全面分析家政学学科的女权主义思想，需要了解美国家庭分工在现代化进程中的变迁，并结合家政学学科与美国历史上比较重要的两次女权主义运动的相互关系，分析家政学学科的女权主义思想所表现出的人本精神维度。

（1）美国家庭性别分工在现代化进程中的变迁

美国家庭性别分工在不同的社会发展条件下呈现出不同的特征。家政学学科产生于美国社会从农业国向工业国转变的时期，从而带有传统与现代社会中性别分工的双重特征。研究两种社会状态下的性别分工状况，是

---

① ［美］洛伊斯·班纳：《现代美国妇女》，侯文惠译，东方出版社 1987 年版，第 306 页。

② 同上书，第 231、306 页。

理解家政学学科人本精神维度生成特点的重要途径。

其一，前工业时期的传统家庭。

在前工业时期，生产是通过家庭的方式来组织的，贵族家庭始终具有相当大的政治影响，即使是在封建体制被中央集权的国家体制代替之后，这种影响仍然存在。作为家庭成员，女性在生产和管理这两个方面被赋予某种地位，尽管这种地位常常是低于这个家庭中的男性的。贵族男性在家庭中享有相当多的特权，那些没有贵族头衔的已婚女性在家庭内部也有相当大的经济影响力，这是因为生产是通过家庭的方式来组织的。大多数女性为了家庭的生存而稳固地参与到生产体系之中。在这一时期，照顾孩子和我们现在所能够想象到的许多家务劳动只占了女性时间的很小一部分。除了这些工作，大多数女性通过饲养家禽和蜜蜂、制作日常食品甚至是种植蔬菜等活动，为家庭的食物生产做出了相当大的贡献；她们负责家庭食物的制作和保存；她们制作肥皂和蜡烛，并且积累了相当多的医药经验和知识，创造了有效的植物治疗方法。女性在社会生存方面的作用和重要性是如此明显，以至于我们甚至没有理由提出这样的问题：女性的地位在社会秩序中似乎是不可或缺的。① 由此可以看出，前工业时期，也就是农业社会中，家庭中的日常产生与消费实践活动占据了民众生活的大部分时间。在这种生活中，个体一般很少有对科学知识的自觉运用，而主要是根据可行性原则，通过反反复复而形成的经验模式。女性和男性共同在家庭中生产劳作，积累了大量的生活经验，因此女性在家庭中的地位相对较高。

其二，美国工业革命后的家庭分工。

工业革命后，美国社会出现了工厂制度，社会生产日益从家庭中转移出去，使得劳动场所和生活场所开始分离。在这样的情况下，人们难以同时兼顾生产和家务，家庭夫妻间的性别分工更加明确。除了社会下层妇女为生活所迫，离开家庭到工厂做工以外，一般情况下，在外赚钱养家是丈夫的职责，在家料理家务和养育孩子是妻子的义务。与此同时，男性主宰的公共领域和女性活动期间的私人领域的区分也逐渐形成。家庭妇女是一种美德的象征，是女性的标准形象。以前女性除了照顾家务以外，还有其

---

① ［美］阿莉森·贾格尔：《女性主义政治与人的本质》，孟鑫译，高等教育出版社2009年版，第4页。

他的社会活动，但自此以后她必须全身心地投入到家庭这个神圣的工作之中。在长达一个世纪的时间里，无论是男人还是女人，市民还是工人，信徒还是自由思想者，都一致认为，没有工作的家庭妇女是最理想的女性形象。① 这种性别分工的主要原因在于从 18 世纪末开始，由于财富的增长，中产阶级的家庭不再像以前那样需要妻子经济上的合作。上层和中产阶级的妇女的工作主要是组织性的和管理性的，包括社会工作、家务劳动、地产管理和家庭商业等。母亲的职责也是重要组成部分。托克维尔在其代表作《美国的民主》中描述了这种家庭分工。在他看来，美国家庭不是公平而是权力分工的一种社会安排。他提道："美国人相信，既然老天爷使男女在身心方面存在极大的差别，那它显然是要让男女各自运用他们的不同特点。美国人确信，进步并不是使性别不同的人去做几乎相同的工作，而是让男女各尽所能。美国人把指导当今工业的伟大政治经济学原则应用到良性方面来了，即细分男女的职责，以使伟大的社会劳动产生最好的效果。美国是世界上最注意和最坚持在两性之间划清行动界限的国家。美国希望两性同步前进，但所走的道路永远不同。你绝不会见到美国妇女去管家务以外的事情，去做买卖和进入政界；而且也绝没有人强迫妇女下田去干粗活，或做需要强壮劳力的重活。没有一个家庭穷到破例而为的地步。另一方面，既然美国妇女无法走出宁静的家务活动小圈子，那么就从来没有人强把她们从其中拉出来。因此，经常表现出男子般刚强毅力的美国妇女，一般仍保持着极其娇柔的风度，而且尽管她们的头脑和心胸不让须眉，但她们在举止上却永远是巾帼。美国人从来没有想到实施民主原则将导致推翻夫权和打倒家庭内部存在的权威的结果。他们一向认为，任何团体，要想有效地活动，必须有一个首领，而夫妻这个小团体的天然首领就是丈夫。因此，他们绝不反对丈夫有权支持自己的配偶，而且认为在夫妻的小家庭里，犹如在广大的政治界，民主的目的在于规定必要的权利并使它们合法，而不是破坏所有的权利。"② 这种描述虽然有理想化之嫌，回避了父权制社会中这种性别分工对女性主体性发展的不利影响，但也是社会经济发展到一定程度的产物。

---

① ［法］吉尔·里波韦兹基：《第三类女性——女性地位的不变性与可变性》，田常辉、张峰译，湖南文艺出版社 2000 年版，第 185 页。

② ［法］托克维尔：《论美国的民主》，董果良译，商务印书馆 2009 年版，第 753—754 页。

　　美国中上层阶级白人妇女从家庭生产过程中摆脱出来后，便致力于孩子的教育和开展社交活动。在 19 世纪，处于家庭这个组织中心地位的妇女，其母亲的美德被大加赞颂。为了尽做母亲的责任，为了管好家务，女主人常常由一些仆人协助，人数的多寡，由收入来决定。这其中有保姆，有男仆与女仆，还有厨师。① 让雇用来的仆人做家务事，导致对家务事的轻视。家务事在农民家庭中原是与生产全过程结合在一起的……如今，日常的家务事与使她们显得与众不同的职业工作相比，成了被人轻视的劳动，车间和科室是生产效益最被看重的地方，至于家务劳动，已被降到从属地位。② 随着工业的发展，原本家庭里的很多工作开始由社会来承担。节俭和勤奋工作的传统价值观强调了家庭管理中的经济学。男性的工作被看作一种生活方式，包括了对于工作的效率、创造性、独立的追求，工作开始变得专业化。这些都是家政学学科产生的重要社会背景。在工业文明形成的过程中，非日常生活中的价值观如经济效益、创造性、独立性等开始渗透进家庭中的日常生活，这些观念逐渐为人们所认可并推崇，在中产阶级专业化运动的推动下，受过先进教育的妇女群体将女性所活动的主要场所——家庭——中的工作专业化，将现代性的维度贯穿到家庭日常生活之中，是现代化进行发展的一种必然要求。

　　总体来看，由于工业化的影响和民主制度的兴起，削弱甚至最终改变了前工业化社会所形成的传统的家庭关系，这种改变甚至摧毁了女性的传统社会地位。随着贵族家庭的没落和民主政治力量的增强，上层社会的女性失去了她们的政治影响力。同样，底层社会的女性也由于工业化的原因，把她们曾经承担的大部分工作从家庭转移到了工厂，这种情况削弱了她们经济影响力的基础。尽管很多女性在工厂工作，特别是在早期，但是她们所承担的传统工作的工业化，还是意味着女性控制力的降低，如在食品加工、纺织和服装生产等重要行业尤其如此。女性对家庭贡献的减少强化了她们对于丈夫的经济依靠，同时也降低了女性控制或影响她们丈夫的力量。与此同时，家庭经济和政治意义的降低，削弱了女性的经济地位和政治地位，这种现象却没有必然地降低她们作为家庭成员的地位。例如，

---

　　① ［法］安德烈·比尔基埃、克里斯蒂亚娜·克拉比什－朱伯尔、马尔蒂娜·雪伽兰、弗朗索瓦兹·左纳邦德：《家庭史：现代化的冲击》，袁树仁、姚静、肖桂译，生活·读书·新知三联书店 1998 年版，第 560 页。

　　② 同上。

工厂体系和有偿劳动机会对女性的首次开放，意味着增强了她们在经济上独立于家庭的希望，同时也增强了她们独立于丈夫的希望。同样，新的民主平等思想和独立自由思想为挑战女性天生应该附属于男性的传统意识提供了基础。这种经济和政治发展导致的矛盾结果意味着女性的社会地位不再是一个自然的和明确的必然结果。① 由此可见，在这种社会转型的过程中，女性的社会地位发生了很大的变化，她们的发展机会并没有随着社会经济政治的进步而得到同步增加。但现代化社会中的人本精神维度已经逐渐深入到女性的思想中，这种理想与现实的矛盾直接导致了19世纪末女权主义运动的兴起。

（2）家政学学科与女权主义

家政学学科出现于这样一个现代社会转型的过程中：社会对于女性的要求是家庭中的贤妻良母，但女性希望能够走出家庭寻找合适的工作机会。一批受过高等教育的白人中产阶级女性并没有完全突破旧有的性别分工，而是在此基础上将女性在家庭的道德权威加以运用，希望将这种道德权威拓展到社会中，从而帮助女性突破家庭/公共领域的二元划分，因此家政学学科自建立之始就与女性主义产生了千丝万缕的联系：二者共同为女性的平等发展之路做出努力。但二者的关系在不同阶段有所差别，时而相互支持，时而相互对立，这种发展变化反映了女性群体对于家庭和社会性别的不同认识。

其一，自由女权主义与早期家政学学科的思想。

自由女权主义与家政学学科创生的时间比较接近，都是美国19世纪末20世纪初的社会转型时期，二者在女性解放思想上也有很多相似之处，都是对维多利亚时代女性社会地位的一种反抗。

女权主义最初是一个法语词汇。它指的是19世纪美国出现的被称为"女性运动"的一场运动，是带有各种目标的多种团体和组织的集合体。在某种程度上，这些组织和团体在当时的女性中处于"先进"的地位。然而，当"女权主义"这个词在20世纪早期被引进美国的时候，它仅仅是用于指代一个特殊的提倡女性权力的团体，这个组织的主张包括母性的神秘经验和女性的特殊纯洁性，"女权主义"一般用于指代所有致力于终

---

① ［美］阿莉森·贾格尔：《女性主义政治与人的本质》，孟鑫译，高等教育出版社2009年版，第5页。

结女性从属地位的组织和团体。①

　　美国自由女权主义产生于 19 世纪，少数知识女性觉醒，在争取自由平等的过程中对妇女解放有了理性的认识，将自由主义原则应用到男性和女性方面，她们受到关于人的尊严、自由、平等和个人自我实现等自由主义思想的激励，从法律上为女性争取平等的权力，在 19 世纪末 20 世纪初逐渐发展壮大。早期自由女权主义者通过展示女性实际拥有的理性能力来争取女性的权力，并一直为提供女性的受教育机会开展持续的运动。但第一波女性主义并没有挑战公共/私人领域的二元论，她们代表白人中产阶级和上流社会的女性争取公民权，她们接受私人领域中女性既定的角色；事实上，她们运用"母亲身份"和"主妇"概念来推进她们的主张，即女人比男人更依附于文化和市民领域。正是女人在私人领域中的角色，使她独一无二地有资格以投票的方式贡献于政治领域。②

　　早期女权主义者的观点与早期家政学家的观点有很多交叉之处，女性主义者发现了二元理论中对妇女不利的方面，希望利用女性的道德优势力量来将女性推进公共领域。家政学学科则是从更为具体的方面，将家庭生活科学化，让女性掌握可以在公共领域就业的技能，帮助女性走向公共领域。二者在初期都是在承认现有公共领域和家庭领域分化的结构下，利用女性在家庭领域中的所谓权威和美德来推动她们走进公共领域。但随着女性主义运动的深入，逐渐在发展过程中与家政学家的观点出现了分野，前者更多地关注女性在公共领域的发展，批判也开始集中于各种不合理的制度因素。如 19 世纪末美国女权主义者夏洛特·珀金斯·吉尔曼抨击了家庭制度，认为束缚了妇女的手脚，而且阻碍了社会的发展。她提议进行一些基本的变革，如使家务劳动职业化，应该训练人们从事烹饪、营养和育儿工作，而且这类服务应当得以报偿。改革家务劳动可以使妇女从目前24 小时无报酬的劳作压力中解脱出来，去承担 8 小时有偿工作。这样她们便可以自由地寻求开发自身潜能的工作。让妇女跨入公共社会，把公共领域与私人领域结合起来，将彻底改变男性占主导的公共社会，从而最终

---

　　①　〔美〕阿莉森·贾格尔：《女性主义政治与人的本质》，孟鑫译，高等教育出版社 2009 年版，第 9 页。

　　②　〔美〕巴巴拉·阿内尔：《政治学与女性主义》，郭夏娟译，东方出版社 2005 年版，第228 页。

结束男性中心主义的统治。①

　　相比自由女权主义者，家政学学科的女权主义思想更为温和和保守，她们在提出女性有权利争取在外工作的自由的同时并没有直面挑战男性的权威。她们认为女性有义务照顾家庭中的儿童和丈夫并满足他们的需要。家政学学科发展的前半个世纪并没有突破这种传统的社会性别分工的框架。早期家政学学科的女权思想主要表现在理查兹和普莱斯特湖会议中家政学家的家政学学科观点中。

　　第一，理查兹的女权思想。早期家政学学科是 19 世纪末始于理查兹发起的家政学运动的产物，这一运动是对维多利亚式的家庭生活观念的革新。家政学学科在 20 世纪初刚刚创立的时候就更多地关注妇女的事业，而非仅仅关注家庭生活。随着家政学学科的发展壮大，家政学家开始关注社会和地区家庭管理的公共政策。由此可见，家政学学科从创立开始就是进步主义运动的一部分，具有一定的进步意义。但现实表明这种想法是天真的。因为公共领域和私人领域的划分就是男性统治并规训女性的一种方式，如从夫妻之间的分工及法律、道德的要求来看，丈夫的地位高于妻子；从父母对子女的权力来看，父亲的地位高于母亲；从中上层中产阶级对子女进行的教育来看，男孩的地位高于女孩。② 由此可见，妇女在家庭中并没有真正的自由、权威可言。

　　理查兹将家庭管理专业化并为受过高等教育的妇女提供职业发展机会。她致力于通过重新为家庭做定义来扩大女性在科学训练和职业发展上的机会，并鼓励妇女走出家庭的小圈子进入社会和政治领域。理查兹一生的三个中心思想：对于科学的热爱；献身于妇女教育和职业发展；相信家庭是社会变革的一种资源。在麻省理工学院，在学校不正式接受女生的情况下，她作为一个特别学生，被名册中除名以避免成为男女合校的先例。在学校中，理查兹发现自己的实验室和别人的是隔开的，觉得"自己像一个危险的动物"。③ 她像是一个性别和学费方面的实验品，因此她"希

---

　　① 转引自［美］约瑟芬·多诺万《女权主义的知识分子传统》，赵育春译，江苏人民出版社2003 年版，第72 页。

　　② 郭俊、梅雪芹：《维多利亚时代中期英国中产阶级中上层的家庭意识探究》，《世界历史》2003 年第 1 期。

　　③ "Ellen Richards's Letters Home in the Early Days of Vassar", The Vassar Miscellany, Vol. 2, 1899, p. 201.

望找到一种别人能够接受的获胜的方式"。因此她以一种更为传统的女性角色行事。在她的一生中，她都以家事科学化来提升妇女的教育和职业地位。理查兹认为，作为健康和家庭的管理者的妇女被赋予了道德上的优越性，可以通过妇女在家中的道德权威让其在社会和市政管理中发挥更大的作用。理查兹所理解的"家"是妇女道德权威的象征，她认为妇女权威和家庭管理技能结合可以让妇女进入男性的世界，城市不过是一个大家庭而已。理查兹因时代的局限性，并没有认识到妇女走出家庭的障碍来自于父权制，而是希望通过利用妇女在家庭中的道德权威来帮助女性走出家庭。这种思想仍然没有走出工业时代下性别分工的模式，她的通过女性特质来改变女性地位的社会改革思想是不现实的，只有从根本上打破不平等的性别分工，让女性从经济、政治和文化等方面争取和男性同样的机会，才能实现真正意义上的性别平等。这种思想的不彻底性对家政学学科影响深远，因其强调家政学教育对妇女的重要性而得到官方重视，成为之后美国若干职业法案对家政学学科拨款的根据。但这种取向却旨在培养贤妻良母，忽视了理查兹所重视的妇女职业发展问题。

第二，普莱斯特湖会议代表的女权思想。普莱斯特湖会议的参会者清楚地谈到关于女权主义问题，但她们同时坚持保持女性特征。她们都反对那种无助而娇羞的妇女的形象。玛乔丽·布朗评价理查兹、杜威还有其他的参会人员都是"消极的女权主义者"（Passive Feminist），她们关注的是妇女自我牺牲的精神及妇女在家庭中的角色。自我牺牲指的是为了共同的利益的满足放弃特定的私人喜悦。社会分工让妇女觉得她们的母性在延伸，通过养育孩子、社会发展。如果妇女意识到她们作为家庭主妇的角色，那么她们可能会满足于社会的尊重。家政学家们认为妇女的这种牺牲精神让男人可以在公共领域回报社会。妇女接受教育是为了接受并享受这种在家中工作的角色。家政学学科是给妇女提供的教育，她们并没有批评现存的政治与经济结构中男性主导的权威统治，而是认可并维护了工业社会中这种二分法，即将生活分为家庭内和家庭外的领域，二者分别代表着私人和公共的方面，妇女学习家政学学科可以将私人和公共领域联系起来，将私人领域扩大，将社会作为一个大家庭。这种天真的社会改革思想忽视了社会系统的经济奖励机制，即对于私人的工作态度是消极的或价值低的，因为没有经济收入。一旦妇女在家庭中的地位固定了，那么她们的政治和家庭外工作的地位也就固定了。① 因此即使走出家庭，她们工作的价值也是大大低于男性在政治和经济系统中工作的价值的。从 20 世纪初女性从业情况就可以看出，根据美国劳工局 1907—1909 年对棉纺织厂、绢织厂、服装厂、玻璃制造厂和丝织品制造厂等的调查显示："这次调查发现的一个最惊人的事实是女工数量之多而且她们的工资之低——低得只供她们维持本人最起码的生活水平。"② 总体来看，普莱斯特湖会议主导性的观点认为家庭工作是妇女的责任，男性的工作是公共的和带薪水的，从而将家政学学科理解为科学管理食品、服装、住所和金钱，列出的教学大纲中对于学科的目的和范围也是强调家务劳动、家庭工作和男性所赚的收入的管理，以及妇女作为家庭主妇对于这些工作的分配。

　　有些家政学家意识到妇女在社会中固定的角色是被动的。如卡罗琳·亨特（Caroline Hunt）认为这些都是外部标准强加在家庭主妇身上的。家庭主妇学习家政学学科在本质上根据工业化社会中的标准来执行工作，让家庭更有效率。但科学管理学派的家政学家，并没有意识到这种被动性。她们认为这些标准都是建立在科学基础上的。如理查兹将食品、服装和住房的标准的满足作为道德标准，这些标准被科学专家以知识的方式推行。不能根据标准成功管理家庭并帮助丈夫的妇女，在理查兹看来，就是不称职的。社会结构对于妇女施加期望或家庭外部的社会结构描述这些期望是没有错误的。

　　相比之下，家政学家艾丽斯·乔恩在第四届会议中提出的观点比其他人更为进步。她认为女性应该同样有自由。她提出，当女性的解放取得重大进步的时候，当她们赢得自由并接受和男人同样的教育的时候，她们的政治和自由影响都是不容置疑的，但为什么她们在经过了这么多斗争之后却迷失了？③ 她认为妇女自由应该基于对两种价值观的支持：第一，婚姻应该建立在承认男女两性个人价值的基础上，建立在相互的关系而不是工具的——一种从经济上支持女性的方式和为家庭和男性做出个人服务的方

---

　　① Marjorie M. Brown, *Philosophical Studies of Home Economics in the United States：Our Practical Intellectual Heritage（Volume I）*, East Lansing, MI：Michigan State University, 1985, p. 360.

　　② Harold V. Faulkner, *He Quest for Social Justice 1898－1914*, New York：The Macmillan Company, 1931, p. 153.

　　③ Alice A. Chown, "Effect of Some School Changes on the Family", *Lake Placid Conference on Home Economics：Proceedings of the Forth Annual Meeting*, Lake Placid, NY, 1902, pp. 31－35.

式；第二，妇女不但对家庭有义务而且对于社会也有义务和责任，对于政治事务和社会文化作出贡献，无论在私人的空间还是公共的空间中，妇女都应该发展她的能力。乔恩看到了女性的迷失和男女平等，但并没有提到家庭中妇女解放与斗争的具体策略。

　　总体来看，在自由女权主义和家政学学科发展的初期，二者之间的思想交叉较多。随着女权主义运动的深入，开始深入到对父权制和社会性别分工的批评，从而开始与家政学学科渐行渐远。甚至有部分早期女权主义者就已经开始对家政学运动持批评态度。例如，勒佩特（Carol Lopate）认为：令人讽刺的家政学运动很明显是将平等建立在农业或工程学的基础上，这种基础是对于性别平等斗争的调整。[①] 勒佩特对于家政学学科的批评建立在特定的女权主义标准上。她认为这些都是根据性别分工得出的不平等标准，目的是让个人遵守工业社会主导的思想。她提道："随着工业社会的推进，关于清洁、节俭、健康和美丽的态度就产生了。"[②] 然而家政学学科并没有注意到这些零星的批评，而是专注于技术理性主导的科学专业化发展道路，这种现代性人本维度发展的不彻底性为学科中后期的困境埋下了隐患。

　　其二，反思中的家政学学科与激进女权主义。

　　由于家政学学科是在传统社会中性别分工的基础上发展起来的，所以其女权主义思想也较为温和。随着家政学学科发展壮大，家政学学科初期的改革性降低，成为培养贤妻良母的职业教育，与女性主义越走越远。在20世纪50年代和60年代出生的妇女，家政学学科对于她们来说还是意味着高中课堂里的烹饪和缝纫课。大多数女权主义者对家政学学科表现出反感，尤其在看过家政学学科的三类著作之后：第一类是比彻的著作，将家政学学科作为19世纪家庭生活的一部分；第二类是莉莲·吉尔布雷斯（Lillian Gilbreth）和克里斯蒂娜·弗雷德里克（Christine Frederic）的著作，强调家政学学科和科学管理的关系；第三类是贝蒂·弗里丹（Betty Friedan）的著作，将家政学学科誉为20世纪50年代"快乐的家庭主妇英雄"。这种更为保守的取向显然不符合时代发展的需要，因此在美国爆

① Carolhopate, "The Irony of the Home Economics Movement", The Edcentric, Vol. 31, 1945, pp. 40 – 42.

② Ibid. , pp. 56 – 57.

发的激进女权主义运动中遭到了集中的批判。

激进女权主义运动始于 20 世纪 60 年代末期，其根基在于妇女在民权运动的参与和新左派学生运动。通过从民权运动中取经，年轻的女权主义者在种族歧视和性别歧视中发现了一些相似之处：两者都是控制并维持美国现存社会结构的工具，建立在生理不同的基础上，从出生到现在不能消除。他们反对的是在社会化过程中被要求按照主流的群体来思考并行动，他们要求被压迫者意识上的觉醒，反抗这种压迫并与压迫者进行政治对话。

激进主义的女性主义者认为文化可以征服生物性，相信女人与男人存在着区别，相信可以普遍地解决所有女性面临的问题。她们的目标是摧毁父权制和解放女性。1970 年，凯特·米丽特（Kate Millett）出版了《性的政治》一书，提道："再引入'性的政治'这一术语之前，我们必须首先回答一个不可避免的问题：'两性关系可以作为一种政治观点来考察吗？'答案取决于如何界定政治。本文不把政治定义为有关会议、主席和政党等较狭隘和专一的内容。'政治'这个术语是指各种权利结构关系，凭借这种关系和安排，人类的某一群体控制另一群体……我们的社会和其他所有的历史文明一样，都是父权制社会。"① 她认为最基本的权力形式是男人对女人的统治，即父权制。总体来看，二元性的分析框架最初被女权主义所接受，进而受到批判，最终被女性主义思想所瓦解。在女权主义思想的影响下，20 世纪 70 年代的女权主义者在烧毁了文胸之后扔掉了围裙，她们进而转向维护传统社会性别分工的家政学学科，认为家政学学科是束缚妇女发展的，应该被革除。如著名的激进女权主义者罗宾·摩根（Robin Morgan）在 1972 年美国家政学会的大会上说，"作为一个激进的女权主义者，我在这里开始树敌。"② 女权主义者对家政学的挑战在家政学内部引起空前的重视。美国家政学会专门成立了专业委员会，反思家政学学科与传统女性刻板形象之间的关系，尝试着改进它的使命并重新定位它的目标。家政学的人本精神维度在外力的逼迫下开始生长，推动着学科自身的现代化进程。

---

① Kate Millett, *Sexual Politics*, New York: Doubleday Inc., 1970, pp. 23, 25.

② Sarah Stage, Vincenti, Virginia B., *Rethinking Home Economics: Women and the History of A Profession*, Ithaca and London: Cornell University Press, 1997, p. 1.

（3）家政学学科与社会性别

作为诞生于进步主义运动中、极具改革精神的家政学学科，曾经在理查兹的带领下呈现出女性要求发展进步的超越性，但在半个世纪之后，家政学学科的女性解放思想与女权主义的思想渐行渐远，体现出家政学学科的人本精神维度发展中的先天不足。在技术理性维度过度发达的膨胀后，家政学家曾一度满足于科学工作者的称号。但随着美国社会进入现代化的调整时期后，家政学学科也陷入学科发展困境中，尤其是面对激进女权主义的猛烈批评，家政学家认识到，要想让学科朝向良性发展的轨道，必须对学科与社会性别的关系进行正确的认识，由此开始了一系列的学科与社会性别关系的探索。

其一，家政学学科发展的中性化趋向。

这种中性化的发展趋向主要表现在家政学的招生、学科研究队伍等性别比例的改变上，集中表现在家政学项目的男性化表现。美国家政学学科在受到激进女权主义者的批评之后，更多地朝向于性别中立的方向发展。在20世纪60年代，几位大学的家政学院长认为一个实用的拯救家政学学科的方法就是性别均衡。她们认为可以通过招收男性家政学家和男性学生等一系列措施吸引研究资助和权威。但在这些措施并没有达到效果，很多家政学项目逐渐衰退，尤其是芝加哥大学、哥伦比亚教师学院和加利福尼亚大学伯克利分校，都撤销或解散了家政学院。

根据美国教育办公室（the U. S. Office of Education，USOE）未公开的数据显示，家政学学科在学位授予的机构中，从1947—1948年的388个增长到1962—1963年的406个，员工数量从2574名增长到27567名。四个最大的家政学项目，明尼苏达大学、宾尼法尼亚州立大学、得克萨斯理工大学和杨百翰大学，教师都有所增长。但更多的院系则是在这十几年中损失了很多教师，如普渡大学和康奈尔大学，男性主导的酒店管理学院从家政学院中分离并组成了独立的学院。[①] 但与此同时，家政学学科的毕业生并没有减少，并且学生的性别比例发生了变化。男性逐渐增多，但总数仍然很小。女性的比例下降得很快，从1947—1948年的7.5%的女性

---

① Esther H. Stocks, "Part II, A Second Page, 1940 – 1965", *A Growing College*：*Home Economics at Cornell University*, Ithaca：New York State University Press, 1976, pp. 504 – 507, 662.

主修家政学学科下降到了只有 4.5%。① 这种变化的原因是旧的家政学院的解体和新的学院的成立。原来女性只能上大学的家政学院，家政学院的专业甚至包括了体育和艺术，后来大学逐渐成立了单独为女性开设的体育学院和教育学院，家政学院的人数逐渐减少。在这种趋势下，家政学学科开始注重研究生数量。20 世纪 40—60 年代，家政学学科研究生数量显著增加。在 20 世纪 50 年代，更多的男性进入家政学学科领域获得博士学位，并于 1957—1958 年间达到高峰，首次超过女性，达到 58.81%。他们主要集中在新开设的学院中的儿童发展和家庭关系专业。但家政学学科的基石——食品和营养则大多数由女性学习。大多数家政学学科的研究工作集中于营养学。家政学家认识到研究是必要的，可以改进国家中家庭的福利，也可增加学科本身的权威和影响力。家政学学科甚至在赠地大学中的地位也在衰落。在 1946 年《研究与市场法案》（*The Research and Marketing Act*）颁布后，赠地大学和学院协会的家政学分支总结了各种领域研究的现状，并建议重新定义家政学学科以争取更多的支持。

男性进入家政学领域的原因是什么？1964 年卡内基（Carnegie）公司对于美国的妇女地位感兴趣，资助了 200000 美元来支持一项关于家政学学科机构目前地位、目标和未来的研究。这项研究的承担者是厄尔·麦格拉思和杰克·约翰逊。1968 年，《家政学变化的使命》，一份长达 121 页的报告发布，其认为家政学学科没有跟进社会科学的发展，日益远离美国本科生教育的主流。麦格拉思认为家政学学科的女性特质（Feminized Nature），暗示受到年龄、性别和婚姻的地位的影响。数据显示 90.2% 的教师都是女性，超过一半都是未婚的，45% 的年龄超过了 45 岁。只有 27.8% 的女性获得了博士学位，相比之下男性比例是 61.7%。只有不到十所大学能够授予博士学位。家政学项目很少开展研究，为数不多的研究集中于顶尖的九所大学中。② 他们认为未来家政学项目应该更多地与社会科学联系，而不是和农业学院连在一起。这个报告发布后，家政学学科产生的变化包括：命名变化；聘任男性不相关专业的领导；重组、终止一些

①　Sarah Stage, Vincenti, Virginia B. , *Rethinking Home Economics：Women and the History of A Profession*, Ithaca and London：Cornell University Press, 1997, pp. 99 – 100.

②　Earl J. McGrath, Jack T. Johnson, *The Changing Mission of Home Economics：A Report on Home Economics in the Land – Grant Colleges and Universities*, New York：Teachers Colleges Press, 1968, pp. i – iii, vii, x.

院系；人员和学生主体的男性化；与此相联系的资金投入的增长。很明显男性接管了家政学学科。

到了 20 世纪 60 年代中期，"伟大社会"（Great Society）计划为家政学学科相关学科提供了大量的资助，很多家政学院长都处于退休的年龄，不能有效利用这些资源。这时一些男性研究者看到家政学学科的潜在价值，从而进入并占领了这个领域。1963 年的《职业教育法》的颁布，又开始为家政学学科提供了研究资助。1965 年的《职业教育法》为家政学学科提供了 1200 万美元的资助，1967 年达到 2250 万美元。① 这种意外的支持更刺激了男性进入家政学学科领域。他们认为家政学学科成为一个有钱的领域，值得进入。到 1968 年，很多家政学院都被强迫重新命名、更换员工并接受重建。但相比之下，美国家政学会主动要求的资金支持却没有得到回应。美国家政学会在 1955 年建立了一个委员会——联邦资助家政学学科委员会（Committee on Federal Research Aid to Home Economics），来专门想办法增加联邦政府对于家政学学科的资助。在接下来的 7 年中起草了一系列重要的报告、演讲和提议。1957 年，他们提出一个雄心勃勃的计划，认为应该建立一个像美国国家科学基金会那样的联邦研究机构，为紧缺的人员提供奖学金和助学金，资助在大学和其他地方的人员。他们认为需要这种研究机构来应对美国日益严重的家庭问题，② 但这个研究最终并没有收到什么成效。

总体来看，通过一系列的去性别化改革，家政学学科并没有获得真正的实惠，反而经历了男性化改造，在改变学科命名、重组过程中失去原有的领地。这种损失显示了家政学学科在社会性别认识上的局限性。家政学学科建立在女性道德优势的基础上，男性群体之所以支持其发展，主要是为了培养理想中的贤妻良母。家政学如今要去性别化，希望获得同其他学科同等的地位，自然得不到主流群体尤其是男性的认可。男性群体将家政学学科进行了男性化的改造，如酒店管理、营养科学、儿童心理学，逐渐与家政学母体脱离开来，列入"科学"行列。这种去性别化从本质上来

---

① Mary Lee Hurt, "Expanded Research Programs under Vocational Education", *The Journal of Higher Education*, Vol. 57, 1965, pp. 173 – 175.

② Grace Henderson, Development of Home Economics in the United States: With Special Kefer-ence to Ets Purposes and in Teyrating Funtion. University Park: PA: Pennsylvania StateVniverslty, College of Home Economics Publication, 1955, p. 156.

讲是男性化，而非真正将性别因素从学科中剥离出去。家政学则因长期以来饱受学科分裂的困扰，再加上理论基础薄弱，在自发自主的去性别化改革中反而失利，也可以说是偶然中的必然。著名的女权主义者简·罗兰·马丁（Jane Roland Martin）指出，"一方面将教育设计成适合男性的性别特征，另一方面又忽视与学习相关的男女性别差异……在相同的教育对待的名义下，女性将经历困难和经受困苦，而她们的男性同伴却不会。"①

其二，家政学学科的社会性别意识。

社会性别意识是西方女权主义（女性主义）的精神产物，是女权主义的核心概念。它是国际上分析性别平等现状、寻找性别不平等深层次原因、解决两性平等和谐发展问题的工具。所谓社会性别意识，是指从性别的视角观察社会政治经济文化和环境，对其进行性别分析和性别规划，以防止和克服不利于两性发展的模式和举措。性别意识有三层含义：一是平等意识，承认女性具有与男性平等的权利与尊严；二是差异意识，从性别的角度审视男女两性在社会和现实中的特点和角色定位；三是协调意识，强调男女两性的协调发展。②

在家政学学科因其性别化特征饱受女权主义和男性群体的诟病时，美国家政学家在20世纪下半叶一直希望将家政学学科与性别因素分离开来。但长期的实践显示，这种做法并没有取得满意的成效。如何认识并处理家政学学科的性别化特征成为学科发展的关键。现代化进程中的女性主体性和自由意识的生成要求与男性取得同样的发展机会。随着女权主义思潮的深入发展，更多的女权主义者认识到，女性特质并不是女性发展的阻碍，女性不能通过向男性学习并习得男性特征才能取得真正的成功。

1980—1990年，第三波女性主义者解构了二元论的理论框架，构建了性别和政治、种族、身份认同和性特征的方式。这些女性主义者对"他者"开始了认同和赞扬，包容女性与自然和私人领域的联系。从女性的立场来观察世界，一直被传统贬损的自然领域和私人领域突然受到了赞美：一方面赞美女性的美，赞美她们的身体，赞美她们与环境的联系；另

---

① 周小李：《社会性别视角下的教育传统及其超越》，教育科学出版社2011年版，第92页。

② 谢凤华、尹玲娟：《论马克思主义妇女观的现代化》，《黑龙江社会科学》2006年第3期。

一方面，赞美与抚养孩子和实施母爱相关的各种价值观和活动。① 新的女权主义思想介于二元论之间的立场，将自己置于政治的中心。跨越性别、种族和阶级界限，试图拥有广泛基础的联盟，从而脱离分裂和二元论。坚持从女性的视角来观察世界，所有清晰的边界开始逐一被打破。文化与自然，公共与私人，甚至男人与女人，两对概念之间的传统边界变得更加具有流动性。著名的女权主义者阿莉森·贾格尔（Alison Jaggar）认为：无视性格差异和重视性别差异这两种对男女平等的理解，都包含着难以接受的威胁；而产生这种威胁的根源：一是以静止的（亦即僵化、刻板和二元对立的）方式理解性别差异，二是以贬低女性的方式理解性别差异。因而，消除这种威胁的途径就是，"以动态的方式理解性别差异，（这种方式）有助于我们说明男女平等作无视性别的解释和重视性别的解释这两种方法的不足之处"（贾格，1998）。② 因此，女性要认识到自己所具有的独特优势，将这种优势运用到社会生活的各种领域，与男性的特质相辅相成，才能促进两性的真正平等的发展。

家政学学科在这种女权主义思想的影响下，突破了原有的社会性别分工结构，在新的语境中强调学科的重要性，如从环境主义、可持续发展、文化多样性、消费主义等新的时代问题中寻找发展的契机。如当前美国家政学家对家政学学科的定义是：家庭与消费者科学教育是在各级教育系统中，教授学生达到最佳生活质量的健康、人际关系和资源的知识和技能，学生通过学习人类发展、个人和家庭理财、住房和室内设计、食品科学、营养学、健康、纺织品和服装以及消费者问题等课程，掌握21世纪成功生活和工作所必需的核心技能。③ 这个定义将家政学学科纳入21世纪学生必需的核心技能之中，让学生通过这些知识的学习，获得美好生活的必备技能，从而成为两性共同需要的教育。

虽然美国家政学学科已经逐渐摆脱了性别化教育的困扰，但大量的数

---

① ［美］巴巴拉·阿内尔：《政治学与女性主义》，郭夏娟译，东方出版社2005年版，第290页。

② 周小李：《社会性别视角下的教育传统及其超越》，教育科学出版社2011年版，第103页。

③ National Association of State Administrators of Family and Consumer Sciences（NASAFACS），The National Standards for Family and Consumer Sciences Education，http：//www. nasafacs. org/nacional – standards – and – competencies. html.

据显示，女性仍然是家政学学科的主导性力量。如1998—1999年，家政学学科副学士学位授予8063人，其中女生的人数为7410人，占总人数的91.9%。2008—2009年，家政学学科副学士学位授予总数9020人，女生的人数为8664人，占总人数的96.1%，这一期间增加了957人，女生增加的比例为16.9%。2008—2009年家政学学科学士学位授予16059人，女生的人数为14127人，占总人数的88.0%。2008—2009年，家政学学科学士学位授予总数21905人，女生的人数为19151人，占总人数的87.4%，这一期间增加了5846人，女生增加的比例为35.6%。[①] 可以看出，女性群体更倾向于选择家政学学科进行学习。如何看待这种现象？这是社会落后的表现吗？这需要对女性的性别特质与家政学学科的特征之间的关系进行分析。

现代社会之前的时期，女性在大多数时间在家庭中从事家务工作，积累了大量的生产和管理经验。因此，家政学学科的创立人均为清一色的女性，并且至今仍是一个女性群体居多的特色学科。女性特有的母性所带来的关照他人的特质与家政学学科的使命不谋而合，因此很多女性选择学习家政学学科。从这一角度来说，家政学学科确实具有性别化的特征，即女性的特质。同很多具有女性特质的学科相似，如护理、教师等，家政学学科发挥了女性的特质，并将这种特质通过专业化、科学化的改造，化为所有人都可以学习的知识，提高了家庭和个人的福利。但家政学学科决非女性的专门教育。作为两性共同组成的家庭，男女双方都需要学习经营家庭、增进家庭福利的知识。男性学习家政学的意义更大，他们可以通过家政学学习，习得关照他人、非竞争性处理冲突等女性特质，从而在一定程度上让他们发展得更为完整。男性和女性特质并不是截然对立的，二者可以通过相互补充达到完美的平衡。两种特质各有千秋，没有优劣之分。完整的人应该正确地了解两性特质，并尊重这种特质的区别，相互学习、取长补短，从而实现现代人的全面发展。

总体来看，家政学学科在技术理性和人本精神的影响下，通过将日常

---

① U. S. Department of Education, National Center for Education Statistics, 1998 - 1999 and 2008 - 2009 Integrated Postsecondary Education Data System, "Completions Survey" (IPEDS - C: 99) and Fall 2009. Number of Associate's and Bachelor's Degrees Awarded by Degree - Granting Institutions, Percentage of total, Number and Percentage Awarded to Females, and Percent Change, by Selected Fields of Study: Academic Years 1998 - 1999 and 2008 - 2009, http: //nces. ed. gov/pubs2011/2011015. pdf.

生活的重要寓所——家庭——中的工作科学化、专业化，从而将日常生活与非日常生活关联起来，促进了现代生活方式的形成，加速了人自身的现代化进程（见图3-1）。但家政学学科所展示出的现代性精神维度并不是完美的，家政学家在将科学技术奉为圭臬的同时却走入了技术理性统治的极端。家政学家希望将家政学学科作为女性自主发展并走出家庭的职业道路时，却忽视了这种将家政学学科过分局限于女性的弊端；当家政学家通过各种努力将家政学学科与女性特质相剥离的时候，却使学科经历了男性化的改革，加剧了学科的分裂。21世纪的美国家政学家只有认识并欣赏家政学学科的女性特质，将这种独特的知识向两性平等提供，才能促进女性自由自主的发展。

文化转型

人自身的现代化

社会层面
的现代化

图3-1　家政学学科的精神性维度

二　家政学学科的制度性维度

　　一个时代个体所追求的精神和价值，必须通过制度化的方式才能在社会生活和社会运行中发挥作用，成为该社会占主导地位的文化模式或生存方式；同样，一个社会的经济、政治、法律、公共管理等制度都在内地包含着特定的文化精神和文化价值。[①] 现代性的制度性维度主要包括：第一，经济运行的理性化；第二，行政管理的科层化；第三，公共领域的理性化和自律化；第四，公共权力的民主化和契约化。经济运行、行政管理、公共领域和公共权力都是现代社会运行的主要组成部分，这些领域的

---

① 衣俊卿：《现代性的维度》，黑龙江大学出版社、中央编译出版社2011年版，第268页。

理性化、科层化、自律化、民主化和契约化都集中表现了技术理性和人本精神对现代社会产生的深刻影响。

家政学学科通过家庭工作的科学化与专业化，将日常生活中的自发自在的实践活动，提升为具有创造性的自由自觉的活动。作为重建日常生活的重要力量，家政学学科在技术理性和人本精神的指引下，全面地参与到现代社会的政治、经济、经营管理、社会化大生产、公共事务等方面，有效地将日常生活与非日常生活关联起来，使日常生活领域也呈现出现代性的制度性维度，为现代生活方式的形成做出了重要的贡献。具体来说，集中表现在四个方面，分别是经济领域、行政管理领域、公共生活领域和公共权力领域。

（一）经济领域

在经济领域中，随着现代化进程的深入，经济运行呈现出理性化的特点。民众倾向于接受科学的生活产品和观念。家政学家作为科学生活的专家，承担起向民众推广科学生活产品和观念的任务。

1. 经济运行的理性化

资本主义市场经济之前的经济活动可以概括为自然经济，是一种没有脱离土地和自然的、狭隘的经验活动。[1] 社会经济运动中现代性维度的生成，集中体现在理性的文化机理取代自然的和经验的文化机理成为经济运动的制度性原则和基本精神。[2]

吉登斯在展示现代性的生成机制及其内涵时曾列举了最具代表性和普遍性的理性的抽象系统，如以货币符号为典型代表的"系统象征"符号（Symbolic Tokens）和现代社会中在法律、建筑、交通等各种社会领域横纵无所不在的"专家系统"（Expert System）。[3] 家政学学科就是这种"专家系统"的组成部分，家政学家将科学技术应用于各种家庭工作之中，不断推出各种新型的生活方式。民众出于对科学技术力量的无限信任，赋予家政学家以生活专家的权威，认为家政学家所推广的生活产品和生活观念可以提升生活的质量，让他们的生活更为幸福。在这种情况下，希望走

---

① 衣俊卿：《现代性的维度》，黑龙江大学出版社、中央编译出版社 2011 年版，第 148 页。

② 同上书，第 149 页。

③ 同上书，第 149—150 页。

出家庭寻找属于自己的职业发展之路的女性家政学家与家政学学科在商业机构中的巨大价值为她们赢得了各种各样的工作机会。家政学家希望在商业利益与专业伦理之间取得平衡，为民众的生活质量提升做出应有的贡献。

2. 商业机构中的家政学学科

（1）理性消费的专业伦理

在 20 世纪 20 年代，日益增加的家政学毕业生开始在教育领域之外的部门就业。玛丽·基昂（Mary Keow）是美国洗衣机制造商协会（American Washing Machine Manufacturer's Association）的成员，提议家政学家在商业中工作可以扩大专业的权力基础，她建议在美国家政学会内部建立不同的部门，发展出一种专业伦理。家政学家的社会服务和教育导向、作为科学家的培训经历及对于妇女视角的天生的敏感，可以使她们成为理想的消费者与生产者之间的解释者或传递者。基昂所提倡的是一种理性消费的伦理。在家政学家所构思的理想的消费社会中，生产者制造的产品能够促进健康的生活，消费者在仔细的预算和长远的利益考虑之下进行系统的购买选择。通过建议小册子、讲座和收音机节目，家政学家可以在所有领域领导美国家庭主妇的饮食和经济实践。

事实上，家政学家的商业工作在 1920 年已经不是新鲜事了，早在 19 世纪 80 年代，家事科学家如罗若（Sarah Tyson Rorer）就为商业提供咨询服务。① 第一次世界大战后，日益增长的家政学毕业生已经在食品制作业、女性杂志、公共事业公司、银行和零售机构找到工作。到了 1925 年，很多公司都成立了家政学学科或家庭服务部门来帮助理解消费者并控制他们对于产品的需要。美国家政学会的商业部（Business Section）第一届成员就包括了 91 个女性。到了 1940 年，这个部门包括了 600 多位在各种公司就业的人员。虽然家政学毕业生的就业发生了转变，但早期的家政学家还是具备了家政学学科女性的特别的责任。这些家政学家认为教育与职业是可以互补的，并发展了一个理论框架，包括：第一，她们的工作是教育性的；第二，她们代表的是女性的观点；第三，她们推进科学和客观性；第四，她们是消费者市场中的解释者和外交家。

---

① Emma Weigley, Sarah Tyson Rorer, *The Nation's Instructress in Dietetics and Cookery*, Philadelphia: American Philosophical Society, 1977, p. 42.

（2）家政学学科商业实践的案例分析

家政学学科在商业中的广泛参与，促进了科学技术进入美国千家万户的日常生活。家政学学科在推销生活产品的同时，注意研究消费者的需要、与消费者进行充分的沟通并对消费者提供科学展示和解释说明，促进了现代化精神在日常生活领域的渗透。

案例一：美国康宁公司的麦特白。

20 世纪上半叶，家政学家露西·麦特白（Lucy M. Maltby）在康宁公司的工作经历说明了家政学学科在商业中的巨大价值。麦特白有着康奈尔大学家政学的学士学位、爱荷华州立大学的家政学硕士学位及 7 年家政学教师经验。麦特白来到康宁公司后，说服公司经理让她进行市场研究，检验并发展产品，扩大消费者群体。在 1929 年 7 月，她筹建起建立家政学部（Home Economics Department）。麦特白认真研究了消费者的投诉信，于 1931 年成立了测试厨房（the Test Kitchen），成为公司的消费者产品创新的中心。① 所有产品在投放生产前都要在厨房进行测试，康宁公司男性经理认为他们可以带来女性的视角，认为家政学是一项很好的投资，可以改进公司的市场和女性消费者。另一方面公司也为家政学家提供了创造性的职业发展的机会。虽然她们的专业知识为公司做出了巨大的贡献，但仍被概括为女性的工作，她们所得的薪水远远低于公司中的男性。商业公司雇用家政学家的主要目的在于利用家政学的科学知识、公众形象及独特的女性视角，来拓展消费市场。让家政学家代表公司形象，让消费者将公司产品与高质量的生活联系起来，这种策略在战后发展为专业的公共关系和市场研究。

案例二：美国农村电气化运动中的家用电器推广。

从 1925 年到 1950 年间，家政学家参与到美国农村电气化运动中，为推广家用电器做出了巨大的贡献。进步主义时代将电看作现代化的力量，清洁城市，改进家庭，让农村生活更为美好，让工厂建在更为远离市中心的地区，从而将工业分散发展。② 20 世纪初，罗斯福政府建立了颇有影响的农村生活委员会（Country Life Commission），从那个时候开始美国政府

---

① Sarah Stage, Virginia B. Vincenti, *Rethinking Home Economics: Women and the History of A Profession*, Ithaca and London: Cornell University Press, 1997, pp. 170 - 171.

② James W. Carey, John J. Quirk, "The Mythos of the Electronic Revolution", *American Scholar*, Vol. 39, 1970, pp. 219 - 241, 359 - 424.

发展了农村的生活运动（Country Life Movement），运动的目的是通过专家知识来提高农村生活的质量。之后这种思想整合进了 1914 年颁布的《史密斯—利弗法案》中，建立了后来的农村农业和家庭展示代理系统。

在这场电气化运动中，家政学家作为农业部扩展服务的人员及其他公共事业公司和联邦机构的技术专家。从 20 世纪 20 年代开始，家政学家开始为电器厂商、公共事业部门和政府机构工作。作为"现代性"的代理人，家政学家行动的信念是将这种技术从城市传播到农村。在罗斯福的倡导下，建立了农村电气化管理局（Rural Electrification Administration, REA），在农村建立发电厂，开始向农村推销各种电器。① 家政学学科在这种网络中发挥了重要的作用。很多公司也开始雇用家政学家来进行电器的展示，用电器进行烹饪并做一些消费者的访问等，帮助合作社来推销各种家用电器。在这一过程中，家政学家面临的困境是专业理想与商业需要之间的矛盾。一方面，她们的专业理想是教育人们进行科学的生活，家庭电器代表的是经济和效率，可以在更短的时间内让家务管理更为有效率，符合她们的工作伦理；另一方面，她们又是政府、公共事业部门和商业机构的雇员，必须按照部门的利益去做事。她们作为科学专家，来到农村为民众构想出"美好生活"是符合部门利益的。专业理性与部门利益并非在所有的时间中都是一致的，更多的是二者之间的矛盾。家政学家们在这种矛盾中往往倾向于在强大利益集团面前妥协，从而影响了专业目的的实现。

案例三：美国国家冰行业协会的彭宁顿。

彭宁顿（Mary Engle Pennington）是一个家政学家，在美国国家冰行业协会（National Association of Ice Industries, NAII）找到一份工作，协会雇用她进入新的家用制冷局（Household Refrigeration Bureau）工作并推广冰块的使用，提高与电冰箱制造商的竞争力。② 协会雇用女性是因为他们认为只有女性才能成功地将产品销售给女性，即消费者夫人（Mrs. Consumer），而家政学家则接受了这种角色，因为其为女性提供了

---

① Ronald R. Kline, *Agents of Modernity：Home Economics and Rural Electrification；Sarah Stage, Virginia B Vincenti Rethinking Home Economics：Women and the History of a Profession*, Ithaca and London：Cornell University Press, 1997, pp. 240－241.

② Margaret Rossiter., *Women Scientists in America：Struggles and Strategies to 1940*, Baltimore：Johns Hopkins University Press, 1982, pp. 258－259.

新的就业机会。最后,制作商、家政学家和家庭主妇在主导厨房的竞争中共同接受了科学的权威。①

彭宁顿在 1923 年到 1930 年期间为家用制冷局写了 13 份小册子,建立了广泛的分配渠道,包括家政学教师、家庭展示代理、福利代理和妇女俱乐部。这些小册子将家政学中的概念,如经济、效率、营养及卫生带给无数的家庭主妇,成为吸引家庭主妇的一种方式。家政学家通过强调母亲保护儿童健康的责任来告诉家庭主妇冰箱的重要性。她鼓励家庭主妇购买隔绝性能好的冰箱,并交给她们如何正确使用,可以更为经济有效率地管理家庭。NAII 的成功在于充分利用家政学的概念来进行宣传。顾客是为家政学家所代表的科学概念埋单。

通过家政学家推广各种便利生活的产品,为美国民众构造出一幅美好生活的画面,让民众通过购买产品达到所谓的美好生活水平。尤其是第二次世界大战后,消费主义的兴起,家政学学科与商业联盟,成为更大的推广家庭服务产品的平台。

(3)商业利益与专业伦理的冲突

从上述案例分析中已经可以看出家政学学科专业伦理与商业利益之间的冲突。最初,家政学家认为她们的工作在商业中能够增强美国家政学会的教育目标和组织的声誉。她们认为自己同时也是教育者,利用商业的巨大财力可以进行正确生活的宣传。② 家政学家认为教育性使命能够启蒙商业及消费者。通过教育商业部门,她们希望能够提升产品质量的标准并让银行、制造者和公共用品公司更多地思考产品的服务性。有些家政学家甚至走得更远,认为商业工作可以改进产品并减轻妇女对于男性主导世界的依赖。这些思想所代表的都是中产阶级白人女性对生活产品质量的较高期望。家政学这个术语传达的不仅仅是一种四年制的家政学大学教育,还包括商业家政学家的理想——对于科学和客观性的信念。但家政学家的这种思想掩盖了两种不平等的团体之间的问题。事实上,商人最终服务的目的

① Lisa Mae Robinson, *Safeguard by Your Refrigerator: Mary Engle Pennington's Struggle with the National Association of Ice Industries*; Sarah Stage, *Virginia B Vincenti Rethinking Home Economics: Women and the History of A Profession*, Ithaca and London: Cornell University Press, 1997, pp. 254 - 255.

② Jean K. Rich, "The Food Manufacturer and the Trained Woman", *American Food Journal*, Vol. 18, 1923, p. 176.

是公司利润而不是消费者或专业目标，在家政学家的地位与商业地位相吻合的情况下才会雇用她们。对于公司来说，新产品的推广是非常难的，他们需要读懂潜在的市场并倾听消费者的声音，而家政学家的教育经历正好符合他们的需要：适合做公共关系工作，帮助公司建立良好的形象。他们利用家政学家的形象的原因有两点：一点是家政学家的科学教育让她们适合做客观标准的承担者，另一点是家政学家都是女性，天然地就适合反映出一种人性的、友好的形象。

这种冲突反映在现实中，表现为家政学家的专业地位并没有得到真正的承认。在20世纪20年代早期，雇用家政学家成为公司进步的品质证明。虽然有的公司建立了家政学部，有的是家政学家自己在公司找到了位置，但家政学家在公司的地位却相对较低。家政学家早期的工作非常广泛，包括了对消费者进行产品的讲解，测验产品的质量，将消费者引荐给经理，甚至是开发产品，但其中最重要的就是向消费者介绍产品。她们主要通过两种渠道来呈现信息：完成的烹饪书、食谱小册子、其他宣传册及向公众进行展示。家政学家为公众接受新产品及新的生活方式铺平了道路。到了1920年，家政学家负责讲授产品知识，男性则负责销售产品。虽然家政学学科的工作与销售人员有很多交叉，但仍然很少有女性直接做销售工作。由此可以看出，家政学家在公司中承担了很多重要的工作，但与其在公众面前的形象相比，她们在公司中的地位非常低。她们没有占据一个具有专家权力的部门。① 甚至到了20世纪30年代中期，当超过500名家政学家在商业就业时，还有一个家政学家提到她的一位男性同事并不同意女性在公司谋求职位。女性在商业中的参与仅仅是因为性别对于商业的价值，另外公司的相对高薪也吸引了大量家政学家的加入。

到了20世纪30年代末，家政学家已经在各大主要的消费产品公司占据了一定的位置。但家政学理想中的理性消费者和生产者的和谐场景从来没有出现。因为从最基本的层面来说，消费者的利益与公司的目标并不经常是一致的。商业家政学家只有在公司雇用家政学家作为科学家的时候，并且这种对于服务的定义是有利于公司利益的时候才能维持家政学教育和客观性的目标。进一步来说，消费者也没有必要在购买产品的时候掌握所

① Sally Gregory Kohlstedt, "In from the Periphery: American Women in Science, 1830–1880", Signs, Vol. 4, 1978, pp. 81–96.

有理性消费的伦理。随着消费者研究的兴起及营销作为一个专业领域，服务与销售之间的矛盾开始加剧。家政学家面临着越来越多的质疑。随着家政学家离销售越来越近，一些家政学家开始在更为商业化的基础上进行活动，而另一些还坚守着之前的信念。

在 1929 年出版的《销售给消费者夫人》（*Selling Mrs. Consumer*）一书中，分析了家政学家与消费资本主义之间的关系。书的作者是著名家政学者克里斯蒂娜·弗雷德里克，她是科学管理家庭的代言人。她在书中告诉男性制造者和广告商一个道理：女性购买权力和怎么控制这种购买力的重要性。[①] 很多学者使用了弗雷德里克来代表家政学家，将之作为公司控制的工具，对家政学学科发展产生了负面的影响。也有家政学家看到了背后的这种控制，提出反对弗雷德里克的观点，如联邦职业教育署（Federal Bureau of Vocational Education）的安娜·博迪克（Anna Burdick），认为商业部门仅仅将家政学家视为公司的工具，她提出将弗雷德里克作为家政学运动的代言人是不恰当的。

总体看来，家政学学科参与到现代经济运行中，体现出理性的维度。家政学家在商业部门中的实践，尤其是教育性活动，客观上促进了非日常生活世界与日常生活世界的联系，将理性的生活方式渗透到千家万户，提高了美国公众自身的现代化水平。但这种专业理性与商业部门的利润相结合，则略显单薄，导致家政学家在一定程度上充当了商业部门的推销手段。在理性化的经济运行中，各个部门都按照理性来运行，但这种理性并不是朝着同一的方向发展的。在不同部门利益的较量下，理性往往站在实力较强的一方，这种冲突显示了社会的现代性内部发展存在的张力与矛盾。

（二）行政管理领域

随着家政学学科体系的不断扩张和在各种社会实践中的广泛参与，家庭中的各种工作被提升到专业层次，如服装设计、食品与营养、儿童发展等。家政学家在社会中形成专业组织，发行专业学术杂志，进行专业教育，培养出的家政学家具备一定的专业性，如在生活产品和生活观念推广中的权威性。这种专家系统为家政学学科赢来了相应的社会地位和财富。

---

① Christine Frederick, *Selling Mrs. Consumer*, New York: Business Bourse, 1929, p. 120.

家政学学科的这种专业发展思路是现代社会中科层管理不断深化的必然结果，这种专业性保证了家政学毕业生可以在社会各部门找到"对口"的工作。

1. 行政管理的科层化

科层制（Bureaucracy）在韦伯看来，是特指在西方现代法治国家中的理性化管理体系，它以追求管理的高效率为宗旨，强调通过职务的等级制和科学的分工来行使精确的管理。韦伯虽然在论述中常常使用"行政管理"的概念，但是这并不是特指政府机关的狭义的行政管理。实际上，在现代社会随着经济、政治、科技等各个领域活动的社会化、规模化和组织化程度的提高，任何一个组织、单位、团体都离不开完善和复杂的管理机制，管理的理性化、精确化和高效率已经成为现代社会各个领域的普遍要求。①

在韦伯看来，科层制的基本特征主要包括：官职事务的运行受规则的约束；实行基于分工的职务等级原则；确立议事的技术性规则和准则；职位超越了任职人员的私人占有；实行行政管理档案制度原则，等等。② 显而易见，这是一种依据现代科学的可计算性原则和理性化原则，凭借着工具理性建立起来的分工清晰、层级和职责分明的理性化管理体制。因此，韦伯在这里特别强调科层制得以确立的重要科学和技术基础：专业知识。他指出，"官僚体制化的行政管理优越性的强大手段是：专业知识；专业知识的不可或缺性是受货物生产的现代技术和经济制约的，不管这种生产是按资本主义方式，或者——如果要达到同样的技术效率，那只能意味着极大地提高专业官僚体制的意义——按社会主义方式组织的。"③

韦伯认为科层制的突出特征和基本规定性是建立在现代科学技术基础之上的管理的高效率。韦伯断言，科层制存在于社会运行的各个领域之中，甚至"构成了现代西方国家的胚胎"。④ 韦伯并没有因为科层制自身的缺陷，以及它对人的创造性的压抑等危机特征，而否认科层化的价值，更没有把科层制当作可有可无或者可取可舍的东西。韦伯强调，科层制的

---

① 衣俊卿：《现代性的维度》，黑龙江大学出版社、中央编译出版社 2011 年版，第 164 页。

② ［德］马克斯·韦伯：《经济与社会（下卷）》，林荣远译，商务印书馆 1997 年版，第 243—245 页。

③ 同上书，第 248 页。

④ 同上。

结构的传播是建立在它的"技术的"优势之上的，而且现代科学技术的飞速发展在不断强化着这种优势，同时，现代社会各个领域的组织化和规模化程度的提高又在不断增强对于可计算性、精确化的科学管理的要求。① 这种依据工具理性精神和不断进步的科学技术手段所形成的理性化的管理机制和管理模式，有着特别的高效率和特别的力量，人们只是对之加以修补，而无法取消它。②

现代社会凭借着理性精神建立了分工清晰、层级和职责分明的理性化管理体制。各种专业人员掌握着不可或缺的专业知识各司其职，分工合作，共同致力于经济和管理效率的达成。家政学学科的研究对象主要是日常生活领域的各种活动，其专业性一直受到置疑。为了提高学科的地位，家政学家努力通过各种方式将学科的专业知识列入社会分工的系统，从而让学科成为一种社会运行中的必需品而得到应有的重视。

2. 科层制中的家政学学科

科层制中的家政学学科将自己定位为科学生活方式的推广者和教育者，家政学家成为生活专家。以美国家政学会为代表的家政学家通过一系列公共领域中的专业活动赢得了公众的信任，从而获得了相应的专业地位和权威，并开始受雇于政府、商业、教育等部门，成为社会不可或缺的专家。

（1）家政学学科作为一个专业

专业职业在规模和声望方面的增长是美国进步主义运动时代的主要发展之一，它意义深远地重塑了美国的社会结构、文化并提供服务和解决问题的方式。像医务、法律、工程技术、学术圈和社会工作这样的专门职业就是在这些年里形成了它们现代的规模。还有一些像教学、图书馆业和看护那样的专业，它们刚刚开始争取专业自主权和地位的进程。③ 家政学学科在这种专业化运动的影响下，努力提高学科的专业性，目的是在社会中占据一定的地位和权威。

其一，家政学专业标准。

1989年，奥斯汀（Michael J. Austin）凭借较有权威性的研究成果，

---

① 衣俊卿：《现代性的维度》，黑龙江大学出版社、中央编译出版社2011年版，第164页。

② 同上书，第165页。

③ ［美］史蒂文·J.迪纳：《非常时代——进步主义时期的美国人》，萧易译，上海世纪出版集团、上海人民出版社2008年版，第185页。

概括了专业的 13 项特征：第一，服务于社会的意识，终身献身于职业的志向；第二，仅为本行业人所掌握的明确的知识技能体系；第三，将研究成果和理论运用于实践；第四，长时间的专业训练；第五，控制职业证书的标准和资格认定；第六，拥有选择工作范围的自主权；第七，对所做出的专业判断和行为表现负责，设立一套行为标准；第八，致力于工作和为当事人服务，强调所提供的服务；第九，安排行政人员是为了方便专业工作，而非事无巨细的岗位监督；第十，专业成员组成的自我管理组织；第十一，专业协会或特权团体对个人的成就给予认可；第十二，一套伦理规范，帮助澄清与所提供的服务有关的模糊问题或疑难点；第十三，较高的社会声誉和经济地位。[①] 奥斯汀指出，其中的四项是最重要的专业特征：有一套完善的专门知识和技能体系作为专业人员从业的依据；对于证书的颁发标准和从业的条件有完善的管理和控制措施；对于职责范围内的抉择有自主决策的权力；拥有相当高的社会声望及经济地位。

　　根据以上标准，可以衡量家政学学科的专业化程度。首先家政学学科专业提供了一系列有利于社会的服务；其次，这种专业性得到监督，以保证这个领域的实践者参与到道德防护活动中。进入学科的实践领域通过一个认证或资格考察的过程（Licensing or Certification）来进行以保证道德防护工作；再次，家政学知识的独特性。独特的知识体系一直是家政学家遇到的问题。家政学学科的跨学科特征决定其必须从一系列学科中汲取知识，然后进行批判性的检验，组织成服务于学科的社会目的实践应用的知识。最后，家政学学科的专业判断具有道德性。布朗和保罗西非常深刻地解释了家政学学科专业的道德性内涵："成为一个专业，家政学学科必须参与到自我反思和自我批评中来，将自己呈现于公众面前接受检验，否则这个领域就带着一定的风险，即参与到非专业实践和非伦理行为中。为了防止这种毁灭性的情况，家政学家的职前和在职行动必须尊重探索的精神，不断地努力来改进并定义理论和实践。作为一个真正的学科和专业人士，我们必须对人类的生活条件进行批判，这就意味着要调查并制止那种由社会中权力不平衡所导致的社会和个人损害。我们要为实践而努力，即保持对于社会化中不平等现象的关注，将不断地批判中得出的见解与社会

---

① 转引自褚宏启、杨海燕等《走向校长专业化》，上海教育出版社 2009 年版，第 7 页。

与政治行动相联系。"① 由此可见，家政学学科已经具备了基本的专业特征。

其二，家政学专业化发展轨迹。

美国在19世纪出现了专业化运动，这种现象是科学发展到一定程度的产物。随着科学知识的迅速增多，各种知识在工业、法律、政府、教育、社会福利和美国生活其他方面得到广泛应用。科学的不断分化使得专业知识之间的界限越来越大，掌握一种专业知识的人士在特定的领域中具备了解决这类问题的专业能力，从而促生了一系列专业化的职业。这种专业化发展不断深化："受过最好教育和最成功的从业者提高了他们的声望和经济报酬。他们往往通过州内颁发许可证的机构（在一个禁止政教合一的国家里，神职人员是没有指望获得这种待遇的）试图限制该专业的成员人数。他们建立协会，从而在本地、州和国家层面上获取对自己职业之开业权的控制，他们还得到了公众对于他们专业技能的认可。"②

家政学学科创始人理查兹1909年成为美国家政学会的会长。在成为一个专业之后，家政学学科给女性更多的发展机会。美国历史学家迪纳指出，"在家政这样的女性导向专业中，就像在女生学院中，女性大学教师中的佼佼者可以能够享有男性在绝大多数大学和学科里行使的自主权，这些自主权体现在录取学生、委任职务、课目安排、研究和出版等方面。新型学术专业的男女领袖们还积极寻求公众对他们专业知识的认可。"③ 由此可见，家政学学科作为女性家庭领域的一种自然延伸，希望同男性控制的那些专业里的同行一样，对家庭工作进行专业化，通过一定的专业化发展途径，对教育程度有限者的执业权设法加以限制，逐渐主宰了这些女性工作的学校、医院和其他机构。

美国家政学会自成立之后，就在全国的家政学学科发展上起着领导作用。作为全国最大的家政学家的团体，美国家政学会代表了主流的家政学学科观点和发展方向。1912年美国家政学会对于家政学学科进行说明：家政学学科是一个独特的教学科目，包括食品的经济、卫生和审美，服

---

① Marjorie M. Brown, Paolucci Beatrice, *Home Economics: A Definition*, Washington, D.C.: American Home Economics Association, 1979, p. 112.

② ［美］史蒂文·J. 迪纳:《非常时代——进步主义时期的美国人》，萧易译，上海世纪出版集团，上海人民出版社2008年版，第185页。

③ 同上书，第179页。

装、住所的挑选与备置，供家庭成员或其他人的使用。这种观点指明了家政学学科独特的知识体系。在学科建立之初及普莱斯特湖会议之后，家政学表现出非常强烈的社会改革精神和热情。经过了进步主义时期的几个公共运动，家政学初步获得了一定的专业地位。但此后的文献显示（1909年到20世纪40年代期间），家政学关于社会行动观点的完全转变，少了对社会的批判，更多的是要求家庭适应社会，并极力维护主流的专业形象和地位。这种变化反映了专业人员的一种妥协，一旦拥有了一定的权利和地位，就会放慢或停止改革的步伐，唯恐失去已经获得的利益。随着家政学学科逐渐得到社会的认可，其批判性力量减弱。在20世纪40年代，家政学杂志发表了很多文章，主要强调的都是家庭的适应问题。例如，缪丽尔·布朗（Muriel W. Brown）写了《目前家庭适应的教育》（*Education for Family Adjustment Today*），很明显目前的情况要求家庭成员必须作出极为艰难的调整，家庭需要在变化的社会中调整这种社会混乱中的压力和损耗。① 在20世纪30—40年代，家政学学科和其他与家庭相关的社会科学都更多地要求家庭接受社会结构和社会条件。

家政学学科专业化发展到了20世纪后半叶，随着学科困境的深化而相对停滞，这种现象集中表现为家政学学科专业内部并没有形成一种自我认同和外部社会认同。首先，家政学学科的知识体系在缺少一个整体性理论框架的整合下趋向于分裂。虽然家政学领导人采取了一系列的措施，但却没有产生实质性的效果，反而在学科的改造和重建中被男性化。其次，激进女权主义的猛烈抨击及家政学人本精神的相对薄弱，使得学科在20世纪70年代后被贴上了落后的标签，社会声望极度下降。再次，学科内部技术理性的过度膨胀导致了家政学缺失了学科应有的道德判断，成为无反思的应用科学技术的平台；最后，美国家政学会对"任何对家政学学科感兴趣的人士"都开放的宽松标准让家政学专业队伍中鱼龙混杂，在长期以来缺乏一致认可的概念和理论基础的情况下，家政学学科发展非常混乱。因此，即使美国家政学会在70年代从内部和外部两方面进行了一系列的专业重建活动，仍然没有起到期望中的效果。

20世纪80年代之后，家政学学科总结了过去长达30年的反思活动，

---

① Muriel W. Brown, "Education for Family Adjustment Today", *Journal of Home Economics*, Vol. 33, 1941, p. 225.

吸取经验继续推动家政学学科的专业化建设。美国家政学会统一了学科的知识体系和教育标准，重新将家庭在社会中进行了准确的定位——消费单位，采用人类生态学的框架将家政学学科建设为一个开放的系统，充分吸收了当代可持续发展、环境主义、批评理论等最新成果，对家政学学科的技术理性进行了严格的限制，将学科描述为21世纪公民必须掌握的核心知识和技能，为家政学学科的专业化建设奠定了重要的理论基础。

（2）家政学"专家系统"的形成

吉登斯认为，现代性的生成实际上是一个社会行动从原始地域性情境中脱离出来，然后用"人为的"理性化的抽象体系"再嵌入"的过程。家政学学科的专家系统的形成就是这种再嵌入的过程。家政学学科从自在自发的家庭生活中脱离出来，成为一种非日常生活的精神生产领域后再进入日常生活中，"用一种新的'人为的'运行机制和运行规则或模式去取代原有的自然的和经验的社会机制"，[1] 进而成为指导日常生活运行的科学指南，"由此形成了理性化的生存环境和社会运行机制"。[2] 家政学家在这种"脱域"的过程中形成了独特的专业知识，将理性化的抽象体系嵌入自在自发的日常生活中，将日常生活与非日常生活关联起来。

家政学家要想成为专家，就需要得到民众的信赖。在技术理性无限扩张并被奉为圭臬的时代，早期的家政学家借助科学技术，如物理学、化学和生物学等的最新研究成果，将家庭的各种工作进行分解，使用科学的方法进行研究。但这种科学化的知识能否真正得到专业的地位，还需要得到社会的认可和民众的接受。从家政学学科的发展史来看，其在进步主义运动、经济大萧条和两次世界大战等多次重大事件崭露头角，为民众的营养健康、儿童保育等工作做出了重大的贡献，从而赢得了社会和民众的认可，初步形成了一个家政学的专家系统。在这个系统中，科学知识、社会的需要和民众的接受三方面缺一不可。但这一过程并非一帆风顺。事实上，美国家政学学科专业化道路至今尚未完成，仍有很多主流学科不承认其专业的合法性。原因如之前分析的所述，其中学科的女性特质和理论基础较为薄弱是影响家政学学科专业化的最大障碍。下文以家政学的分支

---

① Anthony Giddens, *The Consequences of Modernity*, Stanford, California: Stanford University Press, 1990, p. 21.

② Ibid.

"儿童保育与发展"（The Care and Development of Children）为例，阐述家政专家系统的形成。

其一，科学知识的创生。

理查兹时期，家政学家就认为妇女应该成为家庭的工程师，她们所代表的是效率、创造性和专业技能。家政学家通过给母亲提供现代科学技术，为的是取消传统家庭的母亲角色与现代技术社会之间的边界。母亲被要求使用行为科学中儿童保育的策略而不是自然的本能，为了减少家庭与工作之间的差距，家政学家将母亲定义为需要专业教育和专家知识的角色。母亲应该作为儿童发展和父母教育的专家，其角色的现代化可以增加妇女的职业机会。但最初的家政学学科中儿童保育只占据了很小的位置，主要是婴儿的生理护理。随着行为科学的发展，儿童保育与发展逐渐成为家政学课程中的重点。

家政学家对于儿童发展的兴趣受到学术界男性研究者的怀疑和反对。他们不愿意和家政学家联合，担心与家政学这样性别化的学科联合会影响他们的专业形象。另外，他们还担心家政学家的家长教育协会破坏他们提升儿童发展研究权威的努力，即心理学和医学的合法承认。对于家政学家来说则相反，她们希望通过与这些学科联合来提升地位，但她们了解到男性同事更希望她们成为知识传播者而不是生产者。

其二，社会的需要。

20世纪初，美国人越来越关注儿童的生理和心理发展问题，如1909年美国政府召开了白宫儿童会议（White House Conference on Children），并成立了美国儿童署（U. S. Children's Bureau）。这个阶段还出现了以关注儿童为中心的专业，如儿科和儿童心理学。婴儿健康和喂养的进步让婴儿死亡率大大下降，并增强了人们将科学原则应用于儿童保育的信念：科学的方法可以让父母养育出更为健康、适应环境的和守法的公民。在1920年儿童训练和心理学成为全国关注的问题。① 1917年一份大学女生的课程需要调查显示80%的被调查者认为家政学的项目要包括儿童研究。1929年美国家政学会的主席凯瑟琳·布朗特（Katherine Blunt）认为未来美国家政学会中已婚的家政学毕业生将成为潜在的力量，家政学家应该继续发

---

① Richard A. Meckel, *Saving the Babies*: *American Public Health Reform and the Prevention of Infant Mortality*, 1850 – 1929, Baltimore: Johns Hopkins University Press, 1990, p. 94.

展诸如直接影响成人家庭主妇生活的儿童培训类的课程研究。① 美国家政学会开始在 1924 年的大会上支持家长教育运动，并计划着发展儿童养育管理课程，并在公立学校、大学和扩展机构中开设。家政学家利用家政学学科与农业的联系将儿童养育课程成功地引入赠地大学并成为家政学项目中的核心课程。②

洛克菲勒基金会的慈善家劳伦斯·弗兰克，为家长教育运动筹得了重要的资金支持。1923 年，弗兰克被要求发展一个计划来资助一个儿童项目，来解决当前的儿童问题。他提出的方案是通过科学信息的传播来解决问题。弗兰克认为妇女在家庭改革中处于核心地位，不但因为她们是母亲，还因为她们是妇女俱乐部的成员、教育者和研究者。他的计划包括了妇女的儿童发展和家长教育中的奖学金；资助妇女在家长教育的俱乐部工作；确立家政学家在将儿童发展运动传播到美国公众中的核心地位。③ 1925 年，弗兰克和加利福尼亚大学家政系的领导讨论了洛克菲勒基金会对于美国家政学会中家长教育的资助问题。家政学会在1926 年得到了为期四年的资助（第一年 10000 美元，以后三年每年8000 美元的资助）。在这个契机下，家政学学科的儿童保育与发展知识得以广泛地传播。

其三，民众的接受。

在接受了各种社会机构的专业资助之后，家政学与各州农业拓展机构展开了合作，推广儿童保育的科学模式。纽约州是家政学在家长教育拓展机构中做得比较出色的一个成功案例。纽约州于 1928 年接受洛克菲勒基金会的资助建立起家长教育署，康奈尔大学承办了儿童发展拓展教育机构。1925 年康奈尔大学从洛克菲勒基金会那里接受了为期四年的资助，并建立了儿童发展与家长教育系（后来称为家庭生化系），还有一个附属

① Katherine Blunt, "President's Address. The Unity of the American Home Economics Association", *Journal of Home Economics*, Vol. 1926, p. 552.

② Julia Grant, "Modernizing Mothers: Home Economics and the Parent Education Movement, 1920 – 1945", *Rethinking Home Economics: Women and the History of a Profession*, Ithaca and London: Cornell University Press, 1997, p. 59.

③ Emily Cahan. Science, "Pracitce, and Gender Role in Early American Child Psychology", *Contemporary Constructions of the Child: Essays in Honor of William Kessen*, N. J.: Lawrence Erlbaum Associates, 1991, pp. 231 – 33.

的护理研究和家长教育的学院。玛格丽特·怀利（Margaret Wylie）是儿童研究的拓展专家，成立了康奈尔儿童学习俱乐部，作为农业拓展项目的组成部分。怀利和同事培训了大批的家政学学科拓展工作者，从 20 世纪20 年代末持续到 20 世纪 40 年代，有效地为纽约的上万个家庭传播了儿童发展的理论。

康奈尔儿童学习俱乐部始于 20 世纪 20 年代，那段时间人们非常关注不正确进行儿童早期教育所产生的危害，因此出现了众多关于美国家长养育孩子的建议。当时比较流行的儿童保育观点主要是行为主义和发展主义的观点。华生的行为主义观点影响巨大，这种教育观与当时家政学学科的核心思想非常一致，即对于科学解决社会问题的可能性的信念。① 同时，杜威和霍尔（Granville Stanley Hall）提出一种发展主义的儿童培养的观点。行为主义者和发展主义者的共同点在于重视儿童发展的早期阶段。大多数康奈尔儿童学习俱乐部的母亲对于行为科学的发现很感兴趣，同时也怀疑实验室产生的关于儿童保育知识的正确性。很多母亲仍然相信保育和关心要优先于严格的惯例，不愿意让科学渗透进儿童保育的所有过程。行为主义最有影响的方面在于不承认遗传对于个性和行为的影响，但仍有很多母亲不接受这种观点。这种现象反映了日常生活中的重复性经验性的思维方式在过去被证明是行之有效的，科学知识在早期并不能直接进入人们的日常生活世界。家政学学科专业知识批判和重建日常生活的过程不是一蹴而就的，一方面需要证明专业知识对儿童保育的实践效果，另一方面需要将儿童保育知识中的理性精神渗透进人们的生活方式，从而完成人们对家政学学科专家系统的信任。

在 20 世纪 20 年代末和 30 年代早期，康奈尔儿童学习俱乐部集中在关于幼儿保育和训练的话题上，尤其是母子关系上。这种讨论的结果是从早期的家长教育运动对于个体儿童的重视转到更为广阔的家庭与社会关系中，其中包括父亲对家庭成功生活的重要影响。在 20 世纪 30 年代，家政学家对于男性是否和女性一样应该参与到家长教育的课程中展开了讨论，学习小组的母亲们也开始了讨论他们的婚姻关系，家长教育者将民主的概念应用到夫妻关系中，批评了丈夫在家长教育中责任的缺乏，但这种批评

---

① Fred Matthews, "The Utopia of Human Relations: The Conflict – Free Family in American Social Thought 1930 – 1960", *Journal of the History of the Behavioral Science*, Vol. 24, 1988, p. 343.

不是挑战传统的性别模式，而是在现有的结构下进行改变。在 20 世纪 30 年代康奈尔儿童学习俱乐部开发了一系列针对家庭主妇需要的课程，这些主题包括超过 40 岁女性的职业、空巢家庭综合征、家庭主妇的更年期和幸福等。一个最重要的主题就是关注妇女作为一个人的需要，与妻子和母亲的角色分开。① 儿童学习俱乐部给家庭妇女带来了发展理性与沟通技能的机会，在一定程度上也促进了社会的改革。关于学校操场、公共健康问题、衰退的经济对于儿童发展影响的问题都得到讨论。一些成员支持儿童健康日，建立了学校图书馆，并为年轻人提供娱乐活动，学习小组还为妇女提供了发展她们领导才能的机会。康奈尔儿童学习俱乐部由专业的家政学家组织，为家庭主妇们提供了一个可以批判性反思儿童保育实践和学习专业文献的机会，被视为重要而成功的成人教育的示范。随着家政学的课程越来越与家庭主妇们的日常生活相结合，提高了她们思考问题的能力并解决了部分实际生活中的问题，家政学的专业知识逐渐得到主妇们的认可和接受。

在社会需要和民众接受的基础上，家政学的专业知识逐渐得到认可。但这种专家系统的形成过程存在着一个重要的不足，就是并没有批判性地认识这种家庭中的性别分工结构。朱莉娅·格兰特（Julia Grant）提道："家政学家希望将家长教育定义得更广泛一些，但始终没有能够让男性参与进来。家政学家意识到她们训练女性的困境：学科要求妇女对于家庭忠诚，但家政学家却追求职业。家政学家似乎支持妇女的传统地位，同时又追求一种去性别化的传统妇女工作，通过在男性社会中重新定义这种工作来完成。这种趋势反映在她们在儿童养育讨论中使用的语言上。将为人父母（parenting）取代了母亲养育（mothering）。"② 这种情况反映了家政学学科人本精神维度的不足所导致的专家知识的局限性。似乎这种知识的专业性只是得到了家庭主妇们的认可，而男性不愿意来参与儿童保育的学习，儿童心理专家不愿意承认家政学家所进行的这种专业实践的学术性。美国家政学家所创造的这个独特的妇女教育机构，将 19 世纪的母性主义

---

① Julia Grant, Modernizing "Mothers: Home Economics and the Parent Education Movement, 1920–1945", *Rethinking Home Economics: Women and the History of a Profession*, Ithaca and London: Cornell University Press, 1997, p. 69.

② Ibid., p. 73.

和 20 世纪的科学女性气质相调和。① 尽管这个专家系统遭到了一定的质疑，但的确提供了一个发展的路径：在儿童学习小组中妇女学习到了现代性的儿童保育与发展知识，并对家庭生活的各种问题进行理性反思，从而促进了她们自身现代化的进程。

（3）农村家政推广

家政学学科专家系统的形成，为家政学毕业生进入各种相关部门进行专业工作奠定了重要的基础。最典型的例子就是在美国农村家政推广运动中，大量家政学毕业生进入美国农业部的家庭署开展家庭展示代理工作，充分体现了家政学学科作为一个专业开始得到官方部门的认可。

1908 年，罗斯福总统委派农业教育家、编辑、乡村运动组织者和公务员成立了一个农村生活委员会，带头人是康奈尔大学纽约农业学院的院长理伯蒂·海德·贝利（Liberty Hyde Bailey）。在对美国农村状况进行了充分研究之后，委员会得出结论，在时代需要组织化之际，农民们墨守传统的个人主义，没有适应现代的实际情况。因而，包括土地投机、对自然资源的管理不善、公路和学校及卫生设施的不足、劳动力短缺、农村妇女的不幸情形在内的这些因素给农村带来了损害。② 由此可见，美国农村生活中的生活方式还没有走出日常生活世界，因此需要通过非日常生活世界的理性精神对其进行适当的批评和重建。到 19 世纪末 20 世纪初，大多数州都资助农业学院，同时，接受政府拨地建立的大学也设立了农业推广部。1887 年的《哈奇法案》和 1906 年的《亚当斯法案》对于提高农业生产力的研究给予联邦资金。③ 1914 年颁布《史密斯—利弗法案》规定，在州立大学建立合作农业推广站，向没有进入农学院学习的人们提供农业、家政及相关方面的知识和信息、指导和示范。由此，美国形成了一个全国性农业推广体系，活动内容以农业技术咨询和示范、家政咨询和 4H（Head，Heart，Hand，Health）青年指导三方面为主，活动范围遍及全国

---

① Julia Grant, Modernizing "Mothers: Home Economics and the Parent Education Movement, 1920 – 1945", *Rethinking Home Economics: Women and the History of a Profession*, Ithaca and London: Cornell University Press, 1997, p. 74.

② ［美］史蒂文·J. 迪纳：《非常时代——进步主义时期的美国人》，萧易译，上海世纪出版集团、上海人民出版社 2008 年版，第 111—113 页。

③ 同上。

所有农村地区。旨在鼓励青少年从做中学，提高其生活技能（见图3-2）①。从联邦到州、县政府都设有专门的农业推广机构，形成了以州立大学为依托，教育、科研、推广有机结合的一体化推广模式。

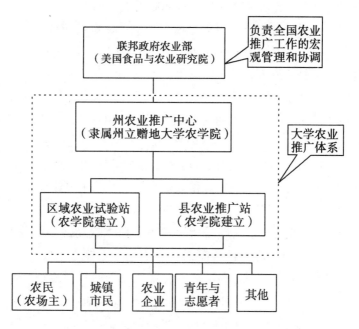

图3-2 美国农业推广体系的基本构架示意图

资料来源：张正新、韩明玉、吴万兴等：《美国农业推广模式对我国农业高校的启示与借鉴》，《高等农业教育》2011年第10期。

家政学家作为改造家庭日常生活的专家，自然在此运动中得到了一定的重视。1915年，美国农业部成立家政科，1923年又扩大为家政局，负责农村家政学教育的推广。全美几乎所有州和县农业推广机构都设有家政推广员，其主要职责之一就是选拔并培训地方带头人；这些志愿带头人在家政推广员的指导和帮助下，把农村妇女组织成家庭生活各个领域的兴趣小组，② 通过家庭示范和家务咨询等活动帮助农村妇女学习有关家务料理、饮食营养与健康、服装衣着、环境美化及子女教育等方面的知识，以改变农民家庭生活条件，提高其生活质量。"示范"是家政推广运动中最先进也是最常用的方法，即从事推广服务的机构或代表首先在愿意接受新

① 王春法：《美国的农业推广工作》，《中国农村经济》1994年第4期。

② 陈福祥：《美国"农业推广运动"简述》，《中国职业技术教育》2008年第3期。

技术试验的农场里推行新技术和新工艺，用实际成果向农民展示新技术的好处，使其自愿学习和应用新技术。[①]

　　1979 年的一次全国性调查显示，大约 10% 的美国人口直接参加过家庭经济推广项目，也就是说，每年有 400 万成人参加。40% 的人说他们从大众媒体上获得过合作推广服务处发布的有关家庭经济改进项目的信息。在所有承认接受过家庭经济改进推广项目信息的人当中，大约 40% 的人肯定这些信息是有用的，通过家庭园艺、食品保存、家庭物件修理及布料制作等方面的学习，节约了许多资金。中等收入家庭与低收入家庭参加家庭经济改进项目的比例存在明显差别。因此，20 世纪 60 年代后期，专门为低收入家庭开设了"食品与营养推广教育项目"。在所有参加该项目的人中，4% 的人饮食习惯、食欲有改进，参加该项目达两年者，15% 的人感到食欲有明显的提高。家庭经济改进项目的结果主要体现在经济、营养和组织方面，相对而言，它在人的发展和增强家庭经济实力方面，不太容易量化。[②] 美国家政农业推广之所以取得了巨大成功，"在很大程度上，要归结于这种中心—边缘扩展模式的组织网络。在这个网络中，由于联邦、州、县级机构、赠地学院、农业专家和公众的共同参与，从而在管理和技术层面上有了一个强大的支撑平台，这也使农村非正规教育走上了有系统、有计划和有重点实施的轨道，足以解决农业现代化发展遇到的任何问题"。[③] 家政学学科在这一科层管理网络中起到了专家的作用，其提供的科学生活方式通过这个网络传播到千家万户，从整体上提升了美国农村日常生活的现代化水平。这种重要的贡献进一步增强了家政学学科的专业性，从而保证了家政学毕业生在相关社会机构中获得了一定的职位和权力。

（三）公共生活领域

　　家政学学科自创立起就具有一定的公共精神，这种改革精神来自于美国进步主义运动中的社会改革精神。19 世纪最后 30 年经济的迅速发展，使得美国在步入 20 世纪时，已经成为世界经济大国之一。经济的繁荣、

[①] 赵红亚：《美国农业合作推广服务计划探析》，《河北师范大学学报》（教育科学版）2008 年第 11 期。

[②] 同上。

[③] 刘廷哲：《美国农业合作推广运动的特色及其启示》，《外国教育研究》2009 年第 4 期。

城市的兴旺、向海外的扩张，使美国人表现得意气风发，对前途满怀欣喜。他们不仅深信美国历史发展的黄金时代已经到来，并且自信现在他们已经有能力纠正自镀金时代以来所存在的一切社会和经济方面的不公正现象，有可能消除特权，消灭贫困，实现社会的公正和民主。于是在各个领域中的形形色色的改革力量，有意识或者说更多的是无意识地汇成一股巨大的社会洪流，即所谓的"进步主义"运动。不少美国人认为：建立民主政府，改良和重建病态的经济，将会有助于问题的解决。① 由此可见，进步主义运动对资本主义制度的调整主要表现在社会的公共管理中，这种公共管理又包括两个层面：公共生活领域（或按习惯简称"公共领域"）和公共权力领域。这两个领域既相互关联又相互制约，前者表现为个体化的私人领域的自觉和自律，后者是国家权力的独立化。② 本书将分开来讨论这两个领域理性化对家政学学科的影响。

早期家政学家所发起的一系列公共运动都作为进步主义运动中的一部分，充分发展技术理性精神，帮助民众在社会转型中建立适合时代发展需要的新型生活方式。这种运动逐渐发展为一种专业化行为，家政学家通过各种教育性实践得到公众的认可，并在儿童发展、食品与营养、家长教育等方面树立了权威。这种实践活动不仅为家政学家赢来了外出工作的职业机会和相应的社会地位，也为公共生活领域的维护做出了重要的贡献。

1. 公共领域的理性化和自律化

相对自律的和理性的公共领域的形成，是现代性的重要标志之一，也是现代性的重要维度之一。在前现代的自然经济条件下，社会的组织方式和制度安排往往带有血缘情感的、宗法的、等级制的、地域的等自然特征，普遍自在自发的民众往往是以各种天然的共同体的方式而自在自发地生存。在近现代的社会转型中，个人逐步从家庭、家族、村落、地域等天然共同体中摆脱出来，逐步转变为具有独立地位，具有个体意识和主体意识的自由个体，并逐步形成了理性的、平等的、公共的社会生活领域，这构成了现代社会的重要层面。③ 因此公共领域是现代化发展到一定程度的产物。

---

① 庄锡昌：《二十世纪的美国文化》，浙江人民出版社1993年版，第6—7页。

② 衣俊卿：《现代化与日常生活批判》，人民出版社2005年版，第167页。

③ 衣俊卿：《现代性的维度》，黑龙江大学出版社、中央编译出版社2011年版，第166页。

　　公共领域的各种主要规定性包括：一是平等的理性化的公共领域对于个体或公民的自由、独立、民主权利、参与权力和平等对话资格的肯定和维护；二是通过公开讨论、公开批评，特别是通过报纸广播电视等大众传媒而形成的公共意见和文化精神；三是公共领域同公共权力的相对分离和相对自律，并由此形成了对公共权力的理性批评功能和制约功能。①哈贝马斯认为，公共领域的这些特征对完善现代性具有重要的意义。家政学学科在公共领域中表现出的现代性维度是非常显著的，早期的家政学家通过引领新的生活方式来帮助民众解决社会转型时期中的日常生活问题，体现了妇女群体主动参与社会管理的主体性。

　　公共领域中的家政学学科体现出一种社会责任感下的专业伦理，她们通过公共健康运动、公共营养运动、家政学教育运动等实践活动，维护了民众的身体健康和家庭幸福。

　2. 家政学学科的专业伦理与社会责任

　　家政学学科自创立之初就具有一定的社会使命感。学科产生于进步主义时代，先锋家政学家如理查兹都积极参与公共管理，关注社会转型期间出现的各种家庭问题。家政学学科在19世纪末20世纪初，通过公共健康运动、公共营养运动、家长教育运动等，向美国公众普及了科学化的生活知识，促进了理性的传播。在此过程中，女性的主体性和独立性得到增长。她们通过组建家政学学科团体，积极运用科学知识研究家庭工作，形成专业化的知识，与男性主导的学术界进行对话，为女性走出家庭赢得职业发展做出了一定的贡献。这种实践是女性群体自觉和自律的发展标志，她们开始从私人领域走向公共领域，并逐渐"维护个体的独立和主体性，并为独立的、自由的个体之间的平等交流以及通过契约的、舆论的等途径参与社会的公共管理，对公共权力行使理性的、批判的监督"②。

　　家政学学科作为一个专业，首要的标准是"服务于社会的意识，终身献身于职业的志向"。这种专业伦理促使家政学家自觉地关注社会对家庭产生的影响，并积极应对各种不利于家庭福利的问题。作为一个以女性为主要力量的学术领域，家政学学科通过对各种家庭工作的研究，将非日常生活领域的科学观念渗透到相对封闭的日常生活中，帮助更多的女性接

---

① 衣俊卿：《现代性的维度》，黑龙江大学出版社、中央编译出版社2011年版，第178页。
② 同上书，第175页。

受理性的启蒙。这种女性群体中理性精神的普遍增长反映了"具有自觉的主体性和自我意识的个体的生成,需要一种以平等的交互主体性为基础的理性的公共活动空间",家政学学科成为她们进入公共领域"来表达主体性的内涵和价值需求"的有效平台。①

3. 家政学学科公共领域实践活动案例分析

家政学学科的公共生活领域的现代性主要体现在 19 世纪末 20 世纪初的公共健康运动、营养学运动以及上一节已经谈到的家长教育运动中。

(1)公共健康运动

1899 年,第一届家政学学科大会期间,美国正处于控制传播性疾病的斗争中。社会秩序的变化如城市化和移民都加速了这些疾病的扩散并威胁着公民的健康。尽管在 19 世纪各种传染性疾病如肺结核、流感、肺炎和伤寒所导致的死亡率有所下降,但在 1900 年这些传染病仍是大众死亡的主要杀手。婴幼儿的死亡率也受到一些传染病的影响,进步主义时代的医疗条件还没有出现消灭微生物但同时对人类寄主不产生危害的药物。那个年代内科医生只能为病人提供对抗天花和狂犬病的免疫,以及白喉抗毒素。传染病的威胁在医疗条件有限的情况下加重,在这种情况下预防成为最好的可以减少所有传染性疾病的方法。尽管研究者没有发明出有效的治疗措施但他们发展了一些系统的关于疾病如何出现并传播的知识。19 世纪末的公共健康运动反映了日益增长的人们对于通过科学战胜疾病的信心。自 19 世纪 80 年代开始,城市和州公众健康部门逐渐改善了一些卫生设施如城市饮用水过滤、污水处理、垃圾回收;他们还得到合法的权力为加强关于供水、食物制备及其他卫生事宜订立规章。直到 1900 年,微生物病毒理论和细菌实验科学才被旧有的卫生科学吸收,并开始被医学和公共健康设施广泛地接受。②

19 世纪末两性都在家庭中承担了重要的卫生工作,但妇女的工作更为严峻。公共健康权威人士认为家庭主妇应该掌握家庭卫生的知识并有义务来保护家庭成员的健康。因此,公共健康运动中对于家庭疾病的防护为早期家政学运动的领导者提供了行动的大好机会:家庭疾病防护可以将科

---

① 衣俊卿:《现代性的维度》,黑龙江大学出版社、中央编译出版社 2011 年版,第 168 页。

② Lester King, *Transformations in American Medicine from Benjamin Rush to William Osler*, Baltimore:John Hopkins University Press, 1991, pp. 142 – 181.

学知识全面地运用到家庭生活中，并且是解释科学如何应用于家庭并提升个人和家庭生活品质的一个绝好机会。当时所有日常的卫生清洁琐事几乎都是妇女的工作，因此这是一个妇女可以作为教育者和研究者的领域。医学资源在救助当前的那些伤寒、艾滋病、肺结核等传染病上的作用是有限的，因此预防成为减少这些传染病的最好方式。家政学家在帮助各种人群有效地预防细菌引起的危害方面起到了重要的作用。虽然没有治疗的良方，但最新的科学发现已经解释了这些病毒的产生和传染方式。在19世纪的公共健康运动中，人们开始对预防这些疾病产生了信心。

19世纪末20世纪初，家政学家开始教授美国妇女掌握日常生活中不可见的微生物的知识。早期学科教学中细菌学包括了广泛的主题，如家庭卫生、内部设计和食品准备。家政学家强调美国家庭主妇无论是打扫、制作罐头、客厅装饰还是照顾一个生病的成员，都可以对预防致命的疾病如肺结核和天花做出巨大的贡献。理查兹认为家政学家所提出的术语"卫生的"（Sanitary）或"细菌生物学"（Bacteriological），都成为真正意义上科学家庭管理的范例。[①] 理查兹指出了家政学学科的中心就是卫生科学。她是美国第一位获得科学学位的女性，作为一个麻省理工学院毕业的化学家并在1884年成为新建的卫生实验室的成员。理查兹在1884年进行卫生研究的时候就引领着污水处理的方法，理查兹在1887年与塔尔伯特合著的一个家庭手册中写到：预防疾病的理论对于每个家庭来说都是必要的，这种知识可以用来对抗那些灰尘可能产生的危险疾病。将卫生科学作为家政学学科的基础，不但包括了旧有的化学关于健康和疾病的知识，还包括了最新的细菌学的知识。[②] 家庭细菌学（Household Bacteriology）成为家政学家所构想的社会管理形式的理性基础。这种认识进一步影响了家政学教育。对于微生物学的教学达到了每一层级的教育，从小学的基础卫生学到技校的实践工作再到高中的家庭科学课程和大学本科、研究生层面的高级家政学课程。卫生科学和家庭细菌学成为教育项目中面向成人包括城市和农村妇女的受欢迎的课程。在这种思想影响下，产生了美国家政学会所描述的"妻子作为公众健康战士"的概念，并将此作为早期家政学家

①　Sarah Stage, Virginia B. Vincent, *Rethinking Home Economics: Women and the History of a Profession*, Ithaca and London: Cornell University Press, 1997, pp. 34 – 35.

②　Ellen H. Richards, Marion Talbot, *Home Sanitation: A Manual for Housekeepers*, Boston: Ticknor, 1887, p. 9.

的教育和政治目标。家政学家在这场公共健康运动中的一个突出贡献就是认识到现代家庭卫生的基础是厕所、污水处理系统、科学打扫屋内卫生及食物的科学制备。家政学家认为很多美国妇女仍然居住在缺乏室内厕所和污水管道的环境中，并面临着极其严重的卫生危险。她们呼吁规范城市住房，让公众安装并维护卫生设备，并提议市政健康部门安排监督员来强制实施。

很难判断这场运动对于 1880 年到 1930 年美国人口的死亡率的减少作出的贡献，但通过家庭主妇的帮助，防止了排泄物对于水源的污染，并处理掉了那些变质的食品和牛奶，这都对预防疾病产生了重要的作用。但家政学家过分地强调了个人卫生措施，这一点为很多历史学家所诟病。总体来看，家政学运动帮助传播了公众健康的知识。尤其是那些贫困的妇女包括移民和农村妇女没有妇女俱乐部、流行杂志和私人医生这样的渠道来学习卫生知识，而家政学学科的教育性拓展项目为她们带来了有效的家庭卫生信息。

（2）公共营养运动

随着家政学运动在 20 世纪初更为普及，医院中的营养师开始扩展。营养学（Dietetics）绝不仅仅是烹饪或健康吃饭的科学，其不但可用于保持健康，还可用于治疗。20 世纪初营养师开始在医院工作，随着医院的大量增加，附属于医院的护士学校也开始建立，营养学进入护士学校的课程，营养师也进入医院的科层结构。家政学学科作为食品和烹饪的专家，开始负责培训营养师，并提供三种与医院相联系的专业：科学的心理知识和食品化学、实用的食品购买知识、食品审美。在 1916 年之前，营养师主要是给护士示范实践性的烹饪技能并监督病人饮食的备置。在 1919 年到 1921 年之间，他们增加了新的食品管理这个管理层职位。从 1921 年开始，营养师与医院的医生关系更为密切，开出饮食药方，并教授医生关于营养疗法的知识。[①]

19 世纪 90 年代的第一批医院的营养师很少接受正规的培训。家政学学科很快地发展了这种适合于女性的职业机会，并很快开发出营养与食品

---

① Lynn K. Nyhart, "Home Economics in the Hospital, 1900–1930", *Rethinking Home Economics: Women and the History of a Profession*, Ithaca and London: Cornell University Press, 1997, p. 139.

课程来培养营养师。营养师进入医院后再负责对护士进行食品与营养的培训。营养师大部分时间在厨房（Diet Kitchen）中工作，履行着科学、准确和控制的原则，教授护士为病人准备有针对性的菜单并监督她们的实践操作。直到 20 世纪初，营养师一直作为护士的教师和医院中厨房的管理者。第一次世界大战为她们的工作提供了新的发展契机，这就是食品管理（Food Administration）。这种所谓的食品管理就是负责整个医院的食品采购。一个调查显示 1927 年营养师在医院中具有相当大的管理性权力，超过一半的被调查的营养师控制了整个医院中常规食品的采购、超过 2/3 的营养师可以雇用并解雇厨房的员工，几乎所有营养师都可以监督食品部门。食品部门占据了医院近乎 1/3 的开销，因此食品管理员有着相当大的权力和责任。[①] 家政学家作为营养师在医院中逐渐掌握了权力主要是通过两大事件：第一次世界战争和经济大萧条。

第一，战争与公共营养运动。在第一次世界大战期间，出于战争的需要，美国政府将大量营养师分配到军队的医院中负责战时的食品供应与管理工作，这些营养师又被称为"公民员工"（Civilian Employees）。红十字护理署（The Red Cross of Nursing）负责培训并招聘营养师，建立统一的教育标准：要求至少具备两年高中以上层次的家政学教育和至少两个月在医院实习的经历。战争中营养师具有极高的地位，也为她们提供了具体的、大量可见的机会进入管理层：在联邦资助的医院中，她们负责的工作包括了控制全国军队医院的采购、准备和分配。食品管理得到如此重视也有助于总统胡佛的重视，在他担任美国粮食总署署长期间，他的一个《食品可以战胜战争》（*Food Will Win The War*）小册子在 1917 年发到各个国家的前哨，告诉士兵美国妇女保存了肉、黄油、小麦和糖，能够促进军队取得胜利。战争也促进美国饮食营养学会（American Dietetic Association, ADA）的建立。协会由医院的营养师建立，可以给她们以专业的地位。美国饮食营养学会定义了会员的最基本的要求：妇女在 1917 年 7 月之前至少接受过一年的高中以上家政学课程及一年的营养学实习经验，在 1917 年之后的要求两年的家政学课程。美国饮食营养学会的资格准入条

---

① Margaret Gillam, "The Hospital Dietary Department", *JADA*, Vol. 3, 1927, pp. 234 – 242.

件提高了营养师的地位。① 战争为营养知识的普及奠定了重要的基础，战后人们开始认识到健康的人也需要营养的饮食，医院中的营养学应该拓展到所有家庭中的每一个人，饮食疗法开始正式得到医学的关注。

第二，经济萧条与公共营养运动。公共营养运动虽然在第一次世界大战时取得了显赫的成绩，但在第一次世界大战后对公众进行推广过程中并非理想中的顺利。家政学学科向公众推广营养知识主要通过美国农业部的推广服务机构来进行。1913 年，美国农业部开始广泛调查很多困扰农村的问题，包括缺乏自来水、电和各种需要的帮助。美国农业部员工认为很多农村妇女需要老师来教授他们家事科学知识。1914 年《史密斯—休斯法案》通过，规定家政学家，通过美国农业部的合作性推广服务机构（Cooperative extension Service of the United States Department of Agriculture）为农村妇女提供服务。以纽约州为例，在 20 世纪 20 年代期间，康奈尔大学的家政学院负责培训家政展示代理人。家庭展示代理人让农村妇女加入到展示性服务教育项目中，这是一个自愿性的组织，收取一部分费用，被称为"家庭署"（Home Bureau）。② 家庭展示代理工作证明可以有效地帮助预防感冒、治疗长期便秘、预防儿童的营养不良，显著地减少婴儿的疾病，但农村妇女仍然不能迅速接受这种营养教学，主要原因在于营养学还是一个新领域，并且公众对于饮食习惯改变存在极大的惰性。

20 世纪 30 年代大萧条的到来让家政学家的营养推广工作开始顺利起来。纽约州的临时应急救济管理办公室（Temporary Emergency Relief Administration，TERA）处于公共福利系统的大力支持下，康奈尔大学家政学院培养的家庭展示代理人与临时应急救济管理办公室进行合作，有效地为公众提供营养教育并且促进农村与城市进行合作。弗洛拉·罗斯是康奈尔大学家政学院的系主任，通过两种方法来与临时应急救济管理办公室合作：第一是向公众传达关于营养的知识，在 1929—1930 年，康奈尔大学

---

① Emma Seifrit Weigley, "Professionalization and the Dietitian", *JADA*, Vol. 74, 1979, p. 318.

② 家庭署是一个关于营养、家庭缝纫、家庭装饰、儿童养护的教育性项目。妇女为这个项目支付费用，可以参与康奈尔大学的课程。服务对象大多数是中产阶级的农村妇女，有休闲的时间、交通工具，并有足够的资金来参与其中。

家政学院在全国范围内发布了关于农村饮食的小册子,① 为公众带来了各种既省钱又营养的食品烹制方法；第二是提供关于家庭署与临时应急救济管理办公室项目合作的建议。罗斯与同事设计了一份紧急食品预算,被临时应急救济管理办公室和联邦救济管理机构采用。这份预算在保证公众健康的同时还可以节约很多钱。这个方案得到了罗斯福夫人（Eleanor Roosevelt）的大力支持并大加宣传。此后,各种社会福利机构开始寻求康奈尔大学家政学家的专业咨询。

在这一时期,家政学推广人员教给农村妇女自己在家制作罐头来保存食品,帮助很多家庭在不接受救济的情况下就能维持下去。其中最经典的案例是推广服务机构和临时应急救济管理办公室合作提供的,在生存花园和罐头制作中心中,纽约州的临时应急救济管理办公室提供工具、土地和种子,让失业工人学习种菜,而家政学家则教授工人制作罐头的方法。在大萧条的日子里,家政学家最终获得公众对于她们关于人类营养专业知识的承认。总体来看,美国农业部的家政推广工作将公共营养运动深入到更为偏僻落后的农村地区,进一步确立了营养学的合法性地位。②

总体来看,家政学家在公共领域中的实践活动中,主动积极地参与社会管理,从而使她们走出封闭的家庭并成长为独立的、自由的个体向前迈进了一步,促进了自身的现代化进程。家政学学科在公共领域中的活动充分体现出的理性化和自律化的特点,这种制度性维度为社会的进步做出了一定的贡献。

（四）公共权力领域

家政学学科在公共管理中的活动也包括了公共权力方面。民主是现代人的基本生存方式,家政学家在社会民主程度不断提高的情况下,逐渐掌握了在公共权力领域保护自己利益的方式方法,从而在父权制背景下为争取学科的合法性做出了重要的努力。

---

① Helen Canon, "Size of Purchasing Centers of New York Farm Families", Cornell University Agricultural Experiment Station Bulletin, Vol. 5, 1928, p. 471.

② Kathleen R. Babbitt, Legitimizing Nutrition Education, "The Impact of The Great Depression", Rethinking Home Economics: Women and the History of a Profession, Ithaca and London: Cornell University Press, 1997, pp. 160 – 161.

1. 公共权力的民主化和契约化

现代性背景下的理性化的公共权力的重要特征是法治国家和民主国家的确立。[①] 民主制的政治制度包含着重要的文化内涵：一方面民主是现代社会公共权力的基本的制度安排或运行机制，它包含着代议制度、政党原则、政府制度、司法制度、舆论制度等一系列制度，包含着权力制约原则、讨论原则、妥协原则、多数原则等一系列基本原则，以及选举等方法；另一方面，民主是现代人的基本生存方式，它的核心文化精神是维护每一个独立个体的平等和自由，防止任何力量对个体自由和尊严的损伤，它通过坚守个体原则、平等原则、个体的尊严原则、公民权利原则等核心价值来保障公民的社会参与权力、约束和批评公共权力的权利等。[②] 民主需要通过理性化的规则体系，即法的形式来加以规范和确立。一方面，通过法律面前、人人平等的基本原则的确立，来保证现代公民和自由个体的各种基本权力的实现；另一方面，通过把个人、群体、团体、政党、国家等所有存在形式或组织的活动和运行都纳入法治的契约化约束之中，来防止公共权力的自律和非人道的膨胀，也防止多数人的无约束的民主变成非理性的盲目和破坏力量。[③]

家政学学科在国家的民主制和法制建设中也开始反思学科的生存方式。家政学学科在创立之时就一直希望得到以男性为主导的学术圈子的承认，在不合理的制度规则下为求生存做出了很多妥协和让步，并付出惨重代价。随着现代化进程的深入，现代性的技术理性和人本精神在家政学学科内也得到了不断的反思和调整。随着公共权力领域的民主化和契约化，家政学家通过运用这些理性化的规则体系，不断地对各种不合理的制度规则进行抗争，为争取学科的基本利益的长远发展做出了重要努力。

2. 公共权力下的家政学学科

从家政学学科发展史来看，家政学学科在公共权力领域的实践活动相对较弱，这与其对妇女解放认识的不彻底性有关。家政学学科在前半个世纪的发展均没有突破私人/公共领域的二元划分。虽然她们希望通过家庭工作的科学化和专业化为妇女走出家庭外出工作铺平道路，但家政学学科

---

① 衣俊卿：《现代性的维度》，黑龙江大学出版社、中央编译出版社 2011 年版，第 180 页。

② 同上书，第 183 页。

③ 同上书，第 183—184 页。

后来的迅速扩张并没有沿着这种思路前进。主导社会的男性统治者看到了家政学学科对维持当前社会秩序的稳定所起到的作用，对家政学学科进行了改造，使学科成为针对女性的培训，目的是培养社会尤其是男性需要的贤妻良母。这种发展取向缺少了家政学学科创立时期的社会改革使命感，逐渐沦落为缺乏反思和批判的性别化教育。这种取向虽然为家政学学科带来了前所未有的扩张机会，但也给学科遗留了众多问题，成为第二次世界大战后女权主义者抨击的焦点。

家政学家在一个个教训中吸取了经验：学科的发展不仅仅需要发展机会，更需要自主独立的发展。家政学家在现代化的进程中逐渐掌握了民主制度的程序，通过与不合理的现象作斗争，从而维护这一群体在专业发展中应有的平等和自由。家政学家在不平等的法案或政策中积极主动地捍卫专业权力，体现了进步性的主体意识。

（1）1914 年《史密斯—休斯法案》

20 世纪初，在美国的城市化、工业化的移民大量涌入的背景下，很多美国的中产阶级家庭破裂。理查兹在 1909 年的普莱斯特湖会议上提出"没有什么比将我们的社会组织从不可避免的分裂中拯救出来更重要"①，这种社会改革的世界观继续影响了家政学教育。1919 年的家政学杂志上宣布，"……每一代从 8 年级到高中的毕业生都需要家政学课程，增加他们学习生存和健康生活的机会"。② 家政学课程成为培训女孩在家庭和社区中角色的课程。通过这种教育，女孩会成为负责任的消费者和公民，她们能够建立并经营家庭，能够富有成果地成为自信的家庭主妇。家政学培训的这种社会收益得到了美国教育协会的支持，这也清晰地表达了那个时代美国主流教育者对于女子教育的观点。他们认为女孩的课程应该"接受正确的家庭管理培训，进入自己的家庭后能够理性地为神圣的职责做准备，保持家庭最高的健康和道德标准"。③ 这种理性基础给家政学课程进入初中等学校一种额外的凭证。

---

① Edward B. McClellan, William Reese, The Social History of American Education, Chicago: University of Illinois Press, 1988, p. 237.

② Alma L. Binzel, "For the Homemaker: Making Children Worth While", Journal of Home Economics, Vol. 11, 1919, p. 28.

③ National Education Association, Report of the Committee on the Place of Industries in Public Education to the National Council of Education, N. P. : National Education Association, 1910, p. 110.

1914 年 1 月 20 日，国会建立了一个委员会来报告职业教育的未来，在一定程度上是对于工业教育促进协会（the National Society for the Promotion of Industrial Education，NSPIE）的活动做出回应。这个委员会包括两位女性，阿格尼丝·耐斯特（Agnes Nestor）和马歇尔（Florence Marshall），都支持工业职业教育的贸易联合，但反对家政学教育。耐斯特认为，一些男性希望给女性更多的学习家庭科学的机会而不是学习贸易，如果家庭科学得到更多的尊重，将更容易让女孩进入家庭领域，而不是给她们技术培训。[1] 对于女性来说，职业培训意味着能够让女性准备带薪职业，家政学学科却不能提供。美国社会工业教育促进会对家政学学科的支持在《史密斯—休斯法案》制定中是非常关键的。卡罗尔·佩奇（Carroll Page）是委员会的一位成员，他的观点反映了当时男性议员主流的看法。他认为"妇女做家务，男性工作"是合适的[2]。他认为尤其是在农村地区，家政学学科对于农民妻子是最实用的。家庭科学教育与农村生活的联系可以在赠地大学的活动中体现出来。委员会后来又讨论了将家政学学科整合进公立教育的事情。在关于法案的辩论过程中，职业教育的定义有很多，一方面很多人支持将职业家政学学科作为未来有前途的技术培训，另一方面还有一些将职业家政学教育视为女孩的自由博雅教育，可以作为女性生活的准备。经过激烈的讨论后，这两种观点加以整合，形成了一方面强调家政学学科作为未来妇女就业的技能培训，另一方面强调家政学学科可以作为女性未来生活的准备。但最后落实到学校教育中，很多家政学家认为家政学学科成为培养家庭主妇的教育。最终，委员会在各种不同意见中达成了妥协：承诺为家政学教师提供资助……家政学教师只有在农业教育的目录下才能够得到支持。1917 年，《史密斯—休斯法案》正式通过。通过资助培训中小学的家政学教师，刺激了家政学学科在大学的扩张，但应该看到的是，这种发展的代价是将家政学学科限制在了一个比较狭窄的范围内。在 20 世纪早期希望追求科学研究职业的妇女经常选择家政学学科。随着家政学学科日益参与到公立学校教学的教师培训中，这些学院更

---

① Agnes Nestor, Woman's Labor Leader. Bernard Powers, *The Girls Questions in Education*: *Vocational Education for Young Women in the Progressive Era*, London: Falmer Press, 1992, p. 57.

② U. S. Congress, "Report of the Commission on National Aid to Vocational Education", *The Girls Questions in Education*: *Vocational Education for Young Women in the Progressive Era*, London: Falmer Press, 1992, p. 58.

容易作为一个职业培训机构，而非科学机构。更重要的是，随着管理结构
的增长，减少了家政学学科的科学性，导致其"越来越沦落为职业培训
部门。"①

　　法案带来了一种家政学学科在中小学和大学的新观念：不是理查兹时
期充满社会责任感的社会工程师的家政学思想，而是强调家政学学科是一
种职业教育，在这种技能导向的课程中信息和技能比思考和判断更有力
量。② 在这种思想影响下，家政学教育逐渐窄化。1913—1914 年，本杰
明·安德鲁调查了 288 所美国教育署下的高中，发现大多数高中开设的家
政学课程中，89% 有食品和营养课程，81% 有缝纫课程，只有 25% 开设
了更为广泛的家庭管理课程。③ 一位大学家政学教师认为这种变化的原因
在于男性管理了学校，他们渗透的是妇女在家的观念，喜欢家政学学科中
的美食并将其当作烹饪课程。④

　　虽然《史密斯—休斯法案》对于家政学教育非常重要，但在为家政
学学科争取资金的过程中却没有家政学家的参与。家政学家缺席的主要原
因在于她们所持观点与委员会不同，但她们没有采取行动来改变委员会的
观点或阻止法案的通过。20 世纪初期的家政学家虽然经历了工业化社会
中技术理性和人本精神的洗礼，但总体来看，她们的思想仍局限于传统的
社会性别分工中，一方面，在公共权力领域中的声音微弱，没有掌握在公
共领域中改变制度规则并同强势利益群体进行抗争的能力。另一方面，
《史密斯—休斯法案》对家政学教育的可观拨款在部分家政学家看来也不
完全是坏事。因此，她们在不发表意见的同时默认了这种对家政学学科的
支持。

　　从美国家政学学科发展史来看，《史密斯—休斯法案》是家政学运动
发展史上的里程碑，巩固了家政学学科和联邦政府的关系。尽管家政学教

---

①　Rima D. Apple, Science Gendered, "Nutrition in the United States, 1840 - 1940", *The Science and Culture of Nutrition*, Amsterdam: Rodopi for the Wellcome Institute Series in the History of Medicine, 1995, pp. 129 - 57.

②　Mabel Barbara Trilling, *Home Economics in American Schools*, Chicago: University of Chicago Press, 1920, pp. 1 - 2.

③　Beulah I. Coon, *Home Economics Instruction in the Secondary Schools*, Washington, D. C. : Center for Applied Research in Education, 1964, pp. 23 - 24.

④　Greta Gray, "Vocational Training for Girls", *Journal of Home Economics*, Vol. 11, 1919, pp. 23 - 24.

育在全国的学校系统中扩展，但早期改革派家政学学科的支持者也许会质疑这种发展所付出的代价。这种代价包括背后削弱了科学研究是学科持续发展基础的原则，取而代之的一种来自行政方面的对于家政学学科管理和控制的力量；法案阻碍了早期家政学家所倡导的家政学学科潜在的社会改革作用，促进了技能导向的公立学校为女性开设的技能课程。女性试图通过家政学学科来改革社会地位的天真理想在法案中被解构了。有学者认为法案的颁布被证明是必要的，但是并非家政学学科发展的前提。真正让法案得以通过的力量是传统文化对于妇女作为妻子和母亲形象的需要，家政学学科作为技能培训可以让女性更有效地经营家庭。这种发展思路使得家政学学科在 20 世纪后半叶遇到了严重的学科发展危机，激进的女权主义者将家政学学科视为落后的阻碍女性发展的旧文化而向家政学学科宣战。这使家政学家开始意识到只有主动地把握学科的发展方向，不受各种社会利益群体的摆布，才能使学科的现代性维度真正地生成。

（2）1976 年《职业教育法》修正案

自《史密斯—休斯法案》将家政学学科作为职业教育之后，从 1917 到 1963 年，所有联邦政府的职业教育法案都拨款给家政学学科。但 1963 年的《职业教育法》（*Vocational Education Act*）开始减少了这种拨款。1968 年法案的再授权讨论中，甚至还有代表提出家政学对女性就业的限制，并建议取消对于学科的资助。如果几十年的连续拨款全部撤销，无疑对家政学学科在各级教育的发展造成严重的打击。家政学家反思了之前被动的局面对学科造成的负面影响，决定在这次修正案中主动地争取应有的权利。

在此次《职业教育法》的再授权讨论中，也有代表支持家政学学科的发展，只是认为家政学学科需要随时代发展而做出相应的调整。国会代表奎伊（Alert Quie）和佩珀（Claude Pepper）认为家政学项目并没有强调当代社会的需要，并提议家政学学科改名为"消费者与家事教育"（Consumer and Homemaking Education），并且授权对其进行拨款。还有代表如威廉·雷曼（William Lehman）质疑家政学学科的职业教育属性，认为其应该分类到普通教育之中。在家政学教育中由于女性参与者居多，强化了妇女作为家庭主妇的刻板印象，因此不能将家政学学科放在职业教育中。最初，美国家政学会中的家政学家们对这些讨论反映不一，也没有团结起来。学会内部主要存在两种观点：一部分美国家政学会的成员同国会议员共同合作，对不同的极端观点进行中和；另一些则和美国职业教育协会、家政教育协会进行合作，试图阻止法案进行修订。1976 年的职业家政教育全国大会上强调了家政学家内部的这种不团结对学科发展带来的负面作用，并号召建立三大协会的联盟来游说国会对家政学学科进行支持 1968 年的法案并拒绝任何修订。① 他们采用了实用主义的方法，为国会代表准备了另一份修订案，协调了他们之间的不同，最终他们精心准备的这份修订案于 1976 年获得通过，家政学教育继续得到了政府的拨款支持。

这一起草法案修正案的过程开始让家政学教育者学习了民主制过程中各种制度安排和运行机制，以及一系列制约权力的原则，保障了家政学家平等的参与社会权力、约束和批评公共权力的权利，从而维护了学科的生存利益，使其家政学学科逐渐摆脱其他利益群体的控制，朝向平等和自由发展迈出了重要的一步。

总体来看，家政学学科的现代性精神维度是学科形成的原动力。技术理性指导家政学通过科学技术观察并改造家庭的日常生活，帮助人们形成现代化的生活方式。学科所蕴含的女性主体精神与女权主义运动交相呼应，为妇女突破不平等的两性关系做出了一定的贡献。家政学形成之后，其所培养的专业人员——家政学家，全面参与到社会运行中。在经济、管理、公共生活和公共权力领域进行了专业化的实践活动，呈现出现代性的制度性维度。家政学在经济运行和公共生活领域实践的影响相对较大。经济价值是学科在现代社会发展的一个助推力。公共生活领域的因素发端于进步主义时代的家政学运动，学科的社会责任和使命感至今仍然是家政学宝贵的核心价值。民众逐渐认识到家政学在公共生活领域中对日常生活质量提升的重要贡献，家政学家的专业性得到认可，家政学知识和技能开始作为进入现代社会分工制度的保证。相对而言，家政学在公共权力方面的实践较弱，容易受到其他利益群体的制约和控制，导致其专业发展权利受到影响。家政学家还需要学习在现代民主社会中为自己争取合法权利，改变不合理制度规则的策略和方法。

家政学学科的现代性精神性维度是制度性维度发展的指引，制度性维

① Rima D. Apple, "Liberal Arts or Vocational Training? Home Economics Education for Grils", *Rethinking Home Economics：Women and the History of a Profession*, Ithaca and London：Cornell University Press, 1997, pp. 93 - 94.

度将技术理性和人本精神落实到学科在社会中的经济运行、行政管理、公共生活和公共权力的实践活动中，将这种现代性展现在日常生活的重建和改造中。学科的制度性维度一旦形成便具有相对的稳定性并对精神性维度起到巩固的作用。精神性维度和制度性维度相互作用，共同推动着家政学在公民日常消费活动、交往活动及观念活动方面的现代化。当然，以上论述只是一种相对理想的状态，家政学学科所具有的这些现代性维度并非同步发展、和谐共处，它们相互之间存在着一定的张力结构，这种张力会使学科发展陷入一定的困境。

第四章

美国家政学学科的现代性困境

　　"从一开始，现代性就不是作为一种至善至纯、可以解决人类所面临的一切问题的全能的力量登上历史舞台的。这种理性的机制从一开始就具有复杂的内涵，在不同层面上面临着张力和冲突。一种情形是，现代性的不同维度之间存在着张力，甚至冲突。例如，各种社会领域中的理性运行机制的规范化力量与个体的主体意识和个性化之间、科层制的高度理性化效率与个性创新之间、公共权力的民主化和不可调和的个体利益的多元化之间的张力。另一种情形是现代性某一维度的过分发达和自律导致的社会发展的失衡。"① 赫勒在《现代性理论》中揭示出现代性困境的实质。她提出："自由是现代人的基础"，自由最集中地揭示出现代性精神气质的超越性特征。但是，她紧接着又深刻揭示了"自由的悖论"和"真理的悖论"的问题，而且认为，"现代性的悖论"是基于"自由的悖论"。赫勒的分析是这样展开的，首先她认为，随着现代性的生成和发展，自由成为现代社会的最根本的基础。"自由的确取得了胜利，而且它不仅仅是在几个方面取得了胜利，而是取得了完全的胜利。自由成为现代世界的基础。它是不再以其他任何东西为基础的基础。"② 但是，问题就出在这里，即自由是"不再以任何其他东西为基础的基础"，事实上，"自由作为终极原理，作为现代性的'始因'，不能执行一项'始因'按理应该执行，而且在先前的历史中也一直在执行的任务。正因为如此，'根基牢固'的建筑以一种非辩证的方式被摧毁了"③。由此可见，现代性维度在生成的过程中就存在着难以避免的张力与矛盾。

---

① 衣俊卿：《现代化与文化阻滞力》，人民出版社 2005 年版，第 40 页。

② Agnes Heller, A Theory of History, London：Routledge and Kegan Paul, 1982, p. 4.

③ ［匈］阿格尼斯·赫勒：《现代性理论》，李瑞华译，商务印书馆 2005 年版，第 26 页。

　　家政学学科是现代化的产物，现代性的这种张力和冲突在家政学发展中也有所体现。最明显的现象就是家政学学科内部技术理性过分发达对学科发展造成的负面结果。科学管理派家政学过分地推崇技术理性，将科学技术作为学科发展的唯一基础，失去了批判反思的维度。这种对科学技术的无反思的运用为家政学发展中期的学科分裂困境埋下了伏笔。在技术理性过分发达的同时，家政学人本精神方面发展则略显不足，由于对于父权制的认识不够深刻，所以在迅速扩张的时期被改造成为培养贤妻良母的教育。在表面的繁荣背后学科却陷入了另一个困境：第二次世界大战后家政学成为女权主义猛烈抨击的对象，被各方面的进步人士视为落后文化的标志，导致学科不断面临合法性危机。此外，家政学现代性维度之间也存在着张力和冲突，如制度性维度与精神性维度之间、制度性维度内部之间都存在这种张力结构，共同作用于学科，造成了家政学在现代化发展进程中的学科困境。由此可见，家政学学科发展中的困境与危机在一定程度上是学科现代性维度内在张力和冲突的结果。

一　家政学学科的技术理性批判

　　技术理性的概念在第三章已有介绍，在此不再赘述。正是这种技术理性主义支撑着西方现代化的历史进程，促进了人类文明形态的更替与变革，工业文明由此应运而生。[1]

　　在农业已完成现代化进程的西方发达国家中，从传统日常生活向现代化日常生活的变革性转变是一个自发完成的进程，这一自发的历史进程在促进西方人的个体化与现代化的同时，也带来了一些消极后果，过分强大的非日常世界切割了日常生活世界，使之作为支离破碎的私人生活而退隐到背景世界之中，从而使意义和价值世界开始失落。这种失落主要表现为技术理性和人之自由（人本精神）之间、有限的工具和无线的目的之间存在着张力和冲突。中世纪之后所开始的理性化和世俗化的基本内涵是个人自由和技术理性的同步发展。在相当长的历史时期内，人们相信二者可

---

　　[1]　衣俊卿：《20世纪的文化批判——西方马克思主义的深层解读》，中央编译出版社2003年版，第108—109页。

以同步协调发展，相信人可以通过技术的发展与自由的增强而达到自我拯救，达到完善的境界，而这一历史设计或文化信念的轴心是技术和理性。然而，就在人们的这种理解和信念中已经包含不可克服的、致命的自我裂变，导致人类行为的不计后果的极端化偏向。其中，核心问题是人们对于理性和技术的片面性理解。[①]

人们对"技术"的传统界定是把它当作人之工具或手段，它具有完全属人的性质，是人体或人脑器官的延长或加固。这种意义上的技术显然是人之有限的工具，是人可以自由地抉择与取舍的手段。但是，问题在于人的要求远远不止这一有限的目标。实际上，在技术理性主义的历史设计或文化信念的深处，包含着更为宏大的目标：人意欲凭借日益更新的技术这种有限的工具而达到自身的完善与完满，彻底摆脱人之孤独和有限存在境遇。这样一来，人就面临着二律背反的难题：作为有限的工具，技术可以改善人的具体存在状态，在一定条件下有助于人的自由和全面发展，但是，它却无法达到使人进入完善完满的无限的目的，无法改变人之为人的本质的存在状态；如果人不满足于这一有限的目的，一定要运用技术这一有限的手段实现无限的目的，就必须改变技术作为有限手段的性质，使之变为一种超人的和自律的力量，成为一种可以把人提升为神的力量。但是，这样一来，又根本打破了个人自由与技术理性二者同步协调发展的状态，导致技术理性和人本精神之间的张力和冲突。换言之，一旦技术摆脱有限工具和手段的地位而变成一种自律地运行的超人力量，它就会使自身上升为万能的统治者，即上帝的地位，而最终挫败人进入完善完满境界，成为神性存在的意图。在这种情况下，技术和技术理性一方面成为人不得不臣服和依赖的上帝，另一方面成为扼杀和束缚人的主体性和自由的异化力量，成为为了自由而不得不与之抗争的"恶魔"。这是科学技术发展和技术理性统治者给人造成的难以超越的"二难境遇"。[②] 这种二难境遇给人类社会带来了巨大的困境，如理性主义文化的危机、现代工业文明的代价、科学技术的限度、人的自由的丧失、人类未来命运的扑朔迷离等关系到人类生存发展的终极性问题，这些都需要对技术理性进行深刻的反思和

---

① 衣俊卿：《现代化与文化阻滞力》，人民出版社 2005 年版，第 40 页。

② 衣俊卿：《20 世纪的文化批判——西方马克思主义的深层解读》，中央编译出版社 2003 年版，第 13—14 页。

批判加以透视和解决。技术理性批判，在最直接的意义上，是对理性、知识、科学、技术、科学技术方法、科学技术的社会意义和实践功能等方面的分析、反思和批判。但是，在更深层的意义上是对文化价值观念、历史文化形态和人的存在方式等内在的批判和本质反思。① 家政学学科的技术理性维度在第三章中已经进行了详细的阐述，其对家政学学科发展的推动力及由此所带来的学科分裂正是技术理性过度膨胀的结果，需要对其进行批判性的认识，从而有助于学科恢复良性发展的轨道。

　　家政学学科自创立之时就一直表现为技术理性维度过分发达，尤其是以理查兹为代表的科学管理派将科学技术奉为圭臬，无批判反思地引入各种自然科学成果将家政学学科发展为科学技术在家庭工作中的应用平台。对科学技术的无限信任产生了科学实证主义的知识观，忽视甚至排斥对家庭福利产生重要作用的社会文化知识。这种片面的发展观导致了家政学经历了迅速扩张之后，反而陷入巨大的学科分裂危机。当家政学家在重新批判性地检视家政学学科的目的和使命后发现，技术理性过度膨胀下的家政学并没有达到学科的最终目的——提高个人和家庭生活的福利。胡塞尔认为自然地数学化和无限的理性世界图景的建立，最严重的后果就是生活世界被遗忘，或者说，生活世界和人的存在的特殊性被自然科学的纯客观的理解范式所消解，服从于一种外在的普遍理性和因果必然性。② 这种对生活世界的遗忘与家政学学科的日常生活取向是相违背的。因为一旦科学技术成为统治人的力量，人们就失去了最为宝贵的主体性和批判反思精神。在这种非日常生活世界发展异化的情况下，日常生活世界不能得到真正现代化的批评和重建，人自身的现代化也无从谈起。因此，必须对家政学学科进行技术理性的批判。对家政学学科的技术理性批判主要包括三个层面，前两个层面是家政学家的生存困境批判，集中体现了家政学学科异化的本质，即家政学家自身的异化；三个层面是这种生存困境背后的逻辑批判。

（一）单向度的技术专家

　　创立后的家政学学科一直以科学技术为安身立命的根本，在技术理性

①　衣俊卿：《20世纪的文化批判——西方马克思主义的深层解读》，中央编译出版社2003年版，第110页。

②　衣俊卿：《现代性的维度》，黑龙江大学出版社、中央编译出版社2011年版，第139页。

的光环下家政学学科在短时间内赢得了民众的信任。但这种表面的繁荣并不能掩盖家政学学科发展中产生的问题。家政学家作为生活专家负责向民众推广科学的生活方式和方法，但这种推广的过程是单向的，并没有给公众留下反思和批判的空间。在家政学家看来，他们所推广的生活方式是科学、现代的代名词，因此不需要民众去质疑。在一个信息单向传递的社会中，民众逐渐失去了反思批判当前主流生活方式的能力，有悖于现代性的人本精神，从而不利于人自身的现代化发展。在这种思想环境下，家政学家内部也缺乏有效的交往机制，导致缺乏真正的认同，并没有形成一个真正的学术共同体。常常会出现主流的家政学学科派忽视或压制其他观点的现象，因此不利于家政学学科的现代性发展。

批判理论家们认为，由技术和理性结合而成的工具理性或技术理性是理性观念演变的最新结果。在当代，工具理性已渗透到社会的总体结构和社会生活的各个方面，它造就了单面性的社会和单面性的思想文化，成为这个社会对人进行全面的统治、控制和奴役的基础。[1] 技术一旦成为一种统治人的力量，对人的发展反而产生了负面的作用，如马尔库塞在《单向度的人》中提出的"单面人"形象。他认为，在发达的工业社会中，技术进步创造出一个富裕的社会，创造了一种生活方式和一个一体化作用的政治统治制度，它可以调和或同化各种与这种制度相对立的力量。结果是，物质匮乏的解除，在以前是各种自由的前提，现在却成了统治和奴役的力量。一旦人们的需要得到了满足，人们也就似乎失去了反抗的理由，从而也就变成了现存制度和驯顺的工具。技术发展造成了单面社会，单面社会造就了具有单面思想的单面人。人失去了最宝贵的一面，即否定性和批判精神。[2]

这种单面人的现象也在家政学家身上所有体现。理查兹等科学管理派家政学家认为应当使用科学来摧毁非理性，通过规划、科层制和工业组织的效率来扩展所有的教育，强调物质生活的满足，通过技术专家治国来实现社会的平等。这种技术统治论，指的是科学技术决定时代的性质、社会的发展、人类的命运，社会的组织结构应该以科学技术知识为依据，社会应该由科学技术专家来治理；乐观地相信科学技术对于社会进步的巨大推

---

① 陈振明：《法兰克福学派与科学技术哲学》，中国人民大学出版社1992年版，第49页。

② 同上书，第53页。

动力量。很多先锋家政学家受到这种思想的影响，认为正确的家庭生活应该由家政学学科专家来指导，缺乏专业知识的家庭生活是不会幸福的。基于这种信念，很多家政学家提出家庭中儿童缺乏教育，学校有义务教会儿童正确的生活方式，需要将家政学学科渗透进各级教育组织。工业化过程中的价值观如科学和效率由技术专家在学校中作为权威思想灌输给学生，实现了资本主义对于社会思想的控制。家政学家在这一过程中充当了科学生活专家的角色，人们被要求适应工商业设定的价值观，这些价值观由少数利益集团来控制。家政学家在这一过程中是技术专家，将权力阶层的价值观传达到民众的生活中，实现了主导利益集团对于民众家庭日常生活的控制。在这一单向的信息传递过程中，家政学家帮助人们适应社会的发展而非反思批判社会的各种问题，家政学学科所推广的这种生活范式本身是否真正地提高了民众的生活质量，没有得到系统的检验。这种"科学技术等于进步"的思想使得家政学家在科学技术的应用中迷失了，学科沦为技术推广的平台。科学技术统治下的家政学学科培养的是单面思维的家政学家，推广的生活方式也是单面的，缺乏推动社会发展的批评反思精神。

在马尔库塞看来，科学技术的发展不仅改变了人的物质生存条件，而且也从根本上改变了社会结构和运行机制。技术体系本身已经转变成一种带有极权主义特征的操纵性的统治力量。[1] 马尔库塞指出，"在当代，极权主义的技术理性领域是理性观念演变的最新结果，理性由批判变成技术的或工具的理性及以社会的科学技术的进步作为前提，并有其逻辑方法论的基础。一方面，社会在一个日益增长的事物和关系的技术积累中再生产自身，生存斗争和人对自然的开发变得更加科学、合理。科学管理和科学分工，极大地增长了经济、政治和文化各部门的生产效率，其结果就是更高的生活标准。在同一时间和同一基础上，这一理性的事业产生了一种精神和行动的模式，它甚至为该事业的最具有破坏性、最压抑的特征辩护、开脱。科学技术理性和操纵结成社会的控制形式。另一方面，形式逻辑和数学构成技术理性的方法论基础。借助数学和逻辑分析，自然被量化和形式化，现实与先天目的、真与善、科学与伦理等被分割开来。在这种方法

---

① 衣俊卿：《20 世纪的文化批判——西方马克思主义的深层解读》，中央编译出版社 2003 年版，第 144 页。

论之下，科学技术理性是中立的。只有对自然规律的探索才是合理的，价值观成了主观的东西，形而上学只是一个假设，人道主义、宗教、道德等不过是理想。剩下的只是一个量化的世界，其客观性越来越依赖于主体；在科学技术理性的极端形式中，一切自然科学的问题都消解于数学和逻辑之中，客体的概念则被消除。形式逻辑的形式化、抽象普遍性和排除矛盾性有其现实的基础，它自身成为技术理性的基础并发展成为统治的逻辑。"[1]

以理查兹为代表的科学管理派家政学学科奉科学技术为圭臬，认为家庭的一切问题可以通过科学技术的应用来解决。将家庭的问题归因于物理环境所导致，认为环境的改善可以带来道德精神层面的提高。这种奉科学技术为唯一真理的思想本身就是非理性的，缺乏批判反思精神。家政学家成为技术专家，负责向公众推广科学的生活方式。这种新型的生活方式被标为科学的和进步的，要求民众去学习和改变。在这种推广的过程中家政学家缺乏与民众进行平等、交互性的对话，更多的是凭借科学的权威来实施这种控制性活动，目的是让民众乐于接受而不是反思或批判性地分析这种生活方式对生活质量提升所起到的作用。家政学家认为只有科学知识才是合理的，实验室中产生的客观结论有助于提高家庭工作的效率，通过优化家庭的物理环境带来人类生活全方位的改善。在这种极权主义的控制方式下，家政学学科并不一定能够带来民众生活质量的真正提升，其忽视了更为深层的社会文化结构，更重要的是这种思想将人视为被动的受体，阻碍人的主体性和自由精神的发展。20世纪后半叶的家政学学科发展危机警告了家政学家，他们通过反思认识到家政学学科在经过半个世纪的发展壮大后，并没有达到想要的结果，对科学技术的无限制的运用并不能一定带来生活质量的提高，甚至会对人的主体性发展起到负面作用。如马克思所提到的人的发展的异化问题，家政学学科将技术理性全面施加于家庭生活之中，并没有解决当代人在家庭生活中的精神空虚的问题。

（二）理性危机与交往困境

哈贝马斯在《交往与社会进化》和《合法性危机》等著作中对技术理性进行了独特的批判。这种批判是通过揭示生产力发展机制的有限性及

---

[1] 陈振明：《法兰克福学派与科学技术哲学》，中国人民大学出版社1992年版，第53页。

晚期资本主义的困境与社会危机而展开的。这种困境和危机的核心在于工具理性取代了交往理性成为人的生活的中心，人与人之间的主体性关系降格为主客体关系，从而使人陷入到严重的物化。① 在哈贝马斯看来，晚期资本主义存在着两种最主要的危机：合法性危机和动因危机。合法性危机是指行政控制命令相互矛盾导致直接威胁系统的整合，从而危及社会的整合。他认为："不能随时用来满足行政系统要求的僵化的社会文化系统，是加剧合法化困境并导致合法化危机的唯一原因。"② 这一状况就是他不断重申的一个观点的具体体现，即系统对生活世界的殖民化，而这造成了晚期资本主义社会的动机危机。动因危机又称为动机危机，是指文化系统无法为国家和社会劳动系统提供正常发挥功能所需要的价值和意义。哈贝马斯认为，对于晚期资本主义来说，最重要的动机是公民私人性和家庭职业私人性，前者是指公民自身参与公共活动领域，这是一个表达意见、反思问题、对话交往的私人领域，而家庭职业私人性是指个人具有的职业成就感和竞争精神。但是，这两种最重要的动机在系统（经济系统和政治系统）的干预下，已经遭到了破坏，而根源就在于希望工具理性的极度膨胀。③ 这种理性危机与交往困境反映在家政学学科发展中，即家政学学科作为一个整体并没有很清晰地分享着共同价值观、概念、信仰和期望。从学科创立至今就一直存在至今，缺乏相互理解和一致。这种专业共同体的缺失主要在学科上表现出个人放任主义和独裁主义的特征。

　　家政学学科的个人放任主义特征首先表现在人们选择学习家政学的动机。1968 年阿迪斯·杨（Ardis Armstrong Young）和邦妮·约翰逊（Bonnie Johnson）的调查显示，人们选择学习家政学更多的是出于个人的经济利益考虑，④ 挣更多的钱、对于职业更高的满意度、成为领导比提高个人和家庭的福利更能够吸引人，⑤ 就业机会是将不相关的一系列专业联结起

---

① 衣俊卿：《20 世纪的文化批判——西方马克思主义的深层解读》，中央编译出版社 2003 年版，第 138 页。

② ［德］哈贝马斯：《合法性危机》，刘北成等译，上海人民出版社 2000 年版，第 97 页。

③ 衣俊卿：《20 世纪的文化批判——西方马克思主义的深层解读》，中央编译出版社 2003 年版，第 140 页。

④ Ardis Armstrong Young, Bonnie Johnson, "Why Students are Choosing Home Economics", *Journal of Home Economcis*, Vol. 78, 1986, p. 37.

⑤ Shirley L. Baugher, Carol E. Kellett, "Developing Leaders for the Future of Home Economics", *Journal of Home Economcis*, Vol. 79, 1987, p. 14.

来的一个合适的理由。① 这种专业的联合被认为能够更好地抓住那些雇主的兴趣。在这些外部的利益考虑下，家政学学科成为松散的专业联合体，学科内部缺乏共同认可的概念和理论基础，从而使得家政学学科发展后劲不足。一旦这些外在的利益受到偶然因素的影响而不再吸引人，家政学学科发展将难以为继。甚至在家政学家参与公共政策的形成过程中也将个人利益作为基础来增强家庭生活的合法性。赫斯科林（Beulah Hirschlein）和卡明斯（Pam Cummings）的一项家政学学科全国性调查显示，很多参与公共政策的家政学家给出了个人利益的理由，如工资、保护工作科研经费等。② 一些从政策制定中撤出的人，其理由也是个人利益。其次表现为一种多元主义的信念、意义和价值，即一种意见和另一种一样好。家政学学科在普莱斯特湖会议中就出现了非常多的概念和理论，虽然各种观点甚至存在着冲突和矛盾，但十次会议在进行过程中总体来看非常和谐，并没有出现激烈的辩论与沟通。在技术理性过度膨胀的情况下，科学管理派一直成为显学主导了家政学学科的发展方向。直到半个世纪后这种导向才得到系统的清理和反思。家政学学科的社会文化派与科学管理派在观点上的对立并没有产生出两大学派之间针锋相对、学术争鸣的景象，在 20 世纪 60 年代后的一系列家政学学科大会中，始终呈现出的总是一幅和谐的场面。由此可见，家政学家内部缺乏真正有效的理性和沟通，导致了学科很难形成共同认可的概念和理论基础。在这种个人放任主义的思想下，学科转向于使用各种策略来获得公共承认，如家政学学科倾向于用一些商业技能如广告来树立形象。弗洛姆（Erich Fromm）认为，这种市场导向对于个人态度产生了严重的后果，将成功建立在不断变化的竞争性的市场中而不是一个人所拥有的人类品行上，产生了自我评估和自尊的不安全感。这种个人主义思想导致了多元主义的价值观和信念，缺乏达到相互理解并理性解决冲突性的价值观、信念和概念的交往，只剩了个体家政学家的主观性的解释，并且得不到验证和证实。家政学学科没有发展出理性的能力和社会的、道德的见解。

由于缺乏有效的沟通机制，家政学学科内部在放任自由主义流行的同

---

① Keith McFarland, "Home Economics in a Changing University World", *Journal of Home Economics*, Vol. 75, 1983, pp. 46, 51 –53.

② Beulah Hirschlein, Pam Cummings, "Educators' Involvement in Public Policy: Rhetoric and Reality", *Journal of Home Economics*, Vol. 77, 1985, pp. 50 –51.

时，还出现了个别独裁主义的现象。主要表现为将强调具体的沟通策略和方法，但这种方法的目的是让多数人服从少数人的观点。很多家政学家将领导力视为管理，以管理的技术术语和科层制来表达。很多文献显示家政学家关注沟通技能和人际关系，需要掌握很多策略或技能，目的是沟通并有效地处理与别人之间的关系。但这种沟通和交流策略的掌握目的仅仅是语言能力和说服别人的能力。如在美国家政学会内部出现对于特定领导人授予 VIP 称号，这种称号赋予领导人一定的权力和权威，在缺乏反思和批判的情况下，学科内部的成员倾向于追随并依附于这些领导人。这反映在家政学学科使用德尔菲方法中，召集所谓的"专家"通过未来主义的决策和规划技术，就可以决定学科未来的发展方向。这一过程中并没有再让更多的家政学家在学科共同体内部进行充分的沟通与讨论，仅仅授予几位专家决定的权力，从而影响了家政学家的理性和社会能力的发展。这种技术家导向也反映在定义专业内部问题的趋势上，将现实中概念性和规范性的问题定义为技术问题，通过技术措施来解决。由技术家决策和使用技术家的语言得到补充。

　　总体来看，家政学学科作为一个专业，缺乏共享的信念、概念和价值观的标准。家政学家受到个人主义思想影响严重，自我认识在很大程度上是个人的集合。家政学学科内部缺乏公共合法化理论来引导行动和决策，导致家政学领导者变得独裁，做决策的过程是权力中心的，将政治—道德的决策从属于技术程序。正如哈贝马斯所提到的，"人与人之间的交往关系越来越趋于非合理化，主体之间缺乏理解和信任，矛盾和冲突不断产生，因此，资本主义社会所面临的核心性问题就是工具理性过分强悍，理性化渗透到一切领域之后，日益侵入人们进行着交往的生活世界中，金钱与权力取代了语言和理解而成为人们联系的媒介，交往被扭曲，而成为伪交往或'无效交往'，这个社会陷于合法性危机与动因危机之中。"[1] 在这种危机中，家政学学科所做出的各种努力并不一定与学科的终极目的——提高个人和家庭的福利——相一致。

（三）实证主义思维批判

　　家政学学科的实证主义思维方式在本书中已经提到过（见第三章）。

---

[1]　衣俊卿：《20 世纪的文化批判——西方马克思主义的深层解读》，中央编译出版社 2003 年版，第 139 页。

霍克海默剖析了实证主义的肯定性思维方式特征,批判了它的消极的"无为主义"或"顺世主义"的社会功能。他指出,实证主义不管善恶好坏,把一切现存的东西都当作"事实",把思维变成处理事实的直观方式,它排除了思维的批判性和否定性,是一种肯定的思维方式,这种思维方式发挥着肯定的社会功能,起着维护现实的消极作用。① 先锋家政学家在排除社会文化历史等所谓形而上学知识的同时,将科学知识作为绝对的权威和真理,从而陷入误区。对于正确生活的效率、时间花费和技术法则的重视导致人们只关注做什么和怎么做,但忽视了反思和对于人类内心的观照。个体被作为一个无情的客观存在,而不是思考和感受自然与社会文化双重经验和知识的个人。个人就像是社会塑造成的,个人晋升的系统通过科学管理来完成。部分家政学家在家政学学科最初创立的普莱斯特湖会议上批评了这种观点,但并没有得到重视。总体来看,在普莱斯特湖的一系列会议上,家庭生活的情感层面被忽视了,出现得更多的字眼是"科学""控制"等。缺乏人文反思,家政学学科只是技术应用,没有一个核心灵魂的统摄。

以家政学创始人理查兹为代表的家政学显学——科学管理派的科学主义和社会控制思想决定了他们只注重实证主义的科学知识。在这种思想的影响下,家政学学科发展建立在科学实证主义的哲学上,随着科学发展的分化,家政学学科的体系也随之不断扩张。但缺乏一致认同基础上的学科使命和目的,家政学变成对于科学的无反思的应用。学科的分支越来越多,研究的内容越来越专业,不断地与母体渐行渐远,导致了家政学混乱的专业分化。这种将技术理性推崇至极的科学实证主义家政学由于缺乏必要的人文反思,沦落为物理学、生物学、化学等基础学科的应用,远离了家政学学科的整体,成为松散的专业组合。家政学的各个分支专业逐渐成为自然科学、社会科学或文学的附属品。家政学学科作为一个整体失去了原有的丰富含义,导致学科在20世纪下半叶出现了合法性危机。

---

① 陈振明:《法兰克福学派与科学技术哲学》,中国人民大学出版社 1992 年版,第 271—272 页。

二　家政学学科的父权制批判

家政学学科是现代美国妇女发展史的重要组成部分。现代美国妇女的历史也可以追溯到 1890 年。在这以后的 100 多年里，妇女为自身和社会的发展所进行的各种活动几经衰落与高涨。① 美国家政学学科的产生与发展体现了妇女在传统与现代文明中的斗争、徘徊与成熟。从某种意义来说，妇女的发展贯穿于美国现代化发展进程的始终。家政学家在经济、管理、公共生活、公共权力领域中的实践显示了：在现代文明的冲击下，女性不再拘泥于传统文化氛围的束缚，越来越多的普通女性意识到现代妇女是可以并且有必要勇挑传统与现代意义上的双重责任的，家政学学科将女性的传统角色与现代科学技术相结合，帮助女性通过专业化学习积极地参与社会发展，在一定程度上实现了传统与现代角色的交融，妇女解放的程度是衡量普遍解放的天然标准。家政学学科发展体现了传统与现代文明的冲突与融合。

家政学学科的人本维度相对于技术理性维度来说，非常薄弱。从根本上来说，源于学科的性别化特征及家政学技术理性维度的过分膨胀，从而压制了人本维度的发展。家政学的人本维度体现在学科的女权主义思想及社会文化派对科学管理派思想的批判中。社会文化派对技术理性在学科内的过分扩张起到了一定的约束作用，但这也是 20 世纪中期之后家政学遇到了巨大的学科分裂困境后才进一步发展成熟的，与科学管理派并列成为家政学学科的两大学派的，在前文中已经提到过，在此不再赘述。相比之下，家政学的女权主义思想则一直停滞不前，在 20 世纪 70 年代遭到了激进女权主义者的猛烈抨击后才开始反思这种传统的性别分工框架。这一方面发展的迟滞性反映了父权制对家政学所产生的强大的影响和控制力量。父权社会至今仍然存在，是一个自父权制社会产生以来就一直深深影响着人类社会发展的无处不在的渗透性力量。因此，家政学学科作为研究女性受到夫权制控制最为集中的场所——家庭日常生活——自然很难轻易地摆

---

① 王春：《传统与现代文明的冲突与融合——妇女与 20 世纪美国社会的发展》，《高等函授学报》（哲学社会科学版）2001 年第 1 期。

脱这种强大的力量。因此，家政学学科的父权制批判任重而道远，将随着妇女解放与发展的进步而不断向前推进，从而强化学科内存在的现代性人本维度，促进妇女自身的现代化发展。

家政学学科成立初期的年代背景是 19 世纪末 20 世纪初期的美国。这个时代的美国正处于由农业国转为工业国、传统文明与现代文明冲突与融合的交接阶段。在这段时期内，工业主义迅速发展，家庭的生产功能逐渐被剥离开来，男性逐渐脱离家庭从事有酬劳动，女性则留在家中承担家务劳动，照顾家庭成员，性别分工最终使社会和家庭成为截然分开的公共领域和私人领域。[①] 公共领域的工作在父权制中得到重视是因为有经济的价值，可以获得薪水。而私人领域的工作（主要指家务劳动）则缺乏经济价值，没有薪水。[②] 带薪工作和无薪工作的边界由家庭来划定，这种将世界简单地二元划分限定了妇女们的活动领域。在这种家庭模式下，妇女教育机会少、处于从属的地位，大多数女性还是受着传统的"要讲道德、对上帝虔诚、对丈夫忠诚、顺和温柔"的家庭教育。男性对理想女性的要求更多的是局限于家庭中的贤妻良母。这是典型的父权制统治下的社会。

凯特将父权制作为一种思想体系来解释："父权制是一种性别之间、代际的规定，它将家庭和工作分成男性的和女性的部分，从而成为一种等级制度。"[③] 男人处于更为有利的权威地位，他们可以行使权力和自主权来统治女人和儿童。男性事实上基于父权制掌管了家庭，无论他们是穷是富，男性都能够依赖头领，女性则要臣服于权威。女人的工作被限定在家务劳动和教养儿童上，儿童的早期社会化就是女性的家务活儿之一。父权制让男人压制女人，让女人依附于男人。像所有成功的思想体系一样，父权制已经深入到社会中看不见或不被人们觉察的角落。由此可见，父权制是妇女发展的主要桎梏。

家政学是由一群接受过教育甚至是高等教育的先进女性倡导成立的学科，要求为妇女提供职业发展机会并让妇女在社会和市政管理中发挥更大的作用，目的是提高人们的生活质量。妇女要求走出家庭，无疑对当时父

---

① 周莉萍：《美国妇女与妇女运动（1920—1939）》，中国社会科学出版社 2009 年版，第40 页。

② D. Pendergast, S. L. T. McGregor, Positioning the Profession beyond Patriarchy, http://www. kon. org/patriarchy_ monograph. pdf.

③ Ibid.

权制主导的社会是一种挑战。家政学学科在发展之初连连受挫并且不被认可。例如，自美国家政学会成立以来，男性发言人不断地将家庭强调为在男性权威控制下的妇女接管的场所，并将家政学学科研究集中在更为专业化的家庭事务管理的范围内。教育专员埃尔默·布朗（Elmer E. Brown）将家政学学科称为"将家庭变得更为有吸引力和健康的工作，为的是提升我们的道德生活"，美国农业部农民研究所的长官约翰·汉密尔顿（John Hamilton）则将家政学学科曲解为"去告诉人们怎么在全国每个家庭里正确地安置厕所"。① 作为谋求妇女发展的专业学科，家政学的研究内容深入到父权制控制最为严格的家庭日常生活中，必然面临着父权制的反抗和改造。美国家政学学科的发展历史证明，学科在父权制的影响下，尤其是大扩张时期，逐渐失去女性发展与解放的意义而成为男性理想中培养贤妻良母的教育。这种异化的发展直到 20 世纪下半叶才得到一定的改善。家政学学科的父权制批判主要体现在学科发展过程中由于人本精神的不足所导致的各种异化现象，这种异化主要包括命名的妥协、教育的性别化和中性化改造、研究的边缘化及社会推广工作的尴尬地位。

（一）家政学学科命名的妥协

　　家政学学科命名过程并不是一帆风顺的，在一个多世纪的发展中，美国家政学经历了多次命名的变化，这种变化的背后反映了家政学人文维度发展的不足。

　　1. 早期家政学学科命名的争论

　　家政学学科并非在创立时期就得到了家政学家们的一致认可。在 1908 年的第十次会议中"家政学"（Home Economics）的命名被确定。由于理查兹对家政学这一命名并不满意，后期还曾考虑人类生态学代替家政学。在 1907 年她将人类生态学定义为"研究影响人类生活的环境"，目的是促进人类发展，但由于人类生态学当时也是生物学的研究框架，因此理查兹最终放弃。在实践中，普莱斯特湖会议小组采纳了三重的术语。第一是家庭艺术（Household Arts），来指小学，暗示着与公立学校手工劳动相关的烹饪和缝纫等。第二是家事经济学（Domestic Economy），出现于

---

① Sarah Stage, Virginia B. Vincenti, *Rethinking Home Economics: Women and The History of A Profession*, Ithaca and London: Cornell University Press, 1997, pp. 25 – 33.

比彻（Catharine Beecher）的《家庭经济学论述》中，主要集中于 19 世纪 90 年代的家庭主妇问题，尤其是仆人的问题。随着移民大批涌入，中产阶级和上层阶级妇女发现很难找到带薪的帮助，她们希望给移民女孩提供更好的培训，与雇主能更好地进行交流。第三是家事科学（Domestic Science），将厨房与化学实验联系起来，强调营养和卫生。家政学从社会科学中借用来，明确地指出家庭与更大的国家之间的关系，鼓励改革和市政管理。① 理查兹更喜欢"家事科学"，但最后她还是同意了"家政学"的命名。她妥协的意愿在于想让她的家政学学科成为东部女子精英学院的课程。理查兹希望让家政科超越烹饪和缝纫，她心中的家政学是为受过教育的妇女准备的。在麻省理工学院，她就主持过家事科学课程，但是她认识到家政学更适合作为人文学科在女子精英学院开设课程。1893 年，理查兹在卫斯理学院（Wellesley College）开设家事科学课程，遇到了重大的挫折。布尔茅尔学院（Bryn Mawr College）认为"烹饪和家庭管理不能增进更多的知识，也不能成为培养知识女性的基础课程"。② 院长托马斯·凯里（Thomas M. Carey）认为家政学学科太多性别偏见。自此之后，家政学就被公众误解为持家技巧、非学术的并来自中部地区的农学院（被认为比东部的大学要差），东部的家政学学科起源是烹饪学校。理查兹被这些挫折打击了，但很快她认识到在家政学学科被学术界承认之前学科必须标准化和专业化。普莱斯特湖会议就是她的这一想法的集中表现。理查兹不断地通过会议将家政学学科推进到自然科学和社会科学的研究领域中。她计划的中心是"为受过高等教育的妇女提供家政学教育并培养她们的领导力"。③ 她接受"家政学学科"这一名称，因为这样可以给学科在学院和大学找到一个位置，而不是仅仅和家庭艺术相联系。④

    理查兹作为家政学学科的创始人，其思想影响的深远性及对学科的重

---

①   Sarah Stage, Virginia B. Vincenti, *Rethinking Home Economics*: *Women And The History of A Profession*, Ithaca and London: Cornell University Press, 1997, p. 5.

②   Isabel Bevier, Susannah Usher, *The Home Economics Movement*, Boston: Whitcomb and Barrows, 1912, pp. 15 – 16.

③   American Home Economics Association, "History and Outline of the First Conference", *Proceedings of the First*, *Second*, *and Third Conference*, Lake Placid, NY, 1899 – 1901, p. 3.

④   American Home Economics Association, "History and Outline of The First Conference", *Proceedings of The First*, *Second*, *and Third Conference*, Lake Placid, NY, 1902, p. 7.

要贡献是美国家政学学科史上至今无人能及的。但这个具有传奇色彩的家政学家多次主动尝试对自己领导并创立的学科进行命名，均没有获得通过，原因何在？理查兹的"优生学"和"环境改善学"在父权制框架内是冲击传统男性价值观的，男性更愿意承认更具有女性及母性色彩的"家政学"（Home Economics）。"家庭"（Home）作为私人化的空间丝毫都没有威胁到高高在上的男性主导的公众工作，而"经济学"（Economics）被冠在家庭的后面成为装饰品。在当时，家政学学科包括的主要是持家的知识，当时这被看作次等的或者是边缘化的。男性管制了家政学学科并将其放在较为次要的位置，妇女不被认为有任何权力或地位，不能对此做出有力的挑战。被重新定位后的家政学学科又回到了家庭的范围，得到了当时学术界的承认。这种解释并不是对理查兹贡献的忽略，而是展现了父权制思想统治下家政学的真实生存状态。父权制是理解家政学学科的关键所在。家政学学科的命名说明了家政学是建立在一个父权制思想主导的社会里的，家政学的创立者为了使学科得到承认必须遵守父权制的权力分配规则，这是家政学处于边缘化的根本原因。

2. 20 世纪 70 年代家政学学科命名乱象

从 20 世纪 60 年代开始，一些家政学家通过改变命名从而带来新的生活。这种策略的寓意似乎是从过去的形象中脱离出来。但在命名改变之后，家政学学科的内容保持不变，家政学学科的根本问题也没有得到解决，因此这种策略注定是不能达到效果的。

在 20 世纪 60 年代到 80 年代初期，美国很多大学家政学院系改变了命名。在一项研究中发现，直到 1973 年，有 22 个单位（大约 10%）更换了名称。[1] 厄尔·麦格拉思在 1968 年指出，仅仅改变名称是不能改变产品的。[2] 进一步他坚定地认为改变命名只能导致失去地位。[3] 更多的学者指出这种命名的目的更多的是出于学科的形象建设，但并没有对学生专业学习的质量、专业服务的质量或政治—道德和理性方面的提高有所增

---

① Susan Weis, Marjorie East, Sarah Manning, "Home Economics Units in Higher Education", *Journal of Home Economics*, Vol. 66, 1974, pp. 11 – 15.

② Earl J. Mcgrath, "The Imperatives of Change for Home Economics—Questions and Answer Panel", *Journal of Home Economcis*, Vol. 60, 1968, p. 512.

③ Ibid.

强。玛格丽特·罗西特指出这些命名的最大特点就是"有点性别中立"。①事实证明命名的改变没有起到很大的作用，更具有讽刺意味的是，还带来一些负面的影响。首先，命名变化使得家政学学科和别的学科边界更不清楚。学科仅仅改变命名，哲学层面和项目内容层面不做改变，加大了学科的混淆性。其次，降低了学科地位和影响。家政学学科不断地通过别人认为强有力的和当时有价值的东西来取得合法化和认同，由此给人造成了学科软弱无力的印象。总之，企图通过改变命名来改造家政学学科的实践被很多学者认为是造成 20 世纪家政学学科不稳定并且缺少清晰的目的、方向或价值的罪魁祸首之一。尽管学科的各种改变开始都是怀着最好的意图，因主流思想范式——父权制的影响现在仍在盛行其道，学科仅仅改变形式而哲学层面和项目内容层面不做改变，在这种情况下起不到提升地位的作用。法尔博（F. Firebaugh）和布伦伯格（J. J. Brumberg）认为"家政学被忽视、误解甚至边缘化"②。

（二）家政学教育的性别化阻隔

家政学的教育性是这个学科最具有特色的部分，其使命在于帮助民众掌握最新的科学的生活知识和技能，从而建立适合时代需要的生活方式，不断推进人自身的现代化进程。然而，这种良好的改革愿望并没有得到预期中的发展，而是出现了一系列的异化现象。这种异化的发展包括将家政学学科理解为性别化教育或中性化教育。

1. 《史密斯—休斯法案》导向下的性别化教育

家政学学科创立后，一直到 20 世纪 70 年代，家政学学科的重点一直放在妇女和女孩身上，作为家政学家的服务对象。尤其是 1917 年《史密斯—休斯法案》颁布后，对家政学学科进行拨款，并扩张到各级教育之中，成为针对年轻女性的专门教育。

《史密斯—休斯法案》为家政学培训提供了资助，并规定高校家政学学科的中心使命就是培养中小学的家政学学科师资。不幸的是，法案将家政学学科和职业培训捆绑在一起，而那时高校开始转向"纯理论研究"

① D. Pendergast, S. L. T. Mcgregor, Positioning the Profession beyond Patriarchy, http://www. kon. org/patriarchy_ monograph. pdf.

② Ibid.

(Pure Research)。结果，家政学院系被设计为相当于教师培训的项目。通过资助培训中小学的家政学教师，刺激了家政学学科在大学的扩张，但应该看到的是这种发展的代价是将家政学学科限制在了一个比较狭窄的范围内。在 20 世纪早期希望追求科学研究职业的妇女经常选择家政学。随着家政学日益参与到公立学校教学的教师培训中，这些学院更容易作为一个职业培训机构，而非科学机构。更重要的是，随着管理结构的增长，减少了家政学的科学性，导致其"越来越沦落为职业培训部门"①。尽管家政学教育在全国的学校系统中扩展，但早期家政学改革派的支持者也许会质疑这种发展所付出的代价。

《史密斯—休斯法案》将家政学学科改造为一种针对女性料理家事的能力的技能培训，结果是中西部赠地学院都成立了家政学院系。颇具讽刺意味的是，这些院系为受过高等教育的妇女提供了在家庭外的就业机会并在学术界站稳了脚跟。而当初理查兹在东部女子学院的苦心推广家政学教育努力却毫无成果。由此可见，家政学学科的发展需要得到外界的定义和认同，这种发展的力量不是妇女改革意义上的，而是在现有的公共领域和私人领域的划分中重新限定女性的角色。为了扩张妇女就业的机会、争取性别平等，家政学家希望按传统的观点从事妇女传统的领域——用传统的术语来掩盖住非传统的活动，但这种努力往往最后又被引入了传统的路线。这也是家政学学科发展始终最为人诟病的方面。

2. 第二次世界大战后家政学学科的中性化改造

第二次世界大战后，家政学教育受到了女权主义者的猛烈批评。家政学院系的领导人认为通过命名改变、招收男性管理者和男学生等一系列措施可以让家政学学科性别结构更为均衡，从而改变学科是培养贤妻良母的女性教育的刻板印象。家政学领导者队伍老化，而且主流的学术界对家政学也有排斥，在经历了一系列痛苦的重组之后，家政学家发现学科并没有从中受益，反而被男性所主导的学科蚕食。家政学的分支领域不断地被分裂出去，并与家政学本体撇清关系，使学科发展陷入了更深的困境。

20 世纪 50—60 年代正是学术繁荣和高校院系扩展的黄金时期。当时

---

① 　Rima D. Apple, Science Gendered, "Nutrition In The United States, 1840 – 1940", *The Science and Culture of Nutrition*, Amsterdam：Rodopifor The Wellcome Institute Series in The History of Medicine, 1995, pp. 129 –·157.

的高校管理者大多都是男性，他们对于家政学持有怀疑和敌意。男性管理者指出家政学博士比例小，大多数教师都是女性，尤其是年老的和单身的女性，这种女性主导的学科过时了。家政学的领导者一方面必须同人员和资源的损失做斗争，另一方面需要对学科进行定义以保护学科的严谨性和社会的重要性。她们不但从学校层面还从国家层面不断地强调学科的合法性，组成了多个委员会希望取得更大的研究支持。尽管从美国农业部获得了一些支持，但其他联邦机构如国家科学基金会（NSF）、国立卫生研究院（NIH）、国家精神健康研究院（NIMH）都拒绝承认家政学是科学，尽管它们都支持营养学和发展心理学。

几位家政学院长认为一个实用的拯救家政学学科的方法就是有限聘用男性，尤其是儿童发展专业的博士生。她们认为这样可以吸引研究资助和权威。但在这些年还是有很多家政学项目逐渐衰退，尤其是芝加哥大学、哥伦比亚教师学院和加利福尼亚大学伯克利分校，都撤销或解散了家政学院。到了20世纪60年代中期，"伟大社会"计划为家政学相关学科提供了大量的资助，很多家政学院长都处于退休的年龄，不能有效利用这些资源。这个时候男性乘虚而入占领了这个领域。到1968年，很多家政学院都被强迫重新命名、更换员工和重建。

总体来看，家政学学科的中性化改造从本质上来讲是男性化的改造。这种改造实则是偶然中的必然。家政学在前半个世纪的发展都是利用了所谓的"女性优势"，在承认两性分工的基础上，将女性的工作科学化和专业化，但并没有拓展到男性，仍然是一种性别化教育。第二次世界大战后随着美国民众整体主体意识的提高，这种性别化的教育显然已经不符合时代的需要了。家政学学科若不能主动地进行改革，只能被主流的权力机构所改造。事实上，父权制并没有消失，而是深入到更为隐蔽的层面，更多的是带着科学和客观中立的外衣来审视女性和她们的实践活动。男性管理者将家政学进行了科学化的改造，并形成若干新的科学，如酒店管理、营养科学、儿童心理学，这些分支逐渐与家政学学科母体脱离开来，列入被认可的"科学"行列。家政学家显然并没有认识到这种改造的本质，而是被动地接受了学科被分裂的现状。

（三）家政学研究的尴尬地位

家政学学科对科学技术的过度推崇与提高女性的主体意识并非一致，

在早期的发展中忽视了对性别平等、自由等概念的思考，导致其不能在第
二次世界大战后迅猛增长的人本主义思潮中进行有效的转型，从而被男性
为主导的学术团体和女权主义者两面围攻，陷入极其被动的改造。家政学
家玛格丽特·罗希特指出，直到男性进入家政学学科领域，学科才开始得
到资助和合法地位。她认为学术界存在很多黑幕，很明显性别而非智慧，
才可以决定能不能得到资助和支持。[①] 但这种见解忽视了家政学学科现代
性的不彻底，正是后者才让男性有了可乘之机。家政学研究的这种弊端导
致了部分家政学院系，尤其是在著名研究型大学的家政学学科在 20 世纪
后半叶经历了被动的撤销和重建。

1. 家政学研究项目被撤销的案例

1904 年在塔尔伯特的带领下，芝加哥大学成立家庭管理系（Depart-
ment of Household Administration），之后被改成教育学院。到了 20 世纪 20
年代，在凯瑟琳·布朗特的领导下，进入艺术、文学和科学学院及研究生
院。到了 20 世纪 40 年代末，芝加哥大学的家政学毕业生中博士学位获得
者非常多。但后来校长罗伯特·哈钦斯（Robert Maynard Hutchins）及其
他的男性管理者认为没有对家政学研究项目进行资助的条件了，于是将家
政学项目分割为三部分：生物科学、社会科学和人文科学。到了 1950 年，
新的生物科学的院长拒绝管理旧有的家政学项目。到了 1952 年家政学系
被降为一个委员会，这迫使很多教师退休或离开。到了 1956 年塔尔伯特
（当前仅存的三个员工之一）离开的时候，校长宣布家政学项目终止。

2. 家政学研究项目被重建的案例

在 20 世纪 40 年代，哥伦比亚教师学院的家政学学科在食品和营养方
面非常有影响，随后在海伦·邦德（Helen Judy Bond）的领带下又开始集
中于科学与艺术系，但到了 20 世纪 50 年代又回到了营养学项目中，附属
于科学教育系。过了一些年项目归入了健康服务中的新分支营养科学中，
这是营养基础研究与新课程需要的一种妥协。[②]

---

① Margagret W. Rossiter, "The Men Move in: Home Economics in Higher Education, 1950 –
1970", *Rethinking Home Economics: Women and the History of a Profession*, Ithaca and London: Cor-
nell University Press, 1997, pp. 116 – 117.

② Orrea F. Pye, "The Nutrition Program at Teacher College, Columbia University", *Conference
on Education in Nutrition: Looking Forward from the Past*, New York: Columbia University, Teachers
College, 1974, pp. 10 – 11.

1955 年加利福尼亚大学伯克利分校的学术议员建议将家庭科学系（Department of Household Science）取消，放入戴维斯分校和圣巴巴拉分校。大多数男性管理者认为家政学对于著名大学的学术权威来说是一种尴尬。在各种斗争之后达成了妥协，营养科学的研究生继续在伯克利分校进行，其他的家事科学则转到戴维斯分校和圣巴巴拉分校。1962 年，新任营养学的负责人将家政学学科的名称取消，改名为营养科学（Nutrition Science）。

1954 年，康奈尔大学的纽约州立大学家政学院的院长海伦·亨德森（Helen Henderson）到了退休的年龄。1965 年校长建立了一个委员会研究学院的未来。委员会的大多数委员都是男性。1966 年委员会发布了一个最终报告，建议家政学院的名称要变化来反映新的更为广阔的视角。学院应该分为五个系。这个报告为 1968 年的巨大变化奠定了基础。1968 年 5月，领军型人物伦斯莱尔（Martha Van Rensselaer）去世，6 月卡诺耶（Helen Canoyer）退休，7 月新的男性院长上任，以无记名投票方式将学院改成人类生态学学院（College of Human Ecology）。[1] 新学员规模迅速扩张，但同时女性的比例显著下降。20 世纪 60 年代其他学院也经历了类似的变化。如威斯康辛大学的家政学院，被改名为家庭资源与消费科学学院（School of Family Resources and Consumer Sciences）。

家政学学院或家政系的项目经过了撤销、重建等种种改造之后，原来的优势领域如营养学等被分化出来成为自立门户的学科，并且由于其科学性程度高，在地位上还高于家政学母体。这种学科发展的尴尬情况集中表现出性别歧视对家政学学科造成的负面影响。

（四）家政学知识推广的伦理困境

早期家政学学科利用传统的女性形象来发展自己，虽然取得了一定的成效，但也产生了很多意想不到的后果。在父权制的社会中，任何性别导向的领域看起来都注定要被歧视。家政学学科在社会各个领域中的实践活动也不例外。家政学家在努力推广现代化的生活方式的同时，却被男性同事视为一种竞争和威胁。如进入商业界的家政学家面临着特别的困难。她

---

① Michael W. Whittier, "Part III: Epilogue, 1965 – 1968", *Rethinking Home Economics: Women and the History of A Profession*, Ithaca and London: Cornell University Press, 1997, p. 113.

们想寻求专业的地位，但是她们的雇主只对她们的家政学家的科学形象和性别特征感兴趣。家政学院系的扩张与商业中的实验厨房和产业为家政学毕业生提供了很好的就业机会，但是在她们可能获得胜利的时候却给专业主义带了不利的影响。很多雇主认为任何妇女都可以作为家政学家，并且雇用没有经过培训的妇女来为他们的厨房工作并推广这些产品。

从学科创立之始，家政学家就开始向主流的父权制话语屈服，现今这种模式已经延续成为主流的实践。家政学学科采用了看起来是用意良好的但实际上并不合适的方法来建构学科，以期在父权制框架中取得合法地位。如通过命名的转变，家政学家期望学科的关注点从没有得到重视的家庭生活转到社会更为关注的人类活动上。如将学科的关注点放在科学、人类学、消费学、客户等之上，典型的名字有一长串，家庭和消费科学（Family and Consumer Sciences）、人类科学（Human Sciences）、人类生态学（Human Ecology）等。但这种良好的愿望并没有实现，相反，学科命名上的混乱还使公众对于家政学学科更为不了解。因此，只对命名进行表面的改变而不触动学科存在的深层问题，这种命名的变化并不能产生实质性的效果。

总体来看，家政学学科的人本精神维度发展相对薄弱与美国妇女整体的主体意识发展有很大关系。家政学学科是现代美国妇女发展史的重要组成部分。现代美国妇女的历史也可以追溯到 1890 年。在这以后的 100 多年里，妇女为自身和社会的发展所进行的各种活动几经衰落与高涨。① 美国家政学学科的产生与发展体现了妇女在传统与现代文明中的斗争、徘徊与成熟。从某种意义来说，妇女的发展贯穿于美国现代化发展进程的始终。家政学学科从妇女传统的社会性别分工出发，通过对日常生活的重建和批判，从而实现妇女自身的现代化。在这种意义上，家政学学科人本维度的增长是妇女解放和发展的重要标志。而这种解放与发展也在一定程度上反映了整个美国社会的进步状况。空想社会主义思想家傅立叶曾指出："某一历史时代的发展总是可以由妇女走向自己的程度来确定，因为在女人和男人、女性和男性的关系中，最鲜明不过地表现出人性对兽性的

---

① 王春：《传统与现代文明的冲突与融合——妇女与20世纪美国社会的发展》，《高等函授学报》（哲学社会科学版）2001 年第 1 期。

胜利。"①

从家政学学科的发展史可以看出，学科创立于进步主义时代，具有一定的社会改革精神。家政学学科的创始人为清一色的女性。早期家政学的内容基础就是在原来女子教育的基础上，进行了科学化的改造。先锋女性希望借家政学学科赋予家庭工作重要价值，以此提升女性工作的地位，并帮助女性走出家庭，但这并没有从根本上打破父权制下性别化的分工，因此徘徊于传统与现代之间。这种性别分工的局限在家政学人本维度发展不足的情况下使得学科发展在后期出现很多问题。如1917年《史密斯—休斯法案》中对家政学教育的界定与早期家政学学科的社会改革精神明显不同，但家政学家还是默认了这种对学科的资助并在家政学教育的迅速扩张中短期受益。这种扩张既没有将家政学家视为生活科学家，也没有将其视为妇女发展的开拓者，而是将家政学教育作为培养理想中的贤妻良母的手段，将家政学学科视为性别化的教育是父权制下两性二元分工的结果。在这种发展模式中，家政学学科虽然传播了现代化的生活方式和理念，却进一步固化了女性在家庭中的角色，显然是有违家政学主体精神的。家政学人本维度的不足使其在后期发展中付出了巨大的代价。家政学学科的历史看起来充满了各种策略，这些策略虽然也产生了一定的短期成果，但却留下了长期的问题。

三　家政学学科各个维度之间的张力

家政学学科现代性维度之间的张力包括了精神性维度与制度性维度之间，以及精神性维度、制度性维度之间内在的张力。

（一）家政学学科两大维度之间的张力

现代性的精神性维度和制度性维度之间存在着既相互依存又相互冲突的张力机制。从精神性或精神气质上来看，启蒙作为用理性之光来消除迷信和神话的运动，内在地蕴含着对人的独立性、成熟性、自主性，特别是

① 中华人民共和国全国妇女联合会：《马克思、恩格斯、列宁、斯大林论妇女》，中国妇女出版社1990年版，第7页。

人的自由和人的权利的承认和维护，而这样一种精神性维度是需要选择一种制度化的途径来保证所有公民乃至所有人的自由和平等，这也正是启蒙运动的特殊的高峰法国大革命的旗帜，即自由、平等、博爱。从逻辑上讲，启蒙这样一种精神气质，必然导致以民主作为其根本的制度选择。这是毫无疑问的，实际的历史进程也在不断朝着这一方向努力，并因此使自由和民主的关系，一直成为现代性在理论上和实践上的关注焦点。不过，必须看到问题的复杂性和历史的曲折性，我们发现，在围绕着启蒙或现代性的自由精神所做的制度选择方面，情况颇为复杂，其中有两种民主或自由之间形成了悖论的情形：一种情形是启蒙运动的理性诉求并不一定指向民主，而是可能由于理性的普遍性要求和理性控制的机制而走向某种形式的专制；另一种情形是启蒙运动（特别是法国大革命）在主观上是要建立民主制度，或者在实际上也建立了某种形式的民主制度，但是这种民主制度并没有能够行使保护公民自由和权力的能力，而是走向了反面或者导致了负面的、危机的后果。[①]

　　从赫勒关于"自由的悖论"同现代性的关系的分析，我们可以获得一种启示，即以"自由的悖论"所体现出来的现代性内在的"制度性"和"精神性"的张力，在更深层性实际上折射了人的生存结构中的一种基本的矛盾或张力，即"稳定性"和"超越性"的矛盾和张力。充分彰显的主体自由是同现代性相伴生的，但是，自由同时也是人之为人的基础规定性。人作为自由自觉的实践存在，一方面，必须通过"制度化"的途径来实现自己的内在潜能和创造性，并且把自己的文化创新通过自觉的或不自觉的"制度化"的途径来固化下来，从而取得某种程度的"稳定性"；另一方面，人又必然不断通过自己的劳作和创新进而超越束缚自身进一步超越的"制度性的"存在和稳定性的东西，以防止自由被束缚。基于自由的生存悖论和张力结构是人之为人的内在规定，只不过是其在现代性的机制中以淋漓尽致的方式充分发挥出来，因此，它在各个层面、各个方面所展现出的一些危机特征也必然更加明显。[②]

　　现代性的精神性维度与制度性维度之间的张力在美国家政学学科发展中，表现为精神性维度先行，制度性维度一直滞后于精神性维度的发展。

---

① 衣俊卿：《现代性的维度》，黑龙江大学出版社、中央编译出版社 2011 年版，第 274 页。
② 同上书，第 298 页。

但一旦生成后就具有一定的稳定性，起到了巩固精神性维度的作用。在精神性维度进行调整的时候，制度性则成为一种阻碍的因素。如理查兹家政学思想中的人文精神，即家政学学科在社会改革、妇女解放上一直没有得到发展。由于社会中父权制思想的强大压制，家政学学科的精神性维度中只有工具理性先在学科的制度性维度中发展起来，这造成了家政学后期陷入的"进步性和解放性不足"的困境。工具理性下发展起来的家政学学科制度性维度一旦生成，就成为一种强大的统摄性力量，甚至成为一种意识形态统治了家政学，使学科丧失了应有的批判性和反思。

（二）家政学学科具体维度的内在张力

现代性的具体维度内部也存在着巨大的张力结构。以科层制为例，科层制与个体主体性和民主制之间的张力说明了现代性维度内部的张力。一方面，按照韦伯的观点，科层制是最具理性的行政管理方式，作为科层制的活动主体的人（官员），是具有特定理性知识背景的专业化人才，理性化的、精细化的、量化的管理为理性主体（理性化的人）的管理能力、管理思想、创造力和效率提供了前所未有的空间。但是，另一方面，科层制在不断完善和丰富的过程中，建立起严格而细致的规章制度、精确的分工和责任，使一切活动都服从于理性的规则和程序，结果科层制的运行越来越具有"非人格化的"特征，变成按照烦琐的公式程序例行公事的"形式主义的非人格化的统治"，[①] 在这种情况下，"业务上完成任务首先意味着解决事务'不看人办事'，而是根据可以预计的规则"。[②] 这样一来，服从于普遍的理性化原则的科层制又排斥了人的个性、思想和创新，形成对个体主体性和创造性的压抑。这种张力结构也反映在家政学学科的发展中，如学科在发展到一定规模之后强调对社会的适应，缺乏批判性。

20 世纪 60—70 年代，美国大学中家政学项目的生存经常依赖于学生入学的数量，以及那种中心管理官员的削减成本和量化导向。为了吸引学生的数量，就缺乏了对质量的关注，吸引那些潜在学生的个人利益成为必需。这种情况下人们忽视了学科的真正利益：认同感、社会能力的重要性

---

① ［德］马克斯·韦伯：《经济与社会（上卷）》，林荣远译，商务印书馆 1997 年版，第 250 页。

② 同上。

及政治—道德承诺——所有这些都能清楚地被学科内部和外部的人发现。
这种思想集中表现在家政学学科的命名改变、公共关系项目及对家政学项
目的重组中。通过各种改革，家政学的招生情况有所改观，但这种改革并
没有真正解决学科的根本性问题，反而使得家政学的学科边界与别的学科
更不清楚。出现这种矛盾的主要原因在于科层制在追求管理效率，如在有
限的资源条件下，通过一些策略在短期内改善招生、毕业生就业等情况，
但这种做法忽视了家政学学科的人本维度的建设，对学科存在的重要问题
视而不见，因此并不能达到预期中的效果。

　　现代性的科层制与民主制也存在着一定的张力。从正面来看，科层制
和民主制具有共同的理性基础和某种共同的价值取向。具体来说，二者的
运行都依赖于按照普遍的共同的理性标准而确立的理性规则体系，同时，
指定和执行这些理性化的规则体系的社会主体本身都具有理性的知识背景
和平等的社会身份。[①] 从负面来看，科层制具有十分复杂的本性，它在摧
毁等级制和特权的同时又在管理中形成了一种新的等级制和集权的管理，
形成了一种"强势的集中管理"。科层制在对社会等级行使了"拉平化"
的功能后，又在理性、高效的按既定的规则运行的过程中建立起新的不平
等。彼得·布劳和马歇尔·梅耶认为，科层制能够服务于多重目标，甚至
可以服务于相互冲突的目标，它同民主制的相互关系不是简单的而是十分
复杂的，"一方面，为了保证所有的民主权利（不包括各种社会的初民），
需要有强势的集中管理。另一方面，科层制强势地又通过把个人置于组织
之下而创造了不平等，无论是商业组织、政府机构、自愿性组织譬如政党
和今天所说的'特殊兴趣群体'"。[②] 他们认为"科层制既是民主自由的
保护神，也是民主的障碍"[③]。具体到家政学学科的发展上，从上文的阐
述中，可以看出，美国家政学会随着发展壮大，成为一个科层制组织。在
这个不断分化的专业组织中，逐渐产生了一批有魅力、有号召力的领导
者，他们的观点在家政学学科发展中具有相当重要的影响力。他们在美国
家政学会的地位非同一般，他们身后有大批的追随者，他们在各种大会中
的决定对家政学学科产生了重要的影响。这种领导者观点的集中与学术讨

---

　　① 衣俊卿：《现代性的维度》，黑龙江大学出版社、中央编译出版社 2011 年版，第 303 页。
　　② ［美］彼得·布劳、马歇尔·梅耶：《现代社会中的科层制》，马戎等译，学林出版社
2001 年版，第 186 页。
　　③ 同上。

论的民主性本身就存在一定的矛盾。最明显的是第 11 届普莱斯特湖会议，将几位有影响的家政学领导人聚集起来，通过德尔菲技术来决定家政学学科的未来。美国家政学会的这种"强势的集中管理"为学科发展带来了一定的向心力，但同时也对学科内部的民主交流造成了部分障碍。

在现代性维度的张力结构中，家政学学科陷入了学科的发展困境。技术理性在过度膨胀的情况下终于显露出巨大的问题——学科分裂。家政学学科总是妄图依靠更为高级的学科作为根基来发展自己，仅仅通过基础学科的应用来证明自己价值的效果是非常有限的。随着科学技术的不断分化，家政学学科体系也在不断膨胀，但学科作为一个整体的理论建设并没有跟上，导致越来越多的家政学学科分支渐渐远离了本体，走向所借鉴的基础学科，如化学、生物学、社会学、心理学等。家政学学科也越来越成为一个松散的专业联合体而非一个有着共同专业使命和目的的学科。

此外，家政学学科人本精神的先天不足也暴露出学科的另一个发展危机——来自父权制的改造。虽然妇女的主体意识在不断提高，但由于社会性别分工还没有彻底改变，所以父权制在现代社会以一种更为隐蔽的方式来制约女性的发展。由于家政学家一直没有完全摆脱传统社会分工的束缚，所以学科与妇女发展的关系也一直没有得到厘清。在盲目拥抱科学技术的情况下，导致学科发展缺乏批判反思精神，在表面化的繁荣发展中家政学学科被进行了父权制的改造。家政学学科在 20 世纪后半叶被进行了中性化或者更为准确地说是男性化的改造，有些不符合男性重建要求的家政学项目被缩减或撤销，家政学学科在现代社会中需要进行重新定位并进行反思调整，否则将失掉半个世纪以来家政学家们努力奋斗而得来的学术领域。

总体来看，家政学学科的这种困境来自家政学学科现代性维度内部的张力，要摆脱这种困境，家政学家必须意识到学科所具备的这种现代性并不是家政学学科发展的绝对保证。如果不加以及时的调整而任由其发展，可能会对学科产生毁灭性的打击。因此，家政学家必须认识并分析这种结构的利弊，对学科的现代性维度进行适当的反思和调整，才能有效地促进学科的现代性发展。

第五章

美国家政学学科的现代性潜能

美国家政学学科现代性的内在张力使学科陷入了诸多困境，家政学家认识到，如果不能进行及时的反思和改变，学科将面临生存的危机，由此他们在第二次世界大战后展开了长达 30 年的批判反思。家政学学科的这种内部反思和约束是学科对其内含的现代性所进行的自主的调整，经过调整后的家政学学科，在一定程度上抑制了技术理性的过分膨胀，鼓励了人本精神的成长，缓解了各种维度之间的冲突和矛盾，从而释放出家政学学科现代性所具备的内部潜能，使学科重新走向良性的发展历程。

一 家政学学科的现代性潜能

家政学学科在 20 世纪下半叶经历了学科分裂和性别定位的困扰之后，开始了反思与调整，这也是对前期现代性生成过程的一种反思和调整。抑制过度发达的技术理性维度，为人本维度的成长提供适宜的环境，并对现代性维度之间的冲突和矛盾进行协调，使得学科现代性内在的张力和冲突得到一定的缓解，从而有助于释放出家政学学科现代性所具有的潜能。

（一）家政学学科的反思性

家政学学科发展史中有一段较长的反思期，这一时期具有重要的价值和意义，是学科对前半个世纪发展过程中的全面清理和反思，从而为 21 世纪的发展奠定了基础。家政学家这一段时间的反思内容主要包括两个方面：一是对技术理性过度膨胀的反思；二是对学科的社会性别特质的反思。这两个方面直接关系到学科的生死存亡，因此受到了极高的重视（这种反思已经在本书中的多个章节进行了讨论，在此不多赘述）。此外，这一段时间学科内部还对美国家政学各种社团组织中的官僚主义、学科内部的民主制度、学科的专业伦理等问题进行了反思。

通过反思，家政学家认清了技术理性滥用对学科造成的危害。家政学学科分裂的根源就在于技术理性在学科内的泛滥。盲目崇拜科学技术的力量甚至将科学技术作为一种意识形态来取代理性的思考，这种崇拜消解了现代性内有的反思性，从而使科学技术在运用过程中反而产生了反理性的结果，如将家庭物理环境的改善作为提供家庭福利的唯一手段而忽视了人与人之间及家庭成员之间的精神发展等。这种技术理性的盲目扩张直接导致了家政学的学科分裂。随着科学知识的发展，家政学学科的体系不断扩充，不断分化，距离母体越来越远。家政学学科作为一个整体并没有很清晰地分享着共同价值观、概念、信仰和期望。很多下属学科甚至有脱离家政学学科独立发展的倾向（如营养学、早期教育等），家政学学科整体的价值被忽视，从而产生了多次学科的合法性危机。因此在 20 世纪 60 年代之后，家政学开始了大反思，明确学科的核心目的与理论，并积极寻求学科整合的方式，人类生态学就是一个例子，这部分将在下文中具体阐述。

对于家政学学科与社会性别的关系，家政学家在受到激进女权主义者的猛烈批判后也开始了深刻的反思。学科自创立初期就具有一定的女权主义思想，但这种有限的进步性是在承认现有的不平等社会性别分工的情况下产生的。但家政学学科的这种女权主义思想并没有随着学科的发展壮大而增长，而是在若干职业法案限定条件的支持下丧失了早期的女性解放与发展思想，成为培养贤妻良母的工具。女权主义者则开始与家政学学科分道扬镳，她们慢慢深入到了女性发展的根本桎梏——父权制的批判中。随着女权主义运动的不断深入，女权主义者逐渐认识到，私人与公共领域的二元划分让她们的思维一直局限于束缚或摆脱这种性别分工模式，真正的女性解放应该是解构这种划分。与此同时，家政学却始终在旧有的性别分工中发展，并且在全国范围内的各级教育中占据了一定的位置。然而这种发展只是阶段性的，并不意味着家政学可以轻松地避开社会性别的讨论。直到激进女权主义者向家政学学科宣战的那一刻开始，家政学家才认识到学科被别人视为女性发展的绊脚石，而与早期理查兹所代表的进步主义改革派女性所倡导的家政学学科大相径庭了。家政学在技术理性批判的同时，也开始了对父权制的批判。美国家政学会甚至成立了专业委员会，反思学科与传统女性刻板形象之间的关系，尝试着改进它的使命并重新定位它的目标。

　　从家政学学科的两大反思实践可以看出，二者均是在外部困境和危机的巨大压力下才开始的被动反思。按照理论分析，家政学学科在现代性生成的过程中应该就同时具备了对现代性的反思，但为什么这种反思没有同其他现代性的维度同步进行呢？这种反思性的滞后一方面与整个美国资本主义社会在 20 世纪上半叶进入垄断资本主义之后的发展特点有关。哈贝马斯在其著作《作为"意识形态"的技术和科学》中指出，自从 19 世纪末期开始，在先进的资本主义国家中出现了两种发展趋势：国家日益干预经济，以及科学技术日益取得统治地位而成为名列第一的生产力，这两种趋势把自由资本主义体制内的布局和目的合理的基本制度冲得土崩瓦解。哈贝马斯特别用韦伯的"合理化"观点和老一代批判理论家关于资本主义文明以人对人的双重统治作为基础的论点来论证关于科学技术使资本主义统治合理化的观点。他的基本结论是，技术的合理性并不是取消统治的合理性，而是保护了这种合理性，随着科技的不断进步，就出现了一个"合理的极权社会"。① 由此可见，整个资本主义社会在 20 世纪的发展就是以科学技术使资本主义合理化为前提的，因此对这种社会进行系统的反思批判难度之大是可想而知的，所以反思批判甚至是重建活动往往滞后于工具理性维度的发展。另一方面，家政学学科的实践主体大多数为女性，尤其是在 20 世纪上半叶几乎是清一色的女性，家政学学科所研究的内容也集中在与传统性别分工联系密切的家庭日常生活工作中。这种性别化特点使得学科现代性中的价值约束维度，即宗教维度也难发挥出对理性的促进作用，具体原因将在下文中进行分析。

（二）家政学学科的制约性

　　家政学学科的制约性主要表现为学科现代性所具有的价值约束维度，主要表现为宗教维度。从美国家政学学科的发展历史来看，家政学学科的价值约束维度并没有发挥出应有的作用，即对工具理性进行有效的约束。究其原因，主要在于宗教对女性的传统认识：要讲道德、对上帝虔诚、对丈夫忠诚、顺和温柔。

---

　　① ［德］哈贝马斯：《作为意识形态的技术和科学》，李黎、郭官义译，学林出版社 1999 年版，第 84—85 页。

新教伦理中关于职业的规定在潜在意义上所指均为男性，并没有将女性包括在内。因此，这种价值约束维度并没有在性别化的学科——家政学学科中表现出应有的约束作用。家政学家的主要力量均为女性，而20世纪初女性仍没有完全突破传统的社会分工，大批女性仍然被束缚在家庭之中充当着丈夫的辅助性角色，而传统家庭中的工作多为重复性和常识性的。因此，这种长期与公共领域的隔离的生活使得女性整体的理性发展能力受到一定的制约。早期家政学家虽然大都是受过高等教育的先锋性女性，但在家政学学科发展的前半个世纪却始终没有突破这种限制女性发展的性别分工模式，主要在于宗教关于女性的规定与传统的父权制结合起来，共同构成了学科人本精神维度发展的障碍。由于人本精神的不足，技术理性维度在缺乏约束的情况下迅速膨胀，这种膨胀并没有影响到父权制社会中男性的利益，而是被男性加以利用，把家政学学科改造为培养贤妻良母的工具。这充分说明了家政学学科所表现出的价值约束维度的复杂性。随着女性解放运动的深入，家政学学科将进一步破除父权制的束缚，价值约束维度也将随着这一趋势逐渐减少对学科发展的阻碍，从而释放出学科现代性的潜能。

二 家政学学科的反思性探索

经过了反思期的大调整，家政学学科明确了学科的发展方向——改变分裂的现状，将家政学学科作为一个整体进行理论建设。在这种整合的呼声下，家政学学科出现了跨学科、人类生态学等研究的视角。

（一）跨学科的探索

跨学科对家政学学科来说并不是一个新名词。早在家政学学科创立时就有学者认识到家政学学科的跨学科性质。如1920年就有了跨学科上的含义，布莱克（Nancy Belck）将家政学家称为综合学家（Integrationist），① 阿克辛（Nancy Axinn）认为跨学科"能够整合相关学科，让我们跨越学科

---

① Nancy Belck, "Some Thoughts on the Horn – East Paper", *Journal of Home Economics*, Vol. 75, 1983.

之间的边界，并将视野大开从相关学科中丰富自己"。① 但长期以来，学者们对于什么是跨学科并没有形成统一的意见，都是基于自己的理解对家政学学科进行整合，因此家政学学科的跨学科建设也并没有取得实质性的效果。到了 20 世纪 60 年代之后，部分家政学家再次提出学科的跨学科建设以应对学科的分裂危机。

1. 跨学科的含义

"跨学科""学科交叉"在很多家政学研究中指代混乱。multidisci-plinary、crossdisciplinary、interdisciplinary、transdisciplinary 等都出现在相关文章著作上，都以跨学科或跨学科的名称出现，令人迷惑不已。国外学者科克尔曼斯（Joseph J. Kockelmans）比较系统地分析了这几种学科形式：②多学科（multidisciplinary）指的是研究者研究的工作同时涉及多种学科，每一种学科独立地发挥作用，并没有有意识地整合起来，如人类学、化学、历史和数学；群学科（pluridisciplinary）指研究者必须掌握一个学科的知识才能进行另一个学科领域的研究、教学和学习。例如，一个物理学家必须研究数学；学科互涉（crossdisciplinary）指的是不同领域的学生在一起合作，为的是解决一个特定的问题，这个问题不能在单一的学科内界定；横学科主要用于研究特定的问题；跨学科（interdisciplinary）是在一个更大的框架内或模式内整合两个或更多的学科中的知识。跨学科不同于多学科的地方在于，多学科没有知识的整合。跨学科不同于群学科的地方在于，其视角是整合的并且创造性地让知识相互作用，而群学科仍然保持着各学科的专业化并且学科之间具有相互依赖的关系。跨学科还不同于横学科，横学科是不同学科内的专家尝试解决特定的问题，但是没有组成一个团体来在一个更大的框架内整合知识。跨学科研究的动力来自科学知识体系的内部，在于寻求调查方法的创新，寻求对具体问题的新见解。跨学科研究要求不同学科的研究者跨越学科的界限来进行协作研究，通过改造旧学科和创建新学科来改变科学的图景，促进科学的进步。学科交叉可以产生新的学科，称之为跨学科。

科克尔曼斯眼中的跨学科视角是一种全新的研究视野，为了寻求问题

---

① Nancy Belck. "Some Thoughts on the Horn – East Paper", *Journal of Home Economics*, Vol. 75, 1983, p. 57.

② Joseph J. Kockelmans, "Why Interdisciplinary?", *Interdisciplinary and Higher Education*, University Park: Pennsylvania State University Press, 1979, pp. 123 – 166.

的解决而将不同的学科整合起来。这些问题不同于单一的问题，是相互联系的并长期存在，并且都是人们普遍关注的问题，如健康、家庭、教育、环境、社会组织、政治等。

2. 家政学学科的跨学科理论

布朗指出，如果说现实中的家政学学科是跨学科的，那么这个结论就是错误的。也许有个别大学的家政学项目具有跨学科的因素，也许有个别的分支专业需要更强的跨学科性质，也许个别家政学家的知识更具有跨学科特征，但是家政学学科发展总体来看并非在跨学科视角下各个专业都成为连贯的整体。① 相反，现在的情况是多学科的发展，或群学科发展，有时候是在特殊研究项目中的横学科发展。由此可见，家政学学科的跨学科建设中首先对于"跨学科"基本概念的含义就缺乏共识，因此所开展的跨学科实践也是都基于自己的理解，并没有产生较大的影响。如 20 世纪 70 年代密歇根州立大学在他们的报告《家政学学科未来委员会的报告》(Report of The Committee on The Future of Home Economics) 中提到，"为了更好地理解人类和它周围环境的相互作用，我们必须整合各个领域的知识成为一个综合性的整体"。② 这篇报告提到家政学学科发展的方向是横学科，但是他们在报告中却多次用了多学科，可见当时对于这几个概念的理解是非常模糊的。报告中也提到了整合知识和跨学科等术语，但是并没有将其他的学科形式区分开来。这种问题也出现在个别学者的文章中，如玛格丽特·雷（Margaret P. Ray）认为知识应当处理个人和家庭的相互作用，理论也必须整合，因此学科需要交叉，但是她却在文章说多学科。③ 贝蒂·霍桑（Betty B. Hawthorne）提出家政学学科应该发展跨学科的观点，这种交叉应该发生在更为基础的层面，将家政学学科作为一个整体通过交叉研究和教学来达成专业的整合。她认为将"对于家庭的关注"作为家政学学科的核心，致力于家政学学科的核心能够很好地为学科交叉工

---

① Marjorie M. Brown, *Philosophical Studies of Home Economics in The United States*: *Basic Ideas by Which Home Economists Understand Themselves*, East Lansing, MI: Michigan State University, 1993, pp. 250 – 258.

② *Report of the Committee on The Future of Home Economics*, East Lansing: College of Economics, Michigan State University, 1968, p. 14.

③ Margaret P. Ray, "An Ecological Model of the Family", *Home Economics Forum*, Vol. 2, 1988.

作和研究服务。她还认为是家政学学科不能四处扩展以至于什么事都做，应该集中于学科精确表述的内容上，然后列出可以达成这些目的的方法。因此，需要家政学各专业在宽广的跨学科的视角来整合。① 家政学家们认识到学科需要进一步整合进而成为一个综合性的整体，但具体如何达成这个目的则没有取得共识。在这种情况下，家政学家只能够根据他们对于跨学科的理解创造一个交叉研究领域。由于缺乏正确的认识，更多的家政学学科跨学科建设多属于多科学或横学科的，并没有在学科内部完成合理行动模式和知识的整合。缺乏知识的整合就不是真正的跨学科，只是从不同学科中将知识糅合起来。

　　布莱克（Nancy Belck）敏锐地指出："我们试图发展家政学学科的定义，在某种程度上容纳了很多不同的本科生、研究生和其他的专业项目。"但他没有认识到家政学学科应该在跨学科框架下寻找学科的意义和合理性。当家政学学科作为一个整体缺少清晰概念和理性基础的时候，专业人员之间的相互理解和理性承诺就变得很困难了。家政学学科的目的变得分散，知识也在分裂并朝着各自专业化的方向发展。鉴于这种情况，为了寻求更为连贯的和合理的领导，就像密歇根州立大学的自我反思一样，家政学学科正在尝试能够容纳现存的大学的各类家政学项目，但缺乏对于理论模式的反思。另一个困难是在于一种矛盾，一方面是家政学学科被认为是关注人类问题的不同学科理性模式的整合，但另一方面知识结构却以价值无涉的形式在学科中表现出来。这种矛盾反映在报告中。② 当提到家政学学科的社会问题时，将价值放入德行来满足人类的需要，但是委员会却没有同意让价值成为家政学学科的中心。他们认为价值和目标总是在变化，不能很好地为学科的基础服务，并构成知识的体系，最后进入家政学系统。③ 总体来看，那些想要整合家政学知识的学者在整合的方法上是不同的。有的是利用特殊的教学项目来整合相关知识但并不是真正意义上的学科交叉；有的是使用家政学学科的一个总框架作为基础来决定需要哪些

---

　　① Marjorie M. Brown, *Philosophical Studies of Home Economics in The United States: Basic Ideas by Which Home Economists Understand Themselves*, East Lansing, MI: Michigan State University, 1993, pp. 250 – 258.

　　② American Home Economics Association, *Report of the Committee on the Future of Home Economics*, East Lansing: College of Home Economics, Michigan State University, 1968, pp. 7 – 10.

　　③ Ibid., p. 8.

跨学科的知识，但是这些知识只有在更大的框架下才能被分清楚。只有当这些知识在基本目的和对于问题的关注及探索模式上达到主体间一致，真正的交叉才得以发生。

20世纪80年代后，跨学科理论继续得到家政学家的重视。20世纪80年代，麦卡勒斯（John C. McCullers）和迪肯（Ruth E. Deacon）都认为家政学学科需要有一个跨学科的理论框架，才能采用各种知识和方法。① 迪肯在她写的《21世纪的愿景》中谈到了跨学科的框架，"我们通过发展各自的专业来发展家政学学科，但通过将努力放入能够包含整个领域的更大的跨学科的框架内家政学学科才能发展得更快"②。她也提到了目前缺少这种框架，她认为生活质量是家政学学科的基础，将生活质量具体定义为让个人和家庭在与社会各因素相互作用时更为有力量。但是她并没有很清晰地将这种框架表述清楚——不同的学科和知识模式怎么为家政学学科的核心目的作出贡献。③ 跨学科的大框架是重要的，它给了将人类问题作为一个整体的视角，也给了理解学科的概念、理论方法和理性模式，提供了家政学学科作为一个跨学科的目的和知识的总的框架，帮助我们追溯到人类问题的根源，让我们批判性地反思社会现实和其对人类生存状况的影响，而不是盲目地接受现存的状况，帮助我们判断知识和实践的政治和道德含义，鼓励我们发展一个更为人道的框架以更为敏感地和理性地看这个世界。

霍恩（Marilyn J. Horn）和尼科尔斯（Sharon Y. Nickols）提出，在很多科学领域，方法论整合正在开始。家庭在变化的环境中遇到的复杂问题需要一种跨学科的视角。单一视角不符合当代问题的复杂性。④ 家政学学科一直就有着跨学科的研究传统，应该引领起当代方法论的整合发展。家政学家有四个主要的优势：一是有着哲学上的基础；二是历史上就强调实用问题的解决；三是有着核心的跨学科研究队伍；四是有着跨学科研究的

---

① John C. McCullers, " A Commentary on the Quest for a Single Theoretical Framework for Home Economics", *Home Economics Forum*, Vol. 2, 1988, pp. 20 – 21.

② Ruth E. Deacon, "Vision for the 21th Century", *Journal of Home Economics*, Vol. 79, 1987, p. 62.

③ Ibid. , p. 68.

④ Marilyn J. Horn, Sharon Y. Nickols, "Have We Lost Our Locus?", *Home Economics Research Journal*, Vol. 9, 1982, p. 9.

理论和机构。

克莱因（Julie Thompson Klein）认为，进入 20 世纪 90 年代，专业分化仍然是西方学术研究的主流趋势。学科之间为了研究经费而竞争加剧。家政学院系围绕着专业化增长进一步向前发展。他认为这种竞争导致大学发展更多的院系，专业分工更为精细，不同的专家各自统治着自己的领域。如今越来越多的家政学家认识到家政学知识的复杂性，需要整合的、合作的视角将知识联系起来。① 他提出要打破院系的这种分化，用跨学科的视角来发展家政学学科。

比较系统地总结反思家政学学科跨学科研究的是美国家政学家玛乔丽·布朗。她在 1993 年提出，自 1920 年家政学学科定义出现后，家政学家就认识到学科属性决定了学科的整合性。整合后的知识需要和原来各学科的知识区别开来。跨学科从严格意义上来说包括了两种或更多学科知识的整合，并形成新的用来解决人类问题的知识，可能会创造新的专业领域。② 布朗还总结了 20 世纪七八十年代研究者对于家政学学科交叉性的误解：第一，是认为家政学学科的交叉性就是否定了它的专业性；第二，是没有看到这种跨学科框架对于解决人类社会基本问题的重要性。总体来看，家政学家没有看到在全球范围内，跨学科视角是推动学科发展的关键。因为这种视角可以更全面地考察人类社会的基本问题，从跨学科的视角增加理解，看清人类问题的本质并创造性地加以解决。

勒纳等（Richard M. Lerner et al.）提出家政学学科领域为美国大学的知识整合提供了一个机会。综合研究（integrative scholarship）将领导着大学和社区之间更为密切的合作。这种合作形式是美国大学系统的核心研究问题。家政学学科的整合视角能够作为一个范例。勒纳还提出家政学学科是应用发展性科学（Applied Developmental Science，ADS）。这种科学将社会看成是一个系统，要求学者超越自己的学科视角看问题并且理解其中的复杂关系。应用发展性科学最显著的特征就是知识的整合。为了解决人类

---

① Julie Thompson Klein, "Applying Interdisciplinary Models to Design, Planning, and Policy – Making: Knowledge in Society", *The International Journal of Knowledge Transfer*, Vol. 4, 2003, pp. 29 – 55.

② Marjorie M. Brown, *Philosophical Studies of Home Economics in The United States: Basic Ideas by Which Home Economists Understand Themselves*, East Lansing, MI: Michigan State University, 1993, pp. 250 – 258.

面临的严重问题，研究需要包括不同的学科。传统的研究范式不能满足需要，必须促进一种整合的或者融合的范式来解决问题。只有建立整合的模型，才能联合多个学科发展出一个有效的整合性的理论框架引导政策和项目的发展。这是美国赠地大学的核心哲学，也为美国高等教育系统提供了一个整合的模型。当大学改变传统的结构、政策、实践和项目时，家政学学科必须走在最前面并提供必要的领导。从整合的全面的视角，来解决人类相关的问题。① 这个主题虽然不是跨学科，但其提出的整合研究的精神内涵与同时期跨学科是一致的。

在 21 世纪，更多的家政学家意识到学科仍然需要整合。弗吉尼娅·文森特在 2005 年做的一项实证研究中调查了一所大学的家政学家对于学科交叉工作的认识。这是一所规模较大的并且鼓励交叉学科发展的美国中西部赠地大学。调查对象是 9 位家政学教师。研究采用了深度访谈的方法，发现教师们对于跨学科的理解是不同的。调查结果验证了克莱因对于跨学科的分类。调查还分析了促进和阻碍学科交叉工作的因素，主要集中在发展性经验、教师素质、时间、团队组成、小组质量和多样化、地位和奖励等方面。② 总体来看，大多数家政学家认为跨学科的视角有利于家政学学科的发展和整合。

3. 跨学科框架的新发展——超学科

20 世纪 70 年代，詹士奇提出"超学科"（transdisciplinary）概念。超学科的动力源自对学术研究实际应用的需求，以及对新知识的追求。超学科的目的在于通过整合学科和非学科的观点，来获得对整体现实世界的认识。詹士奇（E. Jantsch）认为对于超学科系统来说，价值是至关重要的，因为它涉及各个层次的教育创新系统活动，而教育创新系统正协调各方以形成一个共同的目标。超学科用来"把传统跨学科合作的旧形式与科学复杂性世界观所塑造的知识和文化统一的新追求区分开来"。③

2005 年，家政学家麦克格雷格（Sue L. T. McGregor）提出在超学科

① Richard M. Lerner, Julia R. Miller, Charles W. Ostrom, Integrative Knowledge, Accountability, Access, and the American University of the Twenty – First Century: A Family and Consumer Science Vision of The Future of Higher Education, http: //www. kon. org/archives/forum/forum_ 8_ 1. pdf.

② Virginia B. Vincenti, "Family and Consumer Sciences University Faculty Perceptions of Interdisciplinary Work", *Family and Consumer Sciences Research Journal*, Vol. 9, 2005, pp. 81 – 83.

③ 蒋逸民：《作为一种新的研究形式的超学科研究》，《浙江社会科学》2009 年第 1 期。

视角下发展家政学学科。她认为家政学学科在发展了 100 多年后，其结果仍然不能令人满意。学科目前更多的是多学科和跨学科的发展，但都没能改变学科分裂的现状。为了改善这种情况，她提出用超学科来发展家政学学科。超学科不同于跨学科。"Trans"是拉丁词，意思是横穿、跨越、超越、纵穿和之字形穿越在学科和学科之间、学术界和公民社会之间。① 超学科更强调超越学科的边界和学术界。知识的复杂性要求每个人都参与问题的解决，学科要联系更多的学术界之外的人来促进问题的解决。超学科比多学科和跨学科的视角更近了一步，视野更开阔，是跨学科进一步发展的结果。麦克格雷格认为超学科是一种方法论，深受量子力学、复杂理论和生活系统理论的影响。超学科可以让家政学家超越学科边界，整合理论、政策和实践，领导学术界、高等教育、公民社会和其他部门联合起来共同解决人类家庭生活问题。② 但超学科视角至今仍处于理论探索阶段，鲜有实践检验其理论的适切性。

（二）人类生态学的探索

20 世纪中期，随着系统论和生态系统概念的提出，自然科学中的生物学，社会科学中的经济学、心理学和社会学等都开始借鉴生态系统的理论来分析人类活动。此时家政学学科正受到学科分化的烦扰，人类生态学的出现被很多家政学家认为是克服学科分裂现状的有效手段。一些学者从人类生态学的视角理解家政学学科，将其作为一种整合知识的模式。

1. 人类生态学的理论

美国家政学学科现代性反思与调整的典型案例就是 20 世纪 60 年代开始的人类生态学运动。在这场运动中，既有对工具理性的调整，也有对传统性别分工的突破，家政学学科开始走出技术理性过度膨胀、人本维度发展不足的怪圈，在更具有全纳性的框架中对学科进行全方位的基础理论建设，在一定程度上抑制了学科分裂和社会性别局限的弊端，体现了家政学

---

① Sue L. T. McGregor, Jennifer A Murnane, "Paradigm, Methodology and Method: Intellectual Integrity in Consumer Scholarship", *International Journal of Consumer Studies*, Vol. 4, 2010, pp. 419 - 427.

② Sue L. T. McGregor, Russ Volckmann. Making the Trandisciplinary University a Reality, http://www. archive - ilr. com/archives - 2010/2010 - 03/2010 - 03 - article - mcgregor - volckmann. php.

学科对现代性张力结构的反思和调整。

早在 1904 年的普莱斯特湖会议上，南希·胡尔（Nancy C. Hool）和比阿特丽斯·保罗西就提出过将家政学学科的命名改成人类生态学，理查兹的回应是，她也考虑过这个命名，但是植物学已经使用了这个词并将之作为他们领域的术语。① 因此人类生态学对于家政学学科来说并不是一个新名词。自 20 世纪 60 年代开始家政学学科分裂加剧，并在男性主导的学术界举步维艰。20 世纪 70 年代以后，环境运动在美国重现。在 20 世纪 70 年代家政学学科的大学和学院中开始使用人类生态学的视角来整合他们的工作，试图使用生态学的框架将家政学学科整合起来，应对学科出现的危机。

总体来看，主要存在两种家政学学科作为人类生态学的理论。一种是将人类生态学看成是管理科学，认为家庭管理是中心问题；另一种是家庭生态学研究。

（1）家庭环境管理

这种理论的主要观点如下：第一，对于控制环境的关注。这种控制可能是通过实证科学对于环境的理解来解释人类对于环境的影响。量化研究是绝对的主导，质性研究只是一个附属物而已。这种人类生态学理论通过提供信息并教授达到目标的决策过程来协助个人和家庭。第二，从生物生态学借鉴语言和概念。例如，有机体、生态系统、系统、体内平衡、适应等。另外还包括了控制论的语言，如输入、输出、能量、信息和物质的流动及反馈。经济学的语言也使用了很多，如资源管理、人力资本、生产、消费、成本与收益。还有少量的心理学、社会学及人类科学的语言，如人类发展、知觉、角色、社会化、价值观和伦理。家政学学科作为人类生态学的基本概念包括：人、家庭、环境、行动、互动和关系。这种直接将家庭类比于生物学的有机体的确定在于：环境被局限于家庭可以控制的范围内，而忽视了对家庭和成员产生重大影响的更为广阔的环境。家庭作为一个具体的群体，必定受到文化、社会制度或社会结构等不可控因素的影响。将环境分化并缩减为家庭可以控制的部分与生态学的相互联系的原则是相违背的。这种理论将人类行为包括家庭行为缩减为信息的加工过程，

---

① Nancy C. Hool, Beatrice Paolucci, "The Family as an Ecosystem", *Journal of Home Economics*, Vol. 62, 1970, pp. 315 – 318.

导向于目标的达成，反映了一种技术的或手段—目的的理论与实践关系的观点。人类生态学是一种工程领域，提供的是技术信息并发展特定的技能，如管理科学。而一些具体的目的，如个人个性发展、理性和有效的方法来处理生活等，都很少得到考虑；关注的主要是技术知识，尤其是实证分析。

（2）家庭生态学

这种理论是在批判第一种理论的基础上发展起来的。这种理论认为将家庭作为生态系统和作为系统，这种区别是非常重要的。二者都强调了家庭内部的相互联系。但家庭作为生态系统被认为是控制性的过程（反馈、动态平衡）。系统理论则认为地球上的问题是复杂的，要整体解决。这种理论认为系统理论在家庭研究中的应用应该关注整体。家庭生态学有着独特的能力来联系各种不同的视角和问题，将家庭问题放在一个综合整体上的视角上来解决。家庭生态学并没有取代现存的家庭研究，而是促进家庭研究的发展。[1]

这两种理论的共同之处在于：两者都是将生态学作为一种整合方法；两者都关注家庭和家庭成员及所有的环境分类；都是朝向于将实证分析科学作为合适的方法；其中一些使用系统理论。不同之处在于：家庭生态学在概念、理论和实践上批评性更强，对于理论学科也更为关注。

两种理论共同存在的问题在于以下几个方面：第一，在理论解释和认同方面没有形成共识。常用的包括"人类生态学""生态学模型""家庭生态学""人类""社会""文化""自然""互动"，以及各种人类生态学的模型，但这些术语都是分离使用的，缺乏对于概念内容的解释，因此在深层次意义上都是不够清晰的，并且在一些基本的概念上没有达到理论上的一致。第二，在家政学或人类生态学的实践价值方面也没有达成共同的认识。一些人认为家政学首要的价值是实践性，但另一些人强调家政学学科的理论性。第三，对于社会中人类状态的分析过分依赖系统理论、实证主义理论，并缺少足够的和统一的社会理论。对于系统理论的依赖导致了家政学家不能发现社会导致的问题，家庭的问题成为家庭内部的问题，通过家庭治疗来解决，但其实这些问题都有着社会的根源。第四，理论活

---

① Scott D. Wright, Donald A. Herrin, Systemic Models for Home Economics Research and Application, http：//www. kon. org/archives/forum/forum2_ 2. pdf.

动。将几种理论综合起来，这些理论有时候是相互矛盾的。他们热衷的是局限于单一实证科学的方法论，进行理论建构并寻找法律一样的普遍化规则，让预测和控制变成可能。语言局限于操作性语言，好像是所有的现实都可以通过特定的观察来发现，所有的调查结构都可以以因果形式呈现，好像是反思性的理解和自我解释的批评是不重要的，理论作为一系列的实证假设。

2. 家政学学科作为人类生态学的合适性

（1）作为理论框架

玛乔丽·布朗认为人类生态学的框架如果是超学科的，则是可以的。科克尔曼斯认为超学科指的是发展一种总体的框架，整合文明的成果和世界观。这种总体的框架不限制专业，而是为了减少理性与人道之间的张力。

超学科提供了一个全球层面的总体性框架，有一个总目的并且是规范性质的，将基本的人类问题界定在一个非常广泛的层面，关注人类的全部知识。超学科为人类生态学提供了一个前后一致的复杂理论，明确了基本的概念并分析和评价了各种人类和环境相互作用的形式。各种学术学科和专业能够对人类生态学的目的作出贡献并能够使用超学科的框架来引导它们各自的活动。这种框架提供了一个统一的世界观来替代分裂的学科观和孤立的各个专业。这种框架也提供了统一的知识观，不同的学科和专业能够在一起研究、教学、从事公共服务，共同解决基本的社会问题。这种超学科框架能够让各专业有连续一致的和足够的整体的视角——认识到在日常生活层面这种知识整合和整体的解释世界的反思是必要的，也是可能的。这样一种反思让学科和专业的政治道德和教育责任很明确。但是人类生态学的超学科框架仍然不足以定义一个总体性的学科或专业。因为每一个专业都有着特定的目的，每一个领域都有着处理人类与环境方面独特的能力。超学科人类生态学帮助各种特定的专业进行反思，但不会替代它们。因此即使采用超学科视角的人类生态学也不能解决家政学学科的所有问题。

玛乔丽·布朗指出，当前的问题是家政学家所使用的不是人类生态学的超学科框架。不但理论的问题没有解决，各种专业也没有联合起来进行反思解决问题，而是各自发展。很多家政学家认为人类生态学理论分散、混乱并多样化，需要统一。很多生物学术语如系统、生态系统被不加批评地使用，尽管对于它们的适用性，学术界持否定的态度。家政学学科的目的没有清晰地界定和取得认同。尽管使用了人类生态学的视角，但家政学学科的分化还在继续。

（2）作为家政学学科的命名

有学者认为这种命名是冒失的并且没有逻辑，有时只是一种形象建设罢了。① 很多学科都采用了人类生态学的理论，甚至比家政学研究得更为深入。也许家政学可以为人类生态学作出贡献，但是也只是在自己的领域内的独特贡献。即便家政学采用了人类生态学的超学科框架，学科的理论关注点还是家庭，比人类生态学的理论更狭窄和更为具体。

家政学的命名对于这样一个提供的服务和研究超出了家庭经济范围的学科来说确实是比较狭窄的。从学科创立期开始这个命名就没有被广泛地接受，一直都有学者在质疑它。然而，命名的改变不应该是异想天开的，而应该和学科的研究领域、目的、理论框架相联系。人类生态学命名的问题主要在于没有分清家政学学科是一个跨学科的关注家庭的特殊研究领域，而人类生态学则是超学科层面的关注人类与环境的广泛的问题。

总体来看，经历了多个理论框架的探索，尽管家政学学科还没有完全走出分裂的现状，但学科逐渐抑制住这种分裂的趋势，开始走向整合的道路。在这一过程中，家政学学科还通过整合提升拓展了视野，尤其是人类生态学的框架帮助家政学学科走出了传统社会性别的桎梏，开始从人类生活环境的视角中思考提高个人与家庭福利的问题。但无论是跨学科、超学科还是人类生态学的探索，都可以看出家政学研究者还是倾向于使用实证的研究方法而忽视对于社会文化结构的分析，这种将复杂的人类问题与家庭问题通过简化的模型或公式来解决的思路，反映了家政学技术理性维度的强大影响在短时间内是不容易改变的，还需要家政学在长期的努力中慢慢通过引入批评的和解释的范式来不断改进。

---

① Marjorie M. Brown, *Philosophical Studies of Home Economics in The United States: Basic Ideas by Which Home Economists Understand Themselves*, East Lansing, MI: Michigan State University, 1993, p. 411.

第六章

美国家政学学科发展经验对中国的启示

研究美国的家政学学科建设，可以为中国的家政学学科发展提供有益的启示。本书将在梳理中国家政学学科发展历史的基础上，总结出中国家政学学科发展过程中存在的主要问题，最后结合美国家政学学科发展的经验，为中国家政学学科发展提出启示性的建议。

一　中国家政学学科发展简史

中国家政学学科的发展经历了外部引入和重建的过程。在中国强大的传统文化影响下，现代化进程缓慢，家政学学科的发展也遇到多重阻碍。家政学学科的日常生活批判和重建功能可以在中国的文化转型中发挥重要的作用。

（一）萌芽阶段

中国自古以来就非常重视家庭，家庭是巩固社会稳定的基础。著名的哲学家和思想家孟子提出："天下之本在国，国之本在家，家之本在身。"[1] 中国古代重要的典章制度书籍《礼记·大学》中提出："欲明明德于天下者，先治其国；欲治其国者，先齐其家；欲齐其家者，先修其身。"[2] 由此可见，家庭很早就列入了古代君王和各级官吏的议事日程，引起社会各阶层的重视。

家庭同时也是男性统治女性的方式。国家的治理者订立了非常详细的

---

[1]　《四书五经》，线装书局 2009 年版，第 241 页。

[2]　同上书，第 3 页。

关于家庭中成员相处的制度和规则。如记载着周代各种礼仪的权威书籍《仪礼·丧服》中提出："父为子纲""夫为妻纲",[1] 要求为子、为妻的必须绝对服从于父、夫,同时也要求父、夫为子、妻做出表率。它反映了封建社会中父子、夫妇之间的一种特殊的道德关系。在这种思想的指导下,形成了一套针对女子进行的家事教育,被称为"女学",目的是让她们知晓礼法、妇道,成为最符合男权社会要求的淑女贞妇。女性被局限在家庭之中,与外界的公共领域隔离,接受的是一种区别于男性的教育。女性的角色定位就是贤妻良母,女子无才便是德,淑女贞妇是社会推崇的女性形象。

最为著名的女子教育课本是女四书:《女诫》成书于东汉,《女论语》成书于唐朝,《内训》和《女范捷录》则成书于明朝,它们的共同之处是都由女性撰写,以封建伦理道德为中心,阐述妇女礼教规范和言行准则。传授这些读(教)本,下至黎民百姓,上至帝王之家,其女子无论幼者、年轻者乃至老者,不进学堂就读,无须拜求老师,完全在家里通过父母尤其是母亲来教授,并形成了一定的社会规范和社会风尚。女子教育的内容主要包括传授养蚕、缫丝、织布、妇功等生产技能和祭祀、酒浆、祭典之礼,并教以妇德、妇言、妇容、妇功等立身处世之道。

总体来看,以自然经济为基础的、十分成熟的中国传统农本社会的内在的经验式文化结构及其普遍的文化心理结构为"以过去为定向"的传统社会提供了自在的、不假思索的、无所不在的、安身立命的文化本能。在这种大环境的影响下,女学都是经验性的总结,并没有理性精神的渗透。此外,在以儒家思想为正统的封建社会里,虽然极为强调"齐家"对"治国"的重要性,但又提倡"君子远庖厨",认为家务劳动是女性的工作。这种思想深深地影响了家政学学科在中国的命运。

(二) 建立阶段

鸦片战争后,西学进入中国,中国被迫走上了现代化历程。在这一时期,战争和各种文化运动充斥着中国。古老的国度在外国列强的入侵下被迫开始了现代化的进程。农业文明虽然失去了合理性,但还是成功地抑制了内在的批判性和怀疑性的新文化因素的产生或生长。新的文明需要靠一

---

[1] 赵立程:《儒学十三经》,北方文艺出版社1997年版,第382页。

种外来的新文化模式或文化精神的冲击才能进入文化的怀疑和批判时期，进入非常规期和裂变期。①

传统女性角色在各种运动和浪潮中开始变动，迈向现代化。清朝末期，古老的皇权在外来的政治入侵和内部的民众觉醒中开始动摇，很多思想先进的人士在维新变法中开办了新式女学。在这种形势下，清朝政府不得不于 1907 年拟定女子师范学堂章程，在《立学总义》中这样写道："女子师范学堂，以养成女子小学堂教习，并讲习保育幼儿方法，期于裨助家计，有益家庭教育为宗旨。"② 这样，女子教育被正式纳入了学校教育的系统。

新的文明的引入也使得人们开始接受西方的文明成果。家政学学科就是其中之一。由于家政学学科的主要教育对象是女性，而女性的发展总是旧文明中改造步伐最慢的环节，因此民国政府即使从国外引进了家政学学科，但学科却被中国化了，各级教育系统中家政学学科培养的主要目标是贤妻良母，家政只学到了西方的形式和内容，缺乏西方家政学学科发展的土壤，学科的技术理性和人本精神大大减弱，最后沦落为"资产阶级阔太太的学问"。这种家政学学科模式只是农业文明下女学的高级形式，其有限的进步性并不能带动人民生活观念和生活方式的转变。

1911 年辛亥革命，推翻了君主专制，民国初立，政府延续清朝的女子教育政策，扩及中学教育。民初未开放男女同校，一般女学须以女性担任教习，师资仍嫌不足；家政课师资也不例外。教育主管机关的解决措施是，一方面设立简易师范，也派遣女子公费留学等，自 1914 年考选派遣校外女生留美。如 1910—1930 年，留美学家政类的女生至少 16 位。③ 另一方面，发展高等教育。1919 年 3 月，教育部正式颁布《女子高等师范学校规程》，以普通师范为模式办理，规定设置本科、预科选科、专修科、研究科。所不同的是设立"家事科"，如缝纫、手艺、家事等科目，既授以现代家政学教育，又兼顾"女子主内"的传统思想。④ 同年，北京女子高等师范学校始设家事科，是高等家政学教育的发轫。该校培养的中小学家政师资供不应

---

① 衣俊卿：《现代化与文化阻滞力》，人民出版社 2005 年版，第 97 页。

② 王惠姬：《廿世纪前期留美女生与中国家政学的发展（1910s—1930s）》，《中正历史学刊》2006 年第 9 期。

③ 同上。

④ 同上。

求。但高等家政学教育师资人才仍缺乏，未能迅速发展。1920 年以后，多所国外在华开办的教会大学，如燕京大学、金陵女大、华南女大等均引进家政学，其毕业生有机会赴美留学深造家政学，成为培植高级家政学师资的重要方式。当时社会仍处于半殖民地半封建社会，战乱不断，百姓民不聊生，能够支付大学学费的只有少数富裕家庭。家政学的这种局限性为新中国成立后学科的取消埋下了隐患。此外，家政学虽然从美国引入，但中美国情差异很大，因此中国家政学学科并没有延续美国现代性技术理性和人本维度不断增长的发展模式，而是继承了中国传统女学的部分思想，经历了中国化的改造，表现出一定的时代和社会的局限性，因此家政学在引入中国后一直远远落后于其在美国的发展水平。

20 世纪初，中国的女性开始反思传统的性别角色并为争取男女平等而斗争。但这种理性与民主的精神只掌握在少数受过高等教育的知识精英群体中，广大民众的思想并没有普遍启蒙，传统文化的影响还非常大。1915 年新文化运动，反对旧道德旧文学，马克思主义开始在中国传播，苏俄的妇女观开始传入中国，倡导男女平等的先进的妇女观。1919 年中国发生了五四运动，科学和民主思想开始在中国传播，五四运动进一步促进了反封建思想的发展，与尊重中华文化的复古思潮形成针锋相对的局面，把批判的矛头直指向孔孟学说等封建道德，指向愚昧的迷信思想。深受封建黑暗势力压榨的妇女，成为这场斗争的主角，广大妇女和同情支持妇女解放的进步力量，为妇女的地位改善和人身解放，进行了多方面的斗争。随着妇女解放思想的广泛传播，进步妇女逐渐与高等教育中的家政学划清了界限。在她们看来，家政学是束缚妇女发展的障碍，是落后于时代发展的，但这种观念并没有成为主流。

1938 年 12 月，教育部为了普及家政学教育，制定了《中等以下学校推行家庭教育办法》，规定全国的中小学、补习学校、民众学校，均应利用星期日等假日推行家庭教育。管理家务及教养儿童的妇女，均应加入附近学校所设的家庭教育会，以改进家庭卫生、提倡家庭作业、节约家庭财用、敦睦家族邻里、保卫儿童健康、督促儿童学习、改善儿童习惯、激发民族意识等。至此在国民政府统治地区的各级中小学，家政学教育更见普及。[①]

---

① 王惠姬：《廿世纪前期留美女生与中国家政学的发展（1910s—1930s）》，《中正历史学刊》2006 年第 9 期。

家政学教育在这一时期的普及主要是战争时期国家对于高素质母亲的需要，这种母性主义的思想强调女性与儿童、民族与国家之间的关联，是贤妻良母思想的新发展。国家教育话语对贤妻良母中的"贤妻"的回避，在某种意义上源于新文化运动后兴起的"男女平等"这一话语的作用。但是，"母性主义"与"贤妻良母主义"并没有什么实质性的差异，都是将特定的角色与伦理指派给女性，是对中国前现代社会性别双规制教育传统带有一定批判性的继承。① 但这种国家主义的社会性别教育设想并没有得到普遍的认同和实施，家政之类的课程在学校中遭到了很多女学生的抵制。随着民族危机的深化，女学生开始投身社会实践和革命斗争。很多人认为，追求男女平等，就必须打破女子教育中的家政学教育，实现男女所接受的知识的平等②。很明显，这是一种以男性为标准的男女平等观和男女教育平等观，这也几乎是中外女性解放历程中最难以避免的问题。③

（三）学科中断

1949 年新中国成立之后，中国共产党继续遵循马克思主义妇女解放原则，将男女平等贯彻于制度建设和社会实践中。男女平等成为一项基本国策。毛泽东在 1964 年说，男女都一样，这种思想影响了新中国成立后的妇女观。男女都一样的思想，提倡妇女走出家庭与男性共同外出工作，否定两性之间的差距。这种思想短时间内在男女平等进步方面取得了重大的成果，但从长期来看，这种思想回避谈论家庭工作问题并不等于女性不需要做家务劳动。事实上新中国成立后大多数女性仍在工作之余从事着家庭中的大多数劳务工作，并且还要抚养多个孩子，身心负担都非常重。在这种妇女观的影响下，家政学学科在 20 世纪 50 年代的高等院校调整中被撤销，将所属的多项实用课程分设于其他大专院校。如护理与营养设于医护院校；幼教设于师大学前教育系；服装与室内布置设在艺术院校等。④

---

① 周小李：《社会性别视角下的教育传统及其超越》，教育科学出版社 2011 年版，第 72 页。

② 转引自③，中华全国妇女联合会妇女运动历史研究室，1981 年。

③ 周小李：《社会性别视角下的教育传统及其超越》，教育科学出版社 2011 年版，第 75 页。

④ 王惠姬：《廿世纪前期留美女生与中国家政学的发展（1910s—1930s）》，《中正历史学刊》2006 年第 9 期。

在这段时期，典型代表就是铁姑娘。其实质是对女性体能与生理的特殊性、传统女性社会性别特征及职业领域性别隔离的全面颠覆。[1] 在共产党的解放区，与女性尤其是与家庭私人领域相关联的情感特征、生活方式等，被认为是"个人主义"和"小资产阶级情调"，遭到贬抑与排斥，性别中立的教育传统根据地和解放区学校教育体系中的逐渐趋向男性中心主义，这与民族国家危机和阶级斗争是分不开的。[2]

这段时间的教育主张女性与男性接受无差别的学校教育，但传统上与女性更为相关的课程被排斥于学校课程体系之外。原因在于：一是女性长期被束缚于家庭私人领域，教育者认为将家政课程排斥于学校课程之外，是"解放"女性的一种最简单的途径；二是家庭私人领域一贯被视为一种"非课程"的资源，家政这样的课程则被视为无助于学生理智的成长。[3] 在这种语境中，家政学学科毫无价值可言，家庭内的工作被认为是不值得学习的，学习家政学意味着回到家庭中做家庭主妇，是一种时代的退步。这种思想至今仍影响着中国的女性，是当代家政学学科在中国重建的重大障碍之一。

（四）重建阶段

1978 年改革开放，解放和发展社会生产力，进一步解放人民思想，建设有中国特色的社会主义。1994 年，党的十四届三中全会通过的《关于建立社会主义市场经济体制若干问题的决定》，指出在 20 世纪末"初步建立社会主义市场经济体制"。在具有社会主义特色的市场经济体制下，中国在短短 20 年的时间里创造了世界经济发展的奇迹。一个世界加速发展的缩影，老龄化、全球化、技术发展、繁荣、个性化、商业化、健康和环境、加速发展、网络组织、城市化都包括其中，中国就是一个缩影。在这段时间里，中国处于巨大的社会和文化的转型期，从农本社会向工业社会转型。但在这种繁荣发展的背后，我们应该看到，社会的转型过程中制度和精神层面的东西远远落后于经济发展，在经济发展的同时带来了环境污染、人情冷漠、伦理道德危机、传统价值观的式微等问题，这些

---

[1] 周小李：《社会性别视角下的教育传统及其超越》，教育科学出版社 2011 年版，第 82 页。

[2] 同上书，第 76 页。

[3] 同上书，第 126 页。

都对中国的传统家庭结构产生了重要的影响。在这种大环境下，家政学学科得到部分学者的重视。有学者提出要建设中国的家政学学科，研究社会转型背景下的中国家庭，各种因素对于家庭福利的影响，以及如何改变各种不利因素。家政学学科的这次发展是内生的，是社会进步的表现。家政学学科的研究对象是日常生活，中国在过去的日子中将日常生活作为小资思想加以批判，与日常生活相背离，如今开始回到日常生活。

　　自进入 20 世纪 80 年代以来，家政学学科研究和家政学教育开始进入一个新的发展时期。但当时一些大城市开办的家政学校及部分大中专院校相继开设的有关家政学教育的专业及课程，仍以烹调、服装设计、营养食品、幼儿教育、家庭服务、公关交际等实用性课程为主。社会上出版的有关家政学的教材与论著其内容都偏重于实用性与可操作性，没有达到"从家庭对社会作用的角度，研究怎样提高人类家庭生活的质量，促进人类发展，推进社会繁荣"的理论高度。家政学发展到今日，许多人依然认为家政学学科是一门"主妇之学"，是培养"阔太太"，家政专业或家政系的学生毕业后不容易找到职业。① 进入 21 世纪，随着人们生活水平的提高，人们对于家庭生活质量越来越重视，要求重建家政学学科的呼声越来越高。一些大学开始将家政学教育作为试点，培养专门型人才。

　　这一时期中国的家政学理论研究和推广教育都有了长足的进步，也出现了一批专兼职的家政学研究人员。由于整个学科还处在初始阶段，所以中国家政学学科的理论研究在研究目的、研究范畴及在中国特定国情下家政学与其他相关学科的关系尚未厘清，基础理论的研究也缺乏"本土化"。家政学学科是一门理论与应用并重的科学，其研究目的是将研究结果推广应用，以此指导人们提高家庭生活的管理水平与质量。但目前中国的家政学界还没有广泛建立起自己的推广系统和实践基地，实践的滞后也给理论的成熟与学科的发展带来了障碍。

　　2010 年温家宝主持召开国务院常务会议，研究部署发展家庭服务业的政策措施，会议提出发展以家庭为服务对象、向家庭提供劳务、满足家庭生活需求的家庭服务业，对增加就业、改善民生、扩大内需、调整产业结构具有重要作用。其中提出：必须坚持市场运作与政府引导相结合，政

---

① 李晴：《从中国家政教育的历史透析现代家政学的发展》，《职业教育研究》2006 年第9 期。

策扶持与规范管理相结合，促进就业与维护权益相结合，大力推进家庭服务业市场化、产业化、社会化，逐步建立比较健全的惠及城乡居民多种形式的家庭服务体系。[①] 2012 年的政府报告中，温家宝总理在《促进经济平稳较快发展》中提出，大力发展社会化养老、家政、物业、医疗保健等服务业。[②] 由此可见，家庭家政（服务业）已经进入政府工作的战略部署。部分家政学家认为这是家政学学科发展的一个契机。但这种从重视家庭服务业到发展家政学学科的逻辑还是很有问题的。家庭服务业从业人员从事的工作目前来看只是一些家庭劳务的替代性工作，如儿童、老人的看护，烹饪、清洁等，并不能直接与家庭生活质量等同，也不能同人的现代化等同（对于这个问题本书还将在下文中进行详细的阐述）。中国家政学学科的发展只有立足于人的现代化这个主题，展开对于日常生活的研究与批判，发展出教育、科学与社会推广的网状系统，才能为中国的现代化建设做出巨大的贡献。

　　中国家政学学科虽然在改革开放后得到重建，但经历了 20 年的发展后仍然没有建立起比较规范的学科体系。从上文可知，历史是制约家政学学科发展的一个因素。自民国中期的妇女解放运动，家政学学科就被看作阻碍妇女发展的因素而被贬低，这一观点已经在近百年来深入人心，要重新为它正名非常困难。另外，改革开放后，中国自古以来形成的强大的农业文明的思维方式决定了关注日常生活的家政学将要经历比美国更为艰难的发展历程。在中国，虽然人们已经开始享受到丰富的物质生活，但很少将理性精神渗透进日常生活之中。农业文明的思维仍然存在，即认为日常生活是不学而会的，是一种经验和常识。这种认识忽视了家政学学科的文化作用，即从文化根基入手的深层文化启蒙——传统日常生活的变革与重建。家政学学科作为一门以日常生活为研究对象的学问自然得不到重视。但随着现代化进程的深入，家政学所具备的现代性的技术理性和人本精神将逐渐得到公众的认可，中国家政学的发展具有广阔的前景。

---

　　① 《国务院常务会议研究部署发展家庭服务业政策措施》，2010 年 9 月（http：//www.gov.cn/ldhd/2010-09/01/content_1693465.htm）。

　　② 《温家宝 2012 年政府工作报告（全文）》，2012 年 3 月（http：//www.eeo.com.cn/2012/0305/221970.shtml）。

二　中国家政学学科发展存在的问题

（一）尚未认识到学科的现代性价值

中国目前尚未认识到家政学学科所体现出的现代性维度，以及学科对中国社会现代化进程的重大价值。主要原因包括中国特有的文化传统及家政学学科的发展困境。从文化传统来看，中国是一个古老的农业文明国家，至今尚未真正超越农业文明形态，只是处于由农业文明向工业文明的转换时期。这一农本社会有着十分强大与沉重的日常生活结构，其相对不发达的非日常的社会活动领域也是按照日常的自然主义原则组织起来的。因此，在某种意义上可以说，几千年来中国社会从本质上来讲是一个巨大的、自在的、封闭的日常生活世界。费孝通先生在《乡土中国》中给我们提供了一个典型的藩篱。通过乡土社会的经验性、熟悉性、直接性（不需要文字），"生于斯、长于斯、死于斯"的亘古不变的稳定性，"无讼""无为"的礼制社会，人情化的血缘社会和本能社会等特征，揭示了中国传统文化的超稳定结构，并指出，这种自在的、地方性的乡土社会是中国社会的基础，离开这一基础，我们无法真正理解中国社会。① 费孝通先生的分析，明确揭示了中国传统文化的根基不在于简单的思想观念，而在于一种根深蒂固的家庭本位结构。这种自在的日常生活下的人们习惯于依靠传统、习惯、常识、经验等经验主义的活动图式来生活。家庭作为日常生活的集中寓所，主要依靠自在的重复性思维和重复性实践代代相传。在这种文化状态下，家庭的生活方式不需要专门在学校中学习，如古代女学就是在家庭中进行，由母亲教授给女儿，内容主要是先辈代代相传的生产技能和符合社会要求的伦理规范。而家政学的主要研究内容则为这种日常家庭生活，不同的是家政学通过引入各种学科最新的研究成果，对旧有的家庭生活方式进行现代化的改造，从而帮助人们建立新型的生活方式。在强大的农业文明的思维方式下，中国人很难接受家政学作为一门专门的学问，而更倾向于将其视为短期的技能培训教育。

中国的家政学发展困境也是家政学价值长期以来得不到正视的重要原

---

① 费孝通：《乡土中国　生育制度》，北京大学出版社1998年版，第6页。

因。中国家政学学科此前是外国的舶来品，民国时期家政学采用了美国的家政学学科体系。这种体系在发展中与中国传统的女学相结合，成为一种新式的女性教育，但仍没有脱离培养贤妻良母的模式。因此民国时期引入的家政学学科并没有发挥出应有的作用，但这主要是由于当时的战乱环境和社会文化经济所致。在新中国中性化的话语体系中，家政学学科因性别化取向被取消。在改革开放后，家政学虽然自发地开始重建，但缺乏科学的理论指导。自 2010 年国务院专门召开大力发展家庭服务业的会议之后，在中国官方话语中，开始对与家庭服务业从业人员培养和培训相关的各类教育加以重视起来。"家政"目前在中国的行业分类体系中作为家庭服务行业的一个分支，而与此相关的"家政学"则作为培养家政行业从业人员的学问。这种家政学的含义比较狭窄，对家政学学科价值的认识更多地体现为经济价值和社会价值，如对大量无业、失业城镇人员、进城务工的农民及高校毕业生进行家庭服务业知识和技能教育与培训，可以帮助他们在相关职业获得就业岗位，一方面解决了这部分人员的就业问题，另一方面也满足了中国大中城市人口对于家庭服务的巨大需求。这种家庭服务包括了日常家庭生活中的各种常规活动，如烹饪、清洁、养育儿童、老年人护理等，在很多人看来都可以通过代际的经验传授获得，不需要专门的学习。在如今，家政学在很多知识女性眼中甚至是落后的代名词。家政学在过去的发展中并没有进行有效的本土化改造并及时处理各种质疑和危机，如家政学与女性解放和发展的关系问题，而是始终处于自发自为的发展状态，这为学科在中国发生了半个世纪的中断埋下了隐患。

（二）学科现代性维度发展严重不足

中国的家政学学科发展目前仍然处于初级阶段，由于尚未认识到学科具有的现代性，加之受到中国强大的农业文化的影响，中国家政学学科现代性维度还远远尚未生成。

为什么从国外引入中国的家政学学科却没有发展出学科本身所具有的现代性？这需要从中国特有的现代化进程开始分析。中国的现代化进程最早来源于外源性文化危机，指的是从深层原因来看也是基于文化内在的超越性和内在性的矛盾冲突而产生的文化失范或断裂。在外源性文化危机发生的民族和社会那里，原有的主导性文化模式往往具有一种超稳定性结构，它既已经失去了合理性，也还是成功地抑制了内在的批判性和怀疑性的新文化因素的产生或生长，它最终靠一种外来的新文化模式或文化精神的冲击才能进入文化的怀疑和批判时期，进入非常规期和裂变期。① 中国社会的现代化就是这样一个在外源性文化危机下推动的转变过程。由于缺乏内生性的理性精神和旧有传统文化的强大阻力，所以现代性的生成过程常常表现出倒退和反复。韦伯在分析非西方社会的理性化问题时，在相关意义上提出了内在文化阻碍的问题。当一种全新的事业在制度安排和实际运行中停滞不前时，很可能是原有的文化模式阻碍了新文化精神和文化模式的生成。② 在这种文化危机下产生的家政学学科所具备的现代性表现出不稳定性。

中国有着几千年的儒家文明，并没有出现影响深远的国家性宗教，也没有经历欧洲的宗教改革和贵族化运动。中国的社会结构一直都是金字塔式的重要集权，成熟的农本社会与发达的日常生活世界是这个国家文化中最明显的特征。著名的文化大师张岱年指出，"在中国占主导地位的传统文化，无论是物质的，还是精神的，都是建立在农业生产的基础上，它们形成于农业区，也随着农业区的扩大而传播。"③ 在这种农业文明中，两性关系表现出强调"夫为妻纲"的父权制。父权制下的家政学学科长期以来一直作为培养贤妻良母的教育。改革开放后被作为培养家庭服务业人员的教育，其主要受众为缺乏职业技能的妇女，这一群体所从事的家庭服务行业以低学历、低工资、稳定性差、缺乏劳动保障为主要特征，所从事的具体工作是在家庭中进行替代性的家务劳动，是过去贤妻良母角色的延伸。因此，从本质来讲，家政学学科发展并没有走出传统模式，更不要说发挥出学科所具备的现代性潜能了。这其中的主要原因还是由于中国文化传统的影响，虽然中国的家政学从国外引入，但缺乏其民主和科学精神滋养的土壤，所以在发展过程中走样。在这种情况下，家政学学科现代性维度的生成非常困难。一方面，中国家政学的技术理性精神急缺，民众倾向于将家政学知识看作生活经验和常识，不需要专门学习。农业文明的经验式和重复式思维惯性阻碍了家政学现代性的生成。目前的中国家政学更像是经验总结，缺乏科学技术的广泛应用。另一方面，中国家政学的人本精

---

① 衣俊卿：《现代化与文化阻滞力》，人民出版社 2005 年版，第 97 页。
② 衣俊卿：《现代性的维度》，黑龙江大学出版社、中央编译出版社 2011 年版，第 47 页。
③ 张岱年、方克立：《中国文化概论》，北京师范大学出版社 1994 年版，第 27 页。

神维度的发展更是一片空白。在新中国中性化的话语体系中，家政学学科因性别化取向被取消。在改革开放后，家政学虽然自发地开始重建，但却鲜有得到民众的认可。家政学在很多知识女性眼中甚至是落后的代名词。在家政学精神性维度极为匮乏的情况下，制度性维度的渗透也鲜有成果出现。由此可见，中国家政学学科现代性维度的建设工作有很长的道路要走。

（三）学科发展面临现代性困境

　　与美国相比，中国家政学学科发展所面临的现代性困境要复杂得多。中国的现代化和社会转型有着特殊的历史定位，我们不是在西方工业文明方兴未艾、朝气蓬勃之际来实现由传统农业文明向现代工业文明的社会转型和现代化，而是西方工业文明已经高度发达，以致出现自身的弊端和危机，并开始受到批判和责难，而向后工业文明过渡之时才开始向工业文明过渡。这样一来，我们的发展与社会转型一方面能要面临世界体系中的不平等的国家关系所带来的压力，另一方面要经历深层的文化冲突，前现代的传统文化精神、现代的工业文化精神和后现代的批判性文化精神同时影响着我们，使中国社会很难确立起一种支撑现代化事业的强有力的、相对统一的文化价值观和文化精神。这样一来我们必须在经济发展的基础上，对社会的深层的文化转型、对适应现代市场经济和信息时代的新文化精神和文化模式的建立、对人的素质的提高和人的现代化予以特别的关注。中国学者孙立平将中国的社会状况描述为"断裂的社会"，"就是在一个社会里，几个时代的成分同时并存，相互之间缺乏有机联系的社会发展阶段"，[①] 即前现代性、现代性和后现代性的矛盾生活。[②] 因此，中国的家政学学科建设处于这样一种开放的环境下，受到多种文化的影响，如农业文化、工业文化及批判性的后工业文化。中国家政学学科在努力生成现代性维度的同时，首先会面临强大的农业文化的影响，很难生成现代性的技术理性和人本精神维度。其次，在科学技术对经济发展所产生的巨大推动下，中国家政学的技术理性维度很可能会先于人本精神维度发展起来，从

---

　　① 孙立平：《断裂——20 世纪 90 年代以来的中国社会》，社会科学文献出版社 2003 年版，第 14 页。

　　② 洪晓楠等：《当代西方社会思想及其影响》，人民出版社 2009 年版，第 157 页。

而会面临美国家政学学科的技术理性维度相对发达的问题，但与美国家政学学科的发展问题存在一定的区别。最后，西方各种社会批判理论和后现代理论会影响家政学现代性维度的发展。随着国际交流的扩大，西方各种社会批判理论涌入中国，尤其是法兰克福学派和后现代理论对以美国为首的西方后工业社会进行了全面的批判。在这种情况下，要不要学习西方的现代化成为国人关注的话题。西方社会经济扩张背后所引发的生态危机更是让人们认识到这种现代化的发展模式需要进行反思和调整。有西方学者提出，从古老的东方寻找答案，如儒家文明中提倡的天人合一，道家文明中所提倡的无为思想等都为技术理性过度发达的西方带来了新的启示。在这种情况下，很多国人认为没有必要重走西方的现代化之路，因为它们已经开始向我们学习。这种思想在一定程度上影响了中国当前现代化建设的步伐。这种思想也会影响到家政学学科的现代性建设，值得中国家政学家警惕。

三　美国家政学学科发展的经验与启示

在特定的条件下，一种强势的文化模式或文化精神又会成为其他文化学习和模仿的对象，因此，各个民族的现代性是"同"中存"异"，"异"中有"同"。一般来说，后发展中国家在推进现代化的过程中通常要把发达国家已存的现代性作为预设的合法的文化价值加以模仿和学习，又常常在选择过程中被动地（受特定文化背景的制约）或者主动地（处于特定的价值选择）对学习和模仿的对象加以修正，从而形成现代性的丰富内涵和差异性。因此，在后发展中国家的现代化进程中，以及在全球化的历史进程中会有许多文化冲突，后发展中国家一般说来不会出现两种截然不同的"现代性"之间的冲突，而常常表现为现代的和前现代的文化精神之间、不同历史和宗教背景的文化之间的冲突，以及现代性的具体路径选择和方案设定中的差异和冲突。① 中国作为一个后发展中国家，也面临着这种情况。中国的家政学学科建设处于这样一种开放的环境下，受

---

① 衣俊卿：《现代性的维度》，黑龙江大学出版社、中央编译出版社 2011 年版，第 98—99 页。

到多种文化的影响，如农业文化、工业文化及批判性的后工业文化，与美国家政学学科的发展环境完全不同，绝不能照抄照搬，需要结合中国特有的国情来进行分析。

　　总体来看，中国家政学一方面需要学习美国家政学在现代化过程中所生成的现代性，只有学科本身具有现代性的各种维度并将这种维度拓展到社会运行的各种机制中，发挥出对人自身现代化的重要贡献，才能在重建过程中找到合适的位置并立稳脚跟；另一方面，中国家政学还需要认真研究美国家政学所具有的现代性张力结构对学科造成的异化，并通过各种有效的反思和调整措施，避免美国家政学学科发展中所付出的惨痛代价。

（一）认识到学科价值

　　家政学学科在美国创立的必然性在于现代化对人的要求，家庭日常生活中要接受理性精神的指导，而不是仅仅凭靠经验和常识来进行。家政学学科出现后，人们学会了健康的生活方式，如卫生、营养、儿童保育等，将最新的科学知识应用于家庭之中。美国家政学学科形成了完善的教育、科研和社会推广系统，为家政学知识在千家万户的普及奠定了基础，从而推动了美国人自身的现代化。

　　家政学学科对于当代中国的价值在于促进社会的现代化，其所具备的现代性维度表现在精神和制度两个层面，指导人们在社会转型时期建立新的科学的生活方式，用技术理性和人本精神代替经验性和重复性思维来思考家庭中的日常生活问题，这种新的思维方式反过来又可以促进非日常生活领域中理性精神的运用。家政学学科将日常生活世界与非日常生活世界联通起来，从而加速中国人自身现代化的进程。

　　家政学学科对中国现代化尤其是人自身的现代化具有重要的价值，但我们必须同时认识到，中国家政学学科对日常生活批判和重建的过程远远不像理论上论证的那样简单。进行日常生活的变革与重建时首先需要搞清楚中国的现有国情。中国社会本质上是一个巨大的日常生活世界：第一，农业文明条件下，绝大多数人终生作为纯粹的日常生活主体，被闭锁在封闭的和自在的日常生活世界之中；第二，在农业文明条件下，不发达的非日常生活社会结构也是按照日常的自然主义和经验主义原则组织运行的；第三，中国传统自觉的文化对自在的文化的认同与强化导致了自在的文化，即日常生活图式和结构对人的行为模式的专制统治，使人很难从自在自发的日常生活状态进入到自由自觉的非日常生存状态；第四，中国传统日常生活结构与图式不但自身十分强大与沉重，而且具有蚕食或侵蚀自觉的精神活动和社会活动领域的倾向。① 这种强大的日常生活世界不仅使得其自身的改革非常缓慢，甚至还会影响到非日常生活的运行过程。这种情况表现为非日常社会活动的日常化与自觉精神活动的自在化。② 非日常社会活动的日常化是指中国家庭本位的人情化文化模式，实际上是中国所有社会机制和制度化领域的内在图式，主要包括：以家庭为本位，"家国同构"的宗法专制的政治制度；人情化的社会交往和社会活动模式；"无讼"的礼俗文化基础上的法制"缺位"。自觉的精神活动的自在化主要包括：中国传统文化结构的反思性的缺乏；中国传统自觉的文化对日常生活世界的自在的文化模式具有自觉认同与强化的特征，由此，自觉的文化精神并没有在中国传统文化结构中建立起反思性和超越性的维度。在这种情况下，中国家政学学科的重建必须要认真研究美国家政学现代性生成的各种条件和机制，并认真分析中国的国情，积极为现代性维度的生成创造条件。

中国实施社会主义市场经济体制之后，经济迅速发展，文化也开始对外开放。这为现代化和文化的转型积累了必要的条件。家政学学科在这种社会环境下自发地重建也是客观的必然，是社会需要的结果。中国强大的传统文化对家庭日常生活的思维和行为方式产生了重大的影响。这种日常生活中的重复性和经验性思维甚至影响了非日常生活中的活动，如经济政治中的人情和长官意志等。因此，需要从文化深层进行人的现代化，即改变各种传统落后的生活方式和观念，从而与经济社会领域的现代化协调发展，加速中国现代化的进程。家政学学科可以在这种日常生活方式的深刻转变中发挥出重要的作用。

（二）生成现代性维度

家政学学科之所以在美国获得百年发展，与其所体现的现代性是分不开的。只有符合现代化的需要，将现代性渗透进学科的各个方面，才能让学科的发展得以长久。

---

① 衣俊卿：《现代化与日常生活批判》，人民出版社 2005 年版，第 346 页。
② 同上书，第 240 页。

1. 精神性维度

美国家政学学科的现代性生成是精神性维度先行的。这种精神性维度需要社会中的现代性土壤的滋润。19 世纪末 20 世纪初美国社会经历着社会的大转型，工业文明开始取代农业文明。技术理性和人本精神在社会中得到极大的传播，这为家政学学科的创生奠定了重要的基础。当时女性虽然仍处于私人领域——家庭之中，但个人发展的自觉意识和主体性已经开始提升，希望走出家庭在更大的社会领域做出一番事业。家政学学科体现了当时进步女性不成熟的女权主义思想。她们试图在不突破现有性别分工的情况下，利用女性在家庭中的道德优势来创建一个属于女性的专业学科，从而为妇女发展提供更多的机会。家政学学科的这种精神性维度受现代化发展程度的影响很大，随着美国社会的进一步发展，到了 20 世纪 70 年代，美国的工业社会已经进入到后工业社会。很多学者都对后工业社会的现代性进行了深刻的反思。技术理性是一把双刃剑，如果将其过度使用，则会压制人的自由发展。家政学学科早期的精神性维度已经不能适应后工业社会的发展了，因此在社会的批评中也进行了内部的反思。美国家政学学科的经验表明，现代性中的精神性维度也不是永久不变的，随着时代的发展，需要进行内部的调整。但家政学学科的精神维度一经生成就会对学科产生深远的影响，也更容易为社会所接受。

中国家政学学科之所以在 20 世纪上半叶之前没有得到很好的发展，是因为社会环境中并没有生成足够的让学科精神性维度生长的条件。经济发展落后、政治动乱、文化的保守落后等都不利于现代性家政学学科的发展。随着改革开放的进程加快，如今的中国在经济政治文化等方面都具备了进行全面社会转型的条件。古老强大的农业文明的思维开始受到置疑，现代性的工具理性和人本精神，以及后现代对现代性的质疑都在中国社会中并存。对家政学学科来说，这既是良好的条件，也是巨大的挑战。家政学学科需要克服农业文明的经验性、重复性思维，吸收现代性的工具理性和文本精神的精华，还需要认清后现代主义批评中对于技术理性过度膨胀的后果。如何将三种思想结合在一起，共同致力于学科的建设，是中国家政学学科面临的问题。

2. 制度性维度

在技术理性和人本精神的指引下，美国家政学学科首先在公共领域进行了一系列的运动，如公共健康运动、公共营养运动、家长教育运动等，逐渐让政府和民众对家政学学科的知识产生信任。随后政府的法案拨款，公共事业、商业等部门的人员任用让家政学家逐渐在社会中找到了自己的专业分工定位，从而进一步巩固了学科的地位。

家政学学科的制度性维度是学科的精神性维度在社会各机构中的体现。但制度性维度与精神性维度的发展并不是同步发展的。在通常情况下，精神性维度的发展更为超前，制度性维度受到社会政治经济文化状况的影响，发展相对滞后，有时甚至在一定时期与家政学学科的精神性维度相违背。如美国家政学学科在商业机构的实践活动充分说明了商业利益与专业伦理非常难以协调，家政学家希望引导消费者理性消费并建立科学的生活方式的想法与雇主追求经济利润的需要是不能一致的，往往成为雇主赚钱的工具。因此制度性维度的生成比精神性维度更为复杂。这就要求家政学家在各种社会机构开展实践活动的过程中正确认识到学科现代性维度内部的张力，努力将技术理性与人本精神协调地贯彻到各种实践活动之中，从而促进家政学现代性制度性维度的良性发展。

（三）避免现代性困境

美国家政学学科在发展过程中由于没有及时、正确地认识到现代性维度中所具有的张力和冲突，而使学科的发展付出了惨痛的代价。在半个世纪后经历了重大的学科发展危机，整整花了 30 年来进行系统的批判反思，然后学科才迎来了新的发展契机。中国家政学学科发展的基础比较薄弱，在传统文化非常强大的情况下，现代性维度的生成本来就比较艰难，因此更要避免美国家政学的这种现代性困境对学科造成的打击。

中国外源性现代化的优势在于可以借鉴外国的经验和教训，努力不走它们的错路。美国家政学学科技术理性的过度发达压制了人本精神的发展。家政学作为女性创立的学科，却在建立之初没有认真反思女性所处的社会地位而是接受了这种社会分工。建立在现有社会分工的基础上，家政学学科又试图帮助女性走出家庭，突破公共、私人领域的划分。这种不彻底的女权观点反而容易被父权制社会所利用，成为培养贤妻良母的工具。美国家政学学科的发展中留下了很多宝贵的经验和教训，值得中国学习。

1. 适当发展技术理性

在美国这样农业已完成现代化进程的西方发达国家中，从传统日常生活向现代化日常生活的变革性转变是一个自发完成的进程，这一自发的历史进程在促进西方人的个体化与现代化的同时，也带来了一些消极后果，过分强大的非日常世界切割了日常生活世界，使之作为支离破碎的私人生活而退隐到背景世界之中，从而使意义和价值世界开始失落。基于这种情况，中国等发展中或不发达国家应当借鉴西方发达国家的历史经验与教训，使自己的日常生活变革与重建能成为相对自觉的、少一些盲目性和消极性的进程。①

　　科学技术作为第一生产力，使人类极大地提高了改变自然的能力。在现代化的过程中，人们从对科学技术无比崇拜到理性地使用并加以反思。人的理性在这一过程中得到提高。美国家政学学科也经历了这一过程。在19世纪末，科学技术的巨大力量让美国人坚信只有建立在科学基础的知识才是可靠的。家政学也借助科学技术发展了起来。家政学家认为家庭也需要科学的指导。虽然她们所推广的生活方式并没有一经推出便得到民众广泛认可，但科学技术的巨大改变力量让公众开始相信家政学学科。家政学家由此成为生活专家，并在家庭生活领域具备了一定的权威。技术理性为家政学带来的发展机遇让家政学家奉科学技术为圭臬，从而使家政学走上了一条生活技术专家的道路。但这种技术理性随着科学的发展不断扩张，在缺乏反思的情况下，技术理性开始膨胀，家政学的未来需要通过技术专家来决定，家政学的价值是由其特有的技术所决定的。这种无批判的使用甚至使技术理性成为一种意识形态，全面地统治了家政学学科。这种发展思路的后果是非常严重的，使得家政学无法与时代共同前进。新的时代中，人们不再为传染病而担心卫生问题，不再为食品保存而发愁。但新的时代中，人们的幸福感并没与物质丰富程度成正比例地增长。精神空虚、道德衰落等问题困扰了现代人。新的家庭形式在形成，核心家庭开始减少，单亲家庭等新的形式在增加，新的家庭问题也随之出现。但这些问题并不能仅仅通过科学技术来解决。美国家政学长期以来忽视了社会文化心理等精神层面对家庭问题的影响，因此，在解决这些问题上显得力不从心。家政学对于技术的过度依赖并不能实现提高公众家庭福利的目的。技术理性固然重要，但需要控制在合适的范围内，与人本精神协调发展才能保证家政学学科有效地解决人们在家庭日常生活中遇到的各种问题。

　　2. 全面反思父权制

　　人本精神的欠缺一直是美国家政学学科发展中的软肋。由于美国早期

①　衣俊卿：《现代化与日常生活批判》，人民出版社2005年版，第292页。

的家政学家大多为科学家背景出身，因此其思维方式与具体的研究方法均为科学实证主义，认为物理环境的改善甚至可以决定精神和道德的发展。这种缺乏人文反思的发展模式导致家政学忽视了其发展的一个主要障碍——父权制。家政学所关注的问题领域与传统社会中女性的活动范围重合之处非常多，因此家政学学科的创始人为清一色的女性。在男性独霸学术领域的时代，家政学家要想冲出传统文化的重围并在学术圈占据一定的位置是非常困难的，并且家政学学科要冲破的还是男性在千百年来一直稳固建立的父权制体系，因此家政学家的学科专业化道路可谓难上加难。但家政学家却没有反思这种困境，而是从技术理性的角度来发展学科。从表面上看，这种发展固然取得了短期效果，因为其并没有直接挑战男性的权力地位。但从长远角度来看，家政学的这种发展模式如上文所述，付出了巨大的代价。由于缺乏对父权制的正确认识，导致家政学很容易在各种父权制陷阱中栽跟头。家政学在建立后的前半个世纪一直处于迅速的扩张期，但这种扩张是学科作为一种对于贤妻良母培训的要求来推动的，与先锋家政学家的社会改革力量渐行渐远。职业法案的资助和其他学术团体对其职业性的认定，使家政学学科失去了批判反思精神。家政学的这种发展模式在 20 世纪 70 年代激进女权主义的喝骂中被击醒。家政学家需要对学科的女性特质进行全面的总结，并反思这种特质给学科带来的利弊。美国家政学的学科发展经验告诉我们：女性天生的关爱和养育特点致使其更容易创立家政学这样的学科，并不能因为学科具有女性特质而低人一等。每个人都有家庭，每个时代都存在各种各样的家庭问题。家政学在提高家庭福利、促进人自身的现代化方面的重要性已经在本书中阐述过多次。随着家政学学科的价值逐渐为各方所认识，具有女性特质的家政学在社会中的地位也不断提高，成为男女两性需要共同学习的知识。这种提升也是社会中女性地位提高、男女平等发展的必然结果。

美国家政学学科发展的经验证明，不从父权制这个本质入手，而只是改名或招收男性管理者和学生是治标不治本。美国家政学在 20 世纪 70 年代的命名改变事件并没有给学科带来预期的效应。家政学学科命名确实存在一些不足之处，在没有经过深思熟虑的情况下更换命名，仅仅是换汤不换药，反而会造成更加混淆的情况。命名改变的背后需要的更是一整套学科理念的转变。国际家政学会就一致沿用了家政学的命名，但随着时代的变迁会对家政学的定义进行不断的更新。

（四）释放现代性潜能

美国家政学学科在遭遇了严重的学科分裂之后，并没有中断研究和教育。家政学所具备的现代性尽管陷入了困境，但还是可以通过现代性自有的反思性来进行内部的调整的，即控制技术理性维度的过度膨胀，使之与人本精神维度协调发展。针对家政学在女权思想方面的不彻底性进行批判，帮助学科进行现代性的转型。在后工业社会中，对技术理性进行合理的控制并重建人们的精神家园是拯救现代性的有效方法。家政学学科作为研究日常家庭生活的重要领域，更应该在调整人们的家庭生活方式方面做出重要的贡献，将人自身的现代化发展推向深入。现代性在不同的时代有不同的发展程度，家政学的科学派发展模式只适用于学科创立和迅速扩张的时期，一旦学科发展到了一定程度，就需要将人本精神一并纳入学科的重要发展目标。否则单向度（技术理性过分膨胀）的发展只能导致学科的分裂和灭亡。

中国家政学学科之所以在从外国引入后，并没有发展起来而且还经历了重大的创伤——半个世纪的中断，其根本原因在于中国的社会发展程度还没有达到让家政学学科生成现代性的维度的程度，因此遇到危机之后，学科也缺乏现代性的潜能来进行自发的调整。20 世纪 80 年代之后，中国的家政学学科又开始重建，这次发展是社会转型期间社会发展的需要，家政学学科只有正确地吸收现代化过程中的技术理性和人本精神，将之固化在学科的制度性维度中，才能具备现代性的潜能。唯有具备了现代性的维度，家政学学科才可以在经历偶发危机的时候自发地进行反思和调整，以适应社会的需要。中国传统日常生活变革与重建从总体上是要打破传统社会中日常生活结构和图式的专制统治，从而使自然主义和经验主义的社会关系和结构逐步为合乎理性的和合乎人的发展需要的真正属人的社会关系所取代，使日常生活从纯粹自在和封闭的王国逐步走向自觉和自为，向以科学理性和人本精神为核心的现代文明世界开放，从而使日常生活世界和非日常生活世界相互渗透、相互作用，协调同步发展。① 而家政学学科作为日常生活批判与重建的重要力量，将在现代化建设的进程中释放出巨大的潜能。

---

① 衣俊卿：《现代化与日常生活批判》，人民出版社 2005 年版，第 350 页。

四　中国家政学学科发展设想

中国家政学学科在现代化进程中可以通过建立教育、科研和社会服务三位一体的系统，从中生成现代性的维度，进而促进中国人自身的现代化。科研保证了家政学知识的严谨性和权威性；教育一方面可以帮助儿童和青少年从小就掌握家政学知识，从而使这种生活影响其一生的生活，另一方面培养服务于人类家庭生活福利的各类专业人才，满足现代化进程中城乡居民对于高质量生活的需求；社会服务则通过社会的各种机构，针对当前社会所产生的问题对症下药，从而提高人们的家庭福利。

（一）教育

斯宾塞指出，有关家庭生活的知识是最有价值的知识之一。家庭生活中抚养和教育子女的活动，是最重要、最复杂也是最艰巨的人类活动之一；这一活动与人类的其他活动一样，需要科学知识，而且特别需要关于生命和儿童教育的知识。[①] 因此，他主张正规教育应当向儿童传授如何做父母的知识，为他/她们未来的家庭生活做准备。

教育是家政学知识普及的重要方式。家政学只有走向平民百姓家，才能真正促进人自身的现代化。民国时期的家政学只面向权贵阶层的富家女子，因此并没有积累社会基础，在动荡的社会中并没有发展起来，新中国成立后因其所表现出的落后性被革除。现代性的家政学应该是现代化的生活方式的指导，是每个公民都需要的，尤其是落后的农村地区更应该普及。唯有人们形成了现代性的生活方式，才能让技术理性和人本精神指导日常生活与非日常生活的运行机制、日常生活与非日常生活相互交叉。"自觉的精神生产和社会活动领域为人提供自由创造和竞争的空间，而合理的日常生活世界则为人提供安全感和家园；每个人都既是日常生活主体，又是非日常生活主体，他能同科学、艺术、哲学等人类精神建立起自觉的关联，无论在日常生活中还是在非日常活动中都既能恰当有限度地运

---

① ［英］赫·斯宾塞：《斯宾塞教育论著选》，胡毅、王承绪译，人民教育出版社 2004 年版，第 12—13 页。

用日常生活图式和重复性思维，又能自觉地求助于创造性思维和创造性实践。这样一来，日常生活就会从传统自在的文化的保守寓所转变为现代理性化、人道化社会的有机组成部分。"①

家政学教育是一种具有女性特质的教育。无论在中国还是外国，家政课程是与女性教育紧密相连的，其所承载的知识一直与女性的活动与经验更为相关。所以，在家政课程被取消近半个世纪后重新设置这门课程，将使人们对性别与教育、女性与教育之间的关系形成新的认识。在相当程度上，家政课程的重设，是教育具备社会性别平等意识的重要标志，而且也是教育回归人类真实生活、日常生活、平常但极为重要的生活的途径之一。②

1. 初等教育

家政学学科与日常生活经验密切相关，这种特点决定了其非常适合在初等教育中开设。儿童在学习过程中不能直接掌握抽象的知识，而是需要与其所了解的经验相联系才能帮助他们理解这种知识。目前中国小学所倡导的素质教育和正在进行的新课程改革，其理论基础来自西方的教育思想，如建构主义、杜威的实用主义和加德纳的多元智力理论等，均体现了以人为本、重视儿童日常生活经验的合理内核，这给家政学的开设提供了极大的发展空间。

家庭中的经验符合杜威关于有教育价值的经验的两大原则：一是经验的连续性原则，二是经验的交互作用原则。③ 杜威指出，"儿童可以把他在家庭中学到的东西继续利用于学校，又将学校学到的东西应用于家庭。这是打破隔离状态的两件大事——使儿童带着在校外获得的一切经验来到学校，又给他可立即在他的日常生活中应用的东西。"④ 家庭活动也蕴藏着有教育价值的兴趣，尤其是完整的（或者正常的、理想的）家庭生活，其所蕴藏的有教育价值的兴趣是相当丰富的。首先，家人之间需要交谈，

---

① 衣俊卿：《现代化与日常生活批判》，人民出版社 2005 年版，第 350 页。

② 周小李：《社会性别视角下的教育传统及其超越》，教育科学出版社 2011 年版，第 91 页。

③ ［美］约翰·杜威：《我们怎样思维·经验与教育》，姜文闵译，人民教育出版社 2005 年版，第 250、262 页。

④ ［美］约翰·杜威：《学校与社会·明日之学校》，赵祥麟、任钟印、吴志宏译，人民教育出版社 2005 年版，第 61 页。

为此出现询问、叙述、讨论，正确的观点得到鼓励，错误的得到纠正，因此在交谈中滋生着交谈或交流的兴趣。其次，儿童参与家庭的日常事务，譬如收拾、整理、收藏，参与或观察一些手工劳动，到家庭周围的环境中漫游，发现和探索那些与自然、人、社会有关的现象或问题，由此培养出研究或发现的兴趣。再次，在亲自参与家庭事务（如烹饪、手工制作）的过程中，儿童感受到制作或建造的兴趣。最后，家居布置、装饰灯活动还能帮助儿童萌发艺术表现的兴趣。杜威认为，以上四种兴趣"是自然的资源，是未投入的资本，儿童的积极生长依赖于对它们的运用"。① 杜威在论述学校作业时，提到"大致地说，一切作业可以分为：通过获取食物以维持生活；去收集关于人与生活于其中的世界之间的关系；取得衣服和避免伤害的庇护所并加以装饰；最后是提供使一切更高尚、更神圣的兴趣可以集中于其中的永久性的家。有理由设想有这样一种历史背景的兴趣一定是一种有价值的兴趣"②。由此可见，家政学学科关注日常生活的这种微观取向决定了其非常适合在学生所熟悉的日常生活经验中对其进行理性教育，从而帮助他们发展理性精神，培养良好的生活习惯和技能。有学者认为开设小学家政课程有助于小学校本课程的建设和课程资源的开发，有助于小学生加强日常生活经验与书本知识的联系。小学家政课程属小学综合实践活动一类，具有显著的综合课程特征和校本课程特色。它既与学科课程有着本质区别，又与学科课程之间有着渗透或融合的关系，具有生活性、综合性、活动性、体验性和开放性等特点。③

　　2. 中等教育

　　目前中国中学生升学压力大，应试教育盛行。很多中学将升学率作为成功的唯一标准，学生将考试分数作为教育的目标。但是学生除了学习考试的科目，没有时间再学习其他的科目，否则更加加重他们的负担。因此，非考试科目——家政学教育在中学的推行具有很大的困难。虽然也有少数的中学开设了与家政学类似的生活知识类的选修课，但学生在学业压力下鲜有时间学习。学生的最高目标是考上高水平的公立大学，考不上的

　　① ［美］约翰·杜威：《学校与社会·明日之学校》，赵祥麟、任钟印、吴志宏译，人民教育出版社2005年版，第47页。

　　② 同上书，第93页。

　　③ 王纬虹、苏武银、周光烈等：《小学家政课程的研究与实践》，《教育导刊（上半月）》2005年第8期。

则选择职业学院或直接就业。直接就业的学生从事的多为技术含量很低的工作，这与中学期间的以文化课为主的学习是直接相关的。今后家政学在中学的具有职业技术教育性质的选修课中具有一定的发展潜力，但需要在中学系统改革的背景下进行。

3. 高等教育

21 世纪中国高等家政学教育的发展背景是来自党和国家对家庭服务业的大力支持和推动。2010 年 9 月 1 日，国务院总理温家宝主持召开国务院常务会议，研究部署发展家庭服务业的政策措施。据调查显示，现阶段中国约有 40% 的城镇家庭（大概 5000 万户）需要家政服务，而家政服务从业人员仅 1500 万人，行业发展潜力巨大。① 家庭服务业将成为解决就业问题的重要支持。国务院八部委已经联合成立了"发展家庭服务业促进就业部级联席会议办公室"，积极推进家庭服务业的政策研究。这种政策的推动促进了高等家政学教育的兴起。2012 年，家政学被正式列入《普通高等学校本科专业目录》。在学科分类中，家政学学科属于社会学的一个分支。目前国内已经有数十所高校开设了家政学专业，本科层面如吉林农业大学、北京师范大学珠海分校等，专科层面如中华女子学院、北京社会管理职业教育学院等。

从这些院校家政学专业的培养定位来看，更多的是联系中国家庭服务业发展的行业发展。随着全球经济形势的衰退和中国经济高速增长后进入较为平缓的调整期、人口压力和高等教育大众化的综合影响，导致中国目前大学生就业非常困难。在这种背景下个别高校开设家政学学科，更多的是基于经济发展形势和学生就业的考虑。这种经济因素刺激下的学科发展固然有效，但必须同时跟进学科基本理论的建设，以免学科发展到一定程度之后，因缺乏反思批判的能力而不能随时代需要的变化而转型，从而影响学科的长远发展。美国家政学的经验证明，家政学只有立足于现代化这种基点，全面地生成现代性的精神和制度性维度，广泛地参与到新的生活方式的建设中，才能永葆学科的发展价值和活力。

（1）中国家庭服务业发展的政策背景

党的十七届五中全会强调要加快发展生活性服务业，提高服务业比重

---

① 崔郁：《现阶段中国家政服务需求缺口达 3500 万人》，2013 年 3 月（http://lianghui. peo-ple. com. cn/2013cppcc/n/2013/0307/c357913 – 20712663. html）。

水平。胡锦涛总书记、温家宝总理先后亲临昆明市阿慧家政服务中心和济南"阳光大姐"视察。国务院引发了《关于加快发展服务业的若干意见》（国发〔2007〕7 号）等文件。《国民经济和社会发展第十二个五年规划纲要》将鼓励发展家庭服务业作为发展生活性服务业的重要举措给予大力支持。为推动家庭服务业发展，国务院建立了由人力资源和社会保障部、国家发展改革委、财政部、商务部、民政部、全国总工会、共青团中央、全国妇联等 8 个部门参加的发展家庭服务业就业部际联席会议制度；中央编办专业下发文件，明确由人力资源和社会保障部牵头负责发展家庭服务业工作；国务院常务会议还专题研究发展家庭服务业问题，出台了《国务院办公厅关于发展家庭服务业的指导意见》（国办发〔2010〕43 号），这些举措在改革开放以来都是第一次。国家发展改革委将家庭服务业纳入服务业"十二五"规划，财政部、国家税务总局引发了《关于员工制家政服务免征营业税的通知》（财税〔2011〕51 号），其他联席会议成员单位在各自的职责范围内对家庭服务业给予了大力支持。各地区按照国务院部署，积极营造有利于家庭服务业发展的政策和体制环境，建立了发展家庭服务业就业联席会议制度，制定了贯彻 43 号文件的实施意见，明确了财税、金融、土地、培训和社保补贴等扶持政策措施。①

　　大力发展家庭服务业不仅有利于改善民生，而且促进社会和谐。中国的家庭服务业包括家政服务、养老服务、社区照料和病患服务等近二十几个业态，几百个服务项目，具有鲜明的民生特点。到 2020 年，中国老龄人口将达 2.48 亿。一对中年夫妇，要面临照顾1—2 个子女和 4 位甚至 6—8 位老人的压力，多数家庭把养老护理寄希望于家政服务上。为此，大量老人、儿童和残疾人对于家庭服务的需求日益增长，而且家庭用品配送、养老服务、社区照料和病患陪护服务等家庭服务需求日益增长，家庭用品配送、家庭教育、家庭医护、家庭理财、私人管家等新型服务项目不断成为家庭服务的重要内容。家庭服务业多样化快速发展，为人民群众提供了个性化的服务，既提升了家庭生活质量，又以家庭和谐促进了社会和谐。

---

　　① 杨志明：《在全国发展家庭服务业暨创建千户百强家庭服务企业（单位）活动经验交流会上的讲话》，转引自中国家庭服务业协会引发的《在全国发展家庭服务业暨创建千户百强家庭服务企业（单位）活动经验交流会领导讲话》，2011 年 10 月，第 9 页。（内部资料）

2011 年，中华人民共和国人力资源和社会保障部副部长杨志明在《在全国发展家庭服务业暨创建千户百强家庭服务企业（单位）活动经验交流会上的讲话》中指出，建立完善的家庭服务业职业资格制度，健全家庭服务业职业技能标准，加强从业人员资格管理和职业培训，实现职业教育和培训与发展家庭服务业对劳动力素质需求的有机结合，在专业院校设置家庭服务业相关专业和课程，鼓励企业、协会、非营利组织、职业院校等多方合作开展家庭服务业职业培训。[①]

（2）中国家庭服务业与大学家政学教育的关系

家庭服务业对家政学学科是一种发展契机，但需要认真反思在这种思路下发展家政学学科的逻辑。家政产业的兴起带动了家政学学科在中国的重建，很多人误以为家政学就是培养从事家庭服务的人员。通过家庭服务业发展家政学可以扩大家政学教育在高校中的规模，但应该注意到这种发展的推动力是有限的，这种片面的发展视角会对家政学的学科地位产生一定的负面影响。家政学学科在经济方面的价值固然重要，但一个学科的源起、发展并在学术系统中扎根还需要其具有严密的逻辑范畴和知识体系及浸淫其中的学科精神和学科制度、规范。一个学科的知识体系和学科精神是其核心所在、其生命力的根源，也是其存在和发展之根本。

因此，中国高校家政学学科发展的根本之道在于从家政学的理论建设开始。家政学需要论证学科与现代化的关系，并与家庭服务业做出明确的区分。家庭服务业只是家政学社会服务推广的一部分。从美国家政学学科的经验来看，其家政学毕业生可以在政府部门、学术（高等教育）、公民社会与发展（CSO/NGO）、媒体和交流、拓展服务、商业和企业、终身教育学习活动（成人教育）、公立学校系统、人类服务（Human Service）等部门工作，作为一种培养专业人员的教育，很少有家政学毕业生直接进入家庭从事家庭劳务服务。家政学学科与家庭服务业的重大联系在于：家庭服务业的从业人员的培训大多由家政学的专业培训人员组织，包括课程开发、教材编写和组织教学。家政学可以为家庭服务业提供科学的指导，而家庭服务业是家政学知识应用的广阔平台。

---

① 杨志明：《在全国发展家庭服务业暨创建千户百强家庭服务企业（单位）活动经验交流会上的讲话》，转引自中国家庭服务业协会引发的《在全国发展家庭服务业暨创建千户百强家庭服务企业（单位）活动经验交流会领导讲话》，2011 年 10 月，第 5 页（内部资料）。

因此，针对中国家庭服务业人才的巨大缺口及当前家政学教育发展的现状，家政学专业毕业生可以为家庭服务业提供教育培训、组织管理等工作，在这个领域中发挥出独有的优势。将家政学学科的技术理性和人本精神带入家庭服务产业管理和对从业人员的教育培训中，提高中国公民家庭生活质量，进而促进人自身的现代化进程。

（二）科研

科学研究保证了家政学学科的严谨性和权威性。家政学是一门交叉学科，与生理学、生物学、艺术、经济学、管理学、心理学、社会学、教育学、物理学、化学、美学等都有所交叉，但并不是这些知识简单的堆砌。

1. 中国家政学科研现状

总体来看，中国家政学学科研究存在以下不足：第一，缺乏社会认可。社会对家政学学科普遍存在着各种偏见，将其归入技能培训而非学术研究类学科。而在国外家政学学科是一个跨学科群，可以包容学术型、专业应用型、职业技术型三种类型迥异的学科专业，并且分为研究生和本专科等各层次的教学与研究。第二，研究力量分散。家政学学科的各个分支学科由于历史原因分散于不同的院系之中，不能有效联合发挥整体优势。美国家政学学科包括九个领域，分别是工作和家庭研究；家庭和消费科学/人类科学总论；家庭与消费科学/人类科学商业服务；家庭与消费者科学和相关的研究；食品、营养和相关服务；住房和人类环境；人类发展、家庭研究和相关服务；服装和纺织品；其他。[①] 就以上每个分支学科来看，中国都有相应研究。但如今这些专业的发展似乎都与家政学学科这个学科整体脱离了关系，各个学科不能在同一个框架下合作发挥整体优势。第三，研究缺乏深度。现有的研究大多都是学者基于自己的研究背景提出家政学学科发展的建议，缺乏对学科发展的哲学理论、发展历史的关注。虽然樊金娥提出家政学哲学概念，但是并没有从更高的学科哲学基础研究家政学学科。第四，研究缺乏广度。中国家政学中断后的半个世纪中，对国外家政学发展方面的研究较少，第二次世界大战后的研究则更是少之又少，为数不多的外国家政学学科研究资料也是重复性高、新内容少，多集

---

① National Center for Education Statistics – Introduction to the Classification of Instructional Programs：2010 Edition（CIP–2010），http：//hces. ed. gov/ipeds/cipcode/cipdetailcipid = 88326.

中于美国家政学发展初期的文献。很多文章引用的定义和文献基本出自同一出处，资料来源极其单一。第五，研究主体力量单薄。中国家政学研究人员和机构大多来自农学院、职业学院、电大及民办大学等层级较低的、以专科层次为主的院校，来自公立的研究性大学的家政学研究人员凤毛麟角。第六，研究成果匮乏，已发表的家政学学科研究专著、学术论文等存在着层级低、数量少、边缘化等特点。以上都说明了家政学在中国大学中还没有找到合适的位置，这种现状极大地制约了其在中国的发展。总之，中国家政学还处于批判性的反思重建阶段，对于学科的定位还没有取得共识，社会上各种对于家政学的曲解也没有澄清。家政学的研究力量分散，国内重点大学鲜有涉及，这与家政学学科对于社会现代化发展的贡献和价值极不相称。

2. 中国家政学科研发展前景

总体来看，中国的家政学学科研究工作，还非常薄弱。家政学学科的各个分支由于历史原因在其他院系发展了半个世纪，如今重新凝聚在一个社会目前还得不到普遍认可的家政学学科之下是很困难的。目前更重要的工作是家政学学科的哲学、历史和文化等方面的反思和重建工作。只有学科的基本框架整理清楚了，才能进行下一步的整合工作。

这种理论工作的起点首先是家政学学科的意义和价值问题，这是家政学发展的前提。家政学学科的重大作用在于促进人自身的现代化。从这一点出发，家政学有助于优化人们的生活环境，进而提高人们的生活质量。家政学在中国发展的必然性在于，现代化要求人在日常生活中接受理性精神的指导，而不是仅仅凭靠经验和常识来生活。其次是将家政学与性别的关系讨论清楚，为学科的发展扫清障碍。家政学与女性发展的关系需要得到进一步的研究。目前很多女性排斥家政学，她们觉得学习家政学就是学习做家务，将女性局限于家庭，是一种历史的退步。再次是学科的专业化建设。学科的概念、理论、研究范式都要理清楚，为其发展奠定基础。从目前来说，中国家政学学科语言还没有形成，只是一种微弱的声音，没有得到学术界重视。学科缺乏清晰明确的理论，包括学科的使命、目的、研究内容和方法等。中国的家政学作为一个学科，要结合时代和中国特点，发展出一套圈内认同的概念、理论，包括了学科的目的、使命、研究内容和研究方法。发展出一个学术队伍，建立完善的学术沟通机制，扩展实体学术交流平台，培养更多的人才。最后是国际交流。西方已经是后工业社会，在批判技术理性的情况，中国该如何应对？中国家政学学科研究需要与世界接轨，培养一支国际化的研究队伍。中国的家政学虽然在 20 世纪初就已引入进来，但由于种种原因中途被取消，如今的发展仍然处于初级阶段。重建中国家政学需要与世界家政学学术团体进行有效的交流，了解当前家政学学科在其他国家和地区的发展情况，在学习别国有益经验的同时注意吸取他们失败的教训。尤其是西方家政学家目前批判较多的后工业文化技术理性对家政学学科产生的不良影响，我们一定要认真分析。

（三）社会服务

社会服务是家政学学科真正深入到日常生活的重要途径。尤其是偏远的农村地区，家政学可以帮助农民掌握现代化的生活方式，从而使农民自身的现代化与城市同步进行，避免城乡之间的差距进一步拉大。家政学社会服务的使命是用科学技术理性和人本精神重塑中国人的家庭生活，使中国人的家庭生活由传统走向现代，由自发走向自由自觉，"使普通民众积极地接受新的适合于现代工业文明的非日常价值观念，拥抱工业文明条件下自由自觉的、积极进取的生存方式"①。

中国有着非常典型的城乡二元结构。著名经济学家刘易斯在发展经济学中提出了著名的"二元结构理论"。他认为，发展中国家存在着普遍的城乡二元结构及其两个部门，即传统农业部门和现代工业部门。农业部门中有大量过剩的劳动力，边际生产率为零或负。整个社会有三条不同的收入线：农村中仅够维持生存（糊口）的劳动收入线、城市中转移劳动力的高于糊口和低于合理水平的劳动收入线、城市中原有市民的劳动收入线。他认为，在中间这条收入线上农业部门对工业有无限的劳动力供给，收入线之差所形成的超额利润的积累扩大工业持续吸收剩余劳动力的能力。到过剩劳动力被吸收完毕时，农业部门劳动生产率及报酬与工业部门持平，从而完成工业化和城市化。② 我们发现，刘易斯主要是在经济发展的层面上探讨消除城乡二元结构，实现城市化问题。实际上，城市化对于现代化的重要意义不局限于经济层面，它对于人的生存方式和文化模式的

---

① 衣俊卿：《现代化与日常生活批判》，人民出版社 2005 年版，第 350 页。

② ［美］阿瑟·刘易斯：《二元经济论》，何宝玉译，北京经济学院出版社 1989 年版，第 75—78 页。

转型具有更为重要的意义和价值，因为城市化能从根本上斩断人对土地的自然依赖和消除自然关系对人的创造性的束缚，给人带来全新的开放式的、创新的、流动的、充满活力的生活方式，为理性的、自由的、创造性的文化模式的确立奠定坚实的基础。而这正是现代化的全方位确立和植根的基础。①

在城市化的冲击下，农民纷纷走出农村来到城市打工，成为中国特有的现象，被称为外来务工人口或农民工。2010年，中国农民工总数已超过2.4亿人。他们从事着城市中最苦最累的工作，为中国的现代化建设做出了巨大的贡献。目前中国农村，大量的农村男性劳动力转向非农产业（包括长期和季节性的），农业出现了"女性化"的现象。妇女作为促进农业发展的重要力量，她们掌握农业技术的多少和自身素质的高低，将在很大程度上影响着农业及农村现代化的发展进程。但是，目前中国农村妇女的总体素质却不容乐观。特别是在贫困地区，许多农村妇女不仅文化水平低、身体素质差，而且缺少技术、观念保守、缺乏市场经济条件下的经营能力和决策能力。② 家政学作为一门与日常生活联系密切的学科，非常适合留守农村的妇女群体。农村家政推广的一个重要特点是贴近妇女，比较适合农村妇女特点，比较容易被农村妇女所接受。在农村进行家政推广工作，就是把有关家庭生活和生产的新知识、新技能、新观念介绍给广大农村妇女，使她们充分理解和接受这些观点，改变旧的生活方式和生产方式，科学有效地管理家庭、发展经济，更好地教育子女，从精神和物质两个方面提高农家生活的质量。所以，农村家政推广作为农业推广的重要组成部分，在现代农业和农村发展中起着越来越重要的作用。③ 家政推广的最终目的是使农村妇女发展成为自尊、自信、自立、自强的现代女性，并进一步促进家庭和社会的进步。

近些年，有关方面如教育系统、扶贫部门、妇联等，都投入了大量的人力、物力，开展对妇女扫盲、实用技术培训和其他方面的教育，但这些远远不够。需要一个完善家政学学科社会推广系统，如学习美国的农业合作推广运动计划中的系统设计，将家政培训作为农村生活现代化和人口素

① 衣俊卿：《现代化与文化阻滞力》，人民出版社2005年版，第32—33页。
② 蒋爱群、李茜：《应用家政推广进行农村妇女教育的理论与实践研究》，《中国农业大学学报》（社会科学版）1999年第3期。
③ 同上。

质提高的一个重要途径。农村家政推广又称农家生活教育，与普通家政推广不同的是，农村家政推广有着特定的方向和目标，即研究的是农民家庭生活的基本观念、基本规律、基本原理和生活技能等问题，面向的是广大农村的农民家庭，其重点内容也根据农家生活实际和普通家政推广有所不同。[①] 农村家政推广是满足农民对生活的多方位、多层次需求的重要途径，是提高中国农民素质（尤其是促进农村妇女发展）、建设现代新型农民家庭，从而构建社会主义新农村的有效手段。

---

① 张瑞强、陶佩君、薛庆林等：《从中国农民素质和农民需求现状看农村家政推广的必要性》，《河北农业大学学报》（农林教育版）2010 年第 1 期。

参 考 文 献

专著、论文集、学位论文、报告

1. ［匈］阿格尼斯·赫勒：《日常生活》，衣俊卿译，重庆出版社 1990 年版。

2. ［德］诺贝特·埃利亚斯：《文明的进程》，王佩莉译，生活·读书·新知三联书店 1998 年版。

3. ［美］W. 古德：《家庭》，魏章玲译，社会科学文献出版社 1987 年版。

4. ［美］阿莉森·贾格尔：《女性主义政治与人的本质》，孟鑫译，高等教育出版社 2009 年版。

5. ［美］巴巴拉·阿内尔：《政治学与女性主义》，郭夏娟译，东方出版社 2005 年版。

6. ［美］华勒斯坦：《学科·知识·权力》，刘健芝等编译，生活·读书·新知三联书店 1999 年版。

7. ［美］加里·斯坦利·贝克尔：《家庭论》，王献生、王宇译，商务印书馆 1998 年版。

8. ［美］洛伊斯·班纳：《现代美国妇女》，侯文惠译，东方出版社 1987 年版。

9. ［日］望月嵩：《家庭关系学》，牛黎涛译，中国大百科全书出版社 2002 年版。

10. ［德］里夏德·范迪尔门：《欧洲近代生活——宗教、巫术、启蒙运动》，王亚平译，东方出版社 2005 年版。

11. ［美］彼得·布劳、马歇尔·梅耶：《现代社会中的科层制》，马戎等译，学林出版社 2001 年版。

12. ［美］乔治·桑特亚纳：《宗教中的理性》，犹家仲译，北京大学出版社 2008 年版。

13. ［德］奥斯瓦尔德·斯宾格勒：《西方的没落（上册)》，齐世荣、田
农译，商务印书馆 1995 年版。

14. ［德］哈贝马斯：《合法性危机》，刘北成、曹卫东译，上海人民出版
社 2000 年版。

15. ［德］哈贝马斯：《作为意识形态的技术和科学》，李黎、郭官义译，
学林出版社 1999 年版。

16. ［德］马克斯·霍克海默、西奥多·阿多尔诺：《启蒙辩证法》，洪佩
郁等译，重庆出版社 1990 年版。

17. ［德］马克斯·韦伯：《新教伦理与资本主义精神》，于晓、陈维纲等
译，生活·读书·新知三联书店 1987 年版。

18. ［德］马克斯·韦伯：《经济与社会（下卷)》，林荣远译，商务印书
馆 1997 年版。

19. ［德］尤尔根·哈贝马斯：《后民族结构》，曹卫东译，上海人民出版
社 2002 年版。

20. ［法］安德烈·比尔基埃、克里斯蒂亚娜·克拉比什·朱伯尔、马尔
蒂娜·雪伽兰、弗朗索瓦兹·左纳邦德：《家庭史：现代化的冲击》，
袁树仁、姚静、肖桂译，生活·读书·新知三联书店 1998 年版。

21. ［法］吉尔·里波韦兹基：《第三类女性——女性地位的不变性与可
变性》，田常辉、张峰译，湖南文艺出版社 2000 年版。

22. ［法］利奥塔：《后现代性与公正游戏——利奥塔访谈、书信录》，谈
瀛洲译，上海人民出版社 1997 年版。

23. ［法］托克维尔：《论美国的民主》，董果良译，商务印书馆 2009
年版。

24. ［美］罗斯玛丽·帕特南·童：《女性主义思潮导论》，艾晓明等译，
华中师范大学出版社 2002 年版。

25. ［美］马尔库塞：《单向度的人——发达工业社会意识形态研究》，刘
继译，上海译文出版社 2006 年版。

26. ［美］马尔库塞：《理性与革命——黑格尔和社会理论的兴起》，程志
民等译，重庆出版社 1993 年版。

27. ［美］史蒂文·J. 迪纳：《非常时代——进步主义时期的美国人》，萧
易译，上海世纪出版集团、上海人民出版社 2008 年版。

28. ［美］约瑟芬·多诺万：《女权主义的知识分子传统》，赵育春译，江苏人民出版社 2003 年版。

29. ［日］大前研一：《专业主义》，裴立杰译，中信出版社 2006 年版。

30. ［英］安东尼·吉登斯：《现代性的后果》，田禾译，译林出版社 2000 年版。

31. 李文阁：《复兴生活哲学——一种哲学观的阐释》，安徽人民出版社 2008 年版。

32. 曹卫东：《曹卫东讲哈贝马斯》，北京大学出版社 2005 年版。

33. 陈筠泉、殷登祥：《科技革命与当代社会》，人民出版社 2001 年版。

34. 陈功：《家庭革命》，中国社会科学出版社 2000 年版。

35. 陈嘉明：《现代性与后现代性》，人民出版社 2001 年版。

36. 陈士部：《法兰克福学派批评理论的历史演进》，安徽大学出版社 2010 年版。

37. 陈燮君：《学科学导论——学科发展理论探索》，上海三联书店 1991 年版。

38. 陈振明：《法兰克福学派与科学技术哲学》，中国人民大学出版社 1992 年版。

39. 邓伟志、徐榕：《家庭社会学》，中国社会科学出版社 2001 年版。

40. 丁则民：《美国通史（第三卷）：美国内战与镀金时代 1861—19 世纪末》，人民出版社 2008 年版。

41. 费孝通：《乡土中国　生育制度》，北京大学出版社 1998 年版。

42. 顾宁：《美国文化与现代化》，辽海出版社 1999 年版。

43. 洪晓楠等：《当代西方社会思想及其影响》，人民出版社 2009 年版。

44. 简红雨：《现代家政学》，重庆出版社 2002 年版。

45. 蒋爱群、张蓉：《现代家政》，中国农业出版社 1995 年版。

46. 李小江、梁军、王红：《女子与家政》，河南人民出版社 1993 年版。

47. 李玉：《家政学概论》，中国农业出版社 2005 年版。

48. 李元春：《现代应用家政学》，四川科学技术出版社 1997 年版。

49. 刘大椿：《科学技术哲学导论》，中国人民大学出版社 2000 年版。

50. 刘小枫：《现代性社会理论绪论》，上海三联书店 1998 年版。

51. 刘绪贻、杨生茂：《美国通史（第五卷）：富兰克林·D. 罗斯福时代 1929—1945》，人民出版社 2005 年版。

52. 刘祖云：《中国社会发展三论：转型·分化·和谐》，社会科学文献出版社 2007 年版。

53. 缪建东：《家庭教育社会学》，南京师范大学出版社 1999 年版。

54. 潘允康：《家庭社会学》，中国时代经济出版社 2002 年版。

55. 孙立平：《断裂——20 世纪 90 年代以来的中国社会》，社会科学文献出版社 2003 年版。

56. ［美］托马斯·库恩：《科学革命的结构》，金吾伦、胡新和译，北京大学出版社 2003 年版。

57. 王乃家：《家政学概论》，北方妇女儿童出版社 1987 年版。

58. 王英杰：《比较教育》，广东高等教育出版社 1999 年版。

59. 夏之莲：《外国教育发展史料选粹（下）》，北京师范大学出版社 1999 年版。

60. ［美］马尔库塞：《现代文明与人的困境——马尔库塞文集》，李小兵译，上海三联书店 1989 年版。

61. 衣俊卿：《20 世纪的文化批判——西方马克思主义的深层解读》，中央编译出版社 2003 年版。

62. 衣俊卿：《现代化与日常生活批判》，人民出版社 2005 年版。

63. 衣俊卿：《现代化与文化阻滞力》，人民出版社 2005 年版。

64. 衣俊卿：《现代性的维度》，黑龙江大学出版社、中央编译出版社 2011 年版。

65. 衣俊卿：《现代性焦虑与文化批判》，黑龙江大学出版社 2007 年版。

66. 余志森、王春来：《美国通史（第四卷）：崛起和扩张的年代 1898—1929》，人民出版社 2008 年版。

67. 俞吾金：《现代性现象学》，上海社会科学院出版社 2002 年版。

68. 张岱年、方克立：《中国文化概论》，北京师范大学出版社 1994 年版。

69. 张贞：《中国大众文化之"日常生活"研究》，博士学位论文，华中师范大学，2006 年。

70. 赵孟营：《新家庭社会学》，华中理工大学出版社 2000 年版。

71. 郑杭生：《社会学概论新修》，中国人民大学出版社 2003 年版。

72. 钟玉英：《家政学》，四川人民出版社 2000 年版。

73. 周莉萍：《美国妇女与妇女运动（1920—1939）》，中国社会科学出版社 2009 年版。

74. 周文建、庞大春：《中国家政学新编》，当代世界出版社 2000 年版。

75. 周小李：《社会性别视角下的教育传统及其超越》，教育科学出版社 2011 年版。

76. 朱永涛：《新大陆新文化——美国文化历程》，辽宁大学出版社 1996 年版。

77. 庄锡昌：《二十世纪的美国文化》，浙江人民出版社 1993 年版。

78. E. Beecher, *Woman's Suffrage and Woman's Profession*, Hartford: Brown & Gross, 1871.

79. E. Beecher, Harriet Beecher Stowe, *Principles of Domestic Science as Applied to the Duties and Pleasures of Home*: *A Text – Book for The Use of Young Ladies in Schools*, *Seminaries and Colleges*, New York: J. B. Ford, 1870.

80. Beresford, C. T. Sister, *Proceedings of the Eleventh Lake Placid Conference on Home Economics*, Washington, D. C.: American Home Economics Association, 1973.

81. Beulah I. Coon, *Home Economics Instruction in the Secondary Schools*, Washington, D. C.: Center for Applied Research in Education, 1964.

82. Isabel Bevier, Susannah Usher, *The Home Economics Movement*, Boston: Whitcomb and Barrows, 1912.

83. Isabel Bevier, *Home Economics in Education*, Philadelphia: J. B. Lippincott, 1928.

84. Burton J. Bldstein, *The Culture of Professionalism*: *The Middle Class and the Development of Higher Education in America*, New York: W. W. Norton, 1976.

85. Gladys A. Branegan, *Home Economics Teacher Training under the Smith – Hughes Act*, *1917 to 1927*; *A Study of Trends in The Work of Seventy – One Institutions Approved under the National Vocational Education Act*, New York City: Teachers College Columbia University, 1929.

86. Marjorie M. Brown, Beatrice Paolucci, *Home Economics*: *A Definition*, Washington, D. C.: American Home Economics Association, 1979.

87. Marjorie M. Brown, *Philosophical Studies of Home Economics in the United States*: *Basic Ideas of Home Economics in The United States*, East Lansing,

MI: Michigan State University, 1993.

88. Marjorie M. Brown, *Philosophical Studies of Home Economics in the United States: Our Practical Intellectual Heritage (Volume I)*, East Lansing, MI: Michigan State University, 1985.

89. Marjorie M. Brown, *Philosophical Studies of Home Economics in the United States: Our Practical Intellectual Heritage (Volume II)*, East Lansing, MI: Michigan State University, 1985.

90. Catharine, E. Beecher, *The Duty of American Women to Their Country*, New York: Harper & Brothers, 1845.

91. John C. Clark, Darid M. Katzman, Richard D. Mckinzie, et al., *Three Generations in Twentieth Century America: Family, Country, and Nation*, Dorsey Press, 1977.

92. Ava M. Clark, Kenneth J. Munfordm, *Adventure of a Home Economist*, *Corvallis*: Oregon State University Press, 1969.

93. Committee on Facilitating Interdisciplinary Research, National Academy of Science, National Academy of Engineering of Science, Institute of Medicine, *Facilitating Interdisciplinary Research*, National Academies Press, 2004.

94. Committee on Philosophy and Objectives, *Home Economics: New Directions*, *Washington*, D.C. : American Home Economics Association, 1959.

95. Norma H. Compton, Olive A. Hall, *Foundations of Home Economics Research: A Human Ecology Approach*, Minneapolis: Burgess Publishing Company, 1972.

96. East, M. Brown, *Home Economics: Past, Present, the Future*, Boston: Allyn and Bacon, 1980.

97. Megan J. Elias, *Stir It Up: Home Economics in Higher Education: 1900 – 1945*, Doctoral Dissertation, the City University of New York, 2003.

98. Harold V. Faulkner, *The Quest for Social Justice 1898 – 1914*, New York: The Macmillan Company, 1931.

99. Betty Friedan, *The Feminine Mystique*, W.W. Norton & Company, 2001.

100. Anthony Giddens, *The Consequences of Modernity*, Stanford, Cakufinua: Stanford University Press, 1990.

101. Willystine Goodsell, *Pioneer of Women's Education in The United States*, New York: Mcgraw – Hill, 1931.

102. Margaret Goodyear, *Early Leaders and Programs of Home Economics at the University of Illinois: 1874 – 1948*, Illinois Teacher of Home Economics 24, 1980.

103. Helen M. Schneider, Keeping the Nation's House: Domesticity and Home Economics Education in Republic China, Doctoral Dissertation, University of Washington, 2004.

104. Agnes Heller, *Everyday Life*, New York and London: Routledge and Kegan Paul, 1984.

105. Caroline L. Hunt, *The Life of Ellen H. Richards*, Washington, D. C.: American Home Economics Association, 1958.

106. Milton B. Jensen, Mildred R. Jensen, Matilda Louisa Ziller, *Fundamentals of Home Economics*, New York: Macmillan, 1935.

107. Marty Jezer, *The Dark Ages: Life in the United States 1945 – 1960*, Boston: South End Press, 1982.

108. J. T. Klein, *Interdisciplinary: History, Theory, and Practice*, Detroit, MI: Wayne State University Press, 1990.

109. J. Jouph Kockelmans, "Why Interdisciplinary?", Interdisciplinarity and Higher Education, University Park: Pennsylvania State University Press, 1979.

110. Virginia L. Langston, *The Teaching of the History and Philosophy of Home Economics in Four – Year Institutions of Higher Learning*, Doctoral Dissertation, The Florida State University, 1977.

111. Shirley G. Larson, *A Hypothetical Moral Obligation to Define Clearly the General Goal of Home Economics: A Philosophical Analysis*, University of Minnesota, 1974.

112. Selma Lippeatt, Helen I. Brown, *Focus and Promise of Home Economics: A Family Oriented Perspective*, New York: Macmillan, 1965.

113. Earl J. McGrath, Jack T. Johnson, *The Changing Mission of Home Economics*, New York: Teacher College, Columbia University, 1968.

114. Miller, Elisa, *In The Name of the Home: Women, Domestic Science,*

and American Higher Education, *1865 - 1930*, Doctoral Dissertation, U-
niversity of Illinois at Urbana - Chanpaign, 2004.

115. Kate Millett, *Sexual Politics*, New York: Doubleday Inc. , 1970.

116. Plora Pose, "A Page of Modern Education 1900 - 1940: Forty Years of
Home Economics at Cornell University", *A Growing College: Home Eco-
nomics at Cornell University*, Ithaca: Cornell University, 1969.

117. American Home Economics Association, *Report of the Committee on the
Future of Home Economics*, East Lansing: College of Home Economics,
Michigan State University, 1968.

118. Martha V. Richards, *The Evolution of a Profession: From Home Economics
to Family and Consumer Sciences*, Doctoral Dissertation, University of
South Carolina, 1998.

119. Jean D. Schlater, *National Goals and Guidelines for Research in Home Eco-
nomics*, A Study Sponsored by the Association of Administrators of Home
Economics, East Lansing: Michigan State University, 1970.

120. Edward Shorter, *The Making of the Modern Family*, New York: Basic
Books, 1975.

121. Sarah Stage, Virginia B. Vincenti, *Rethinking Home Economics: Women
and the History of a Profession*, Ithaca And London Cornell University
Press, 1997.

122. Mabel B. Trilling, *Home Economics in American Schools*, Chicago: Uni-
versity of Chicago Press, 1920.

123. Virginia B. Vincenti, *A History of the Philosophy of Home Economics*,
Doctoral Dissertation, Dissertation for the Degree of Doctor of Philosophy,
The Pennsylvania State University, 1981.

124. Emma Weigley, Sarah Tyson Rorer, *The Nation's Instructress in Dietetics
and Cookery*, Philadelphia: American Philosophical Society, 1977.

125. T. H. Wilson, *The American Ideology*, London: Routledge and Kegan
Paul, 1977.

126. Daniel Yankelovish, *Home Economist Image Study: A Qualitative Investi-
gation*, New York: Skelly and Whice, Inc. , 1974.

期刊文章

127. 陈佩兰：《漫谈男治外女治内的问题》，《华南学院校刊》1947 年第 41 期，转引自王惠姬《廿世纪前期留美女生与中国家政学的发展（1910s—1930s）》，《中正历史学刊》2006 年第 54 期。

128. 《当代中国家政学科体系建设研究》课题组、樊金娥：《当代中国家政学学科定位的理性选择》，《社会工作》2004 年第 12 期。

129. 樊金娥、李欧：《对传统家政学研究"惯习视域"的学理反思》，《吉林工学院学报》（社会科学版）2002 年第 4 期。

130. 郭俊、梅雪芹：《维多利亚时代中期英国中产阶级中上层的家庭意识探究》，《世界历史》2003 年第 1 期。

131. 何静安：《家政学在今日中国的需要》，《教育杂志》1937 年第 6 期，转引自王惠姬《廿世纪前期留美女生与中国家政学的发展（1910s—1930s）》，《中正历史学刊》2006 年第 49 期。

132. 蒋爱群、李茜：《应用家政推广进行农村妇女教育的理论与实践研究》，《中国农业大学学报》（社会科学版）1999 年第 3 期。

133. 蒋逸民：《作为一种新的研究形式的超学科研究》，《浙江社会科学》2009 年第 1 期。

134. 李晴：《从中国家政教育的历史透析现代家政学的发展》，《职业教育研究》2006 年第 9 期。

135. 庞立生、王艳华：《哲学向生活世界的回归》，《东北师范大学学报》（哲学社会科学版）2003 年第 4 期。

136. 任健雄：《建立中国式的家政学》，《社会科学研究》1986 年第 5 期。

137. 王惠姬：《廿世纪前期留美女生与中国家政学的发展（1910s—1930s）》，《中正历史学刊》2006 年。

138. 王春：《传统与现代文明的冲突与融合——妇女与 20 世纪美国社会的发展》，《高等函授学报》（哲学社会科学版）2001 年第 1 期。

139. 王纬虹、苏武银、周光烈等：《小学家政课程的研究与实践》，《教育导刊（上半月）》2005 年第 8 期。

140. 夏邦新、王翠云：《建设有中国特色的社会主义家政学——兼论家政学的定义研究范围与作用》，《社会科学战线》1985 年第 2 期。

141. 夏邦新：《改革开放中的家庭社会学与家政学》，《中南民族学院学报》（哲学社会科学版）1994 年第 3 期。

142. 夏邦新、王翠云：《论家政学的定义、对象和任务》，《湖北大学学报》（哲学社会科学版）1987 年第 2 期。

143. 杨天平：《学科概念的沿演与指谓》，《大学教育科学》2004 年第 1 期。

144. 杨学功：《问题研究与学科建设》，《学术研究》2004 年第 9 期。

145. 张瑞强、陈曦、杨建立：《建立社会主义新农村建设背景下的农村家政推广对策探讨——基于河北省 1566 个村的实证调研》，《农业经济》2011 年第 9 期。

146. 郑亦麟：《中国家政学概述》，《深圳大学学报》（人文社会科学版）1989 年第 2 期。

147. 朱红缨：《家政学学科理论探索》，《浙江树人大学学报》2004 年第 5 期。

148. Lita Bane, "Home Economics Outward Bound", *Journal of Home Economics*, Vol. 20, 1928, p. 703.

149. Lita Bane, "Philosophy of Home Economcis", *Journal of Home Economics*, Vol. 25, 1933, pp. 379 – 380.

150. Shirley L. Baugher, Carol E. Kellett, "Developing Leaders for the Future of Home Economics", *Journal of Home Economcis*, Vol. 79, 1987, p. 14.

151. Gordon W. Blackwell, "The Place of Home Economics in American Society", *Journal of Home Economics*, Vol. 54, 1962, p. 450.

152. Theodore C. Blegen, "The Potential of Home Economics in Education and the Community", *Journal of Home Economics*, Vol. 47, 1955, pp. 479 – 482.

153. Flossie M. Byrd, "Definition of Home Economics For The '70' S", *Journal of Home Economics*, Vol. 62, 1970, p. 411.

154. Jan Clemens, "Adequacy of Undergraduate Education", *Journal of Home Economics*, Vol. 63, 1971, p. 663.

155. Mary Egan, "The Expanding Service Arena in Home Economics", *Journal of Home Economics*, Vol. 64, 1972, pp. 49 – 55.

156. Jean Failing, "Interpreting Home Economics: Understanding and Appre-

ciation", *Journal of Home Economics*, Vol. 49, 1967, p. 764,

157. Greta Gray, "Vocational Training for Girls", *Journal of Home Economics*, Vol. 11, 1919, pp. 23 – 24.

158. Jessie W. Harris, "The AHEA: Today and Tomorrow", *Journal of Home Economics*, Vol. 36, 1944, p. 459.

159. Hildegarde Kneedland, "Limitation of Scientific Management in House Work", *Journal of Home Economics*, Vol. 20, 1928, pp. 311 – 314.

160. Beulah Hirschlein, Pam Cummings, "Educators'Involvement in Public Policy: Rhetoric and Reality", *Journal of Home Economics*, Vol. 77, 1985, pp. 50, 51.

161. Aemerian Home Economic Associatirh, "Home Economics: New Directions II", *Journal of Home Economics*, Vol. 67, 1975, p. 26.

162. Nancy C. Hool, Beatrice Paolucci, "The Family as an Ecosystem", *Journal of Home Economcis*, Vol. 62, 1970, pp. 315 – 318.

163. Marilyn J. Horn, Sharon Y. Nickols, "Have We Lost Our Locus?", *Home Economics Research Journal*, Vol. 9, 1982, p. 9.

164. Marjorie C. Husted, "Would You Like More Recognition?", *Journal of Home Economics*, Vol. 40, 1948, p. 459.

165. Hazel Kyrk, Dorothy Dickins, Florence La Ganke Harris, Lillian Storms, "Should the AHEA Abandon Legislative Work?", *Journal of Home Economics*, Vol. 36, 1944, pp. 562 – 567.

166. Hazel Kyrk, "The Selection of Problems for Home Economics Research", *Journal of Home Economics*, Vol. 28, 1933, p. 684.

167. Helen R. LeBaron, "Home Economics—Its Potential for Greater Service", *Journal ofHome Economics*, Vol. 47, 1955, p. 468.

168. William H. Marshall, "Issues Affecting the Future of Home Economics", *Journal of Home Economics*, Vol. 65, 1973, p. 9.

169. William E. Martin, "International Relations in Family Life", *Journal of Home Economics*, Vol. 52, 1960, pp. 655 – 658.

170. John C. Mccullers, "The Role of Theory in Research: Implications for Home Economics", *Home Economics Research Journal*, Vol. 12, 1984, pp. 523 – 528.

171. John C. McCullers, "The Importance of Scholarship to the Future of Home Economics", *Journal of Home Economics*, Vol. 79, 1987, pp. 19 – 22.

172. Keith Mcfarland, "Home Economics in a Changing University World", *Journal of Home Economics*, Vol. 75, 1983, pp. 46, 51 – 53.

173. Earl J. McGrath, "The Imperatives of Change for Home Economics—Questions and Answer Panel", *Journal of Home Economics*, Vol. 9, 1968, p. 512.

174. Sue L. T. McGregor, "Home Economics as An Integrated, Holistic System: Revisiting Bubolz and Sontag's 1988 Human Ecology Approach", *International Journal of Consumer Studies*, Vol. 10, 2010, p. 13.

175. Sue L. T. McGregor, "Name Changes and Future – Proofing the Profession: Human Sciences as a Name?", *International Journal of Home Economics*, Vol. 3, 2010, pp. 20 – 37.

176. Sue L. T. McGregor, J. A. Murnane, "Paradigm, Methodology and Method: Intellectual Integrity in Consumer Scholarship", *International Journal of Consumer Studies*, Vol. 4, 2010, pp. 419 – 427.

177. Effie I. Raitt, "The Nature and Function of Home Economics", *Journal of Home Economics*, Vol. 27, 1935, p. 270.

178. Ellen H. Richards, "The Social Significance of the Home Economics Movement", *Journal of Home Economics*, Vol. 3, 1911, p. 125.

179. Dorothy D. Scott, "The Challenge of Today: Introduction", *Journal of Educational Research*, Vol. 47, 1953, p. 687.

180. Robert W. Strain, "Business Values The Home Economics", *Journal of Home Economics*, Vol. 62, 1970, p. 49.

181. Mary E. Sweeney, "The President's Address", *Journal of Home Economics*, Vol. 13, 1921, p. 385.

182. Virginia B. Vincenti, "Family and Consumer Sciences University Faculty Perceptions of Interdisciplinary Work", *Family and Consumer Sciences Research Journal*, Vol. 9, 2005, pp. 81 – 83.

183. Virginia B. Vincenti, "Toward A Clearer Professional Identity", *Journal of Home Economics*, Vol. 74, 1982, pp. 20 – 25.

184. Susan Weis, Marjorie East, Sarah Manning, "Home Economics Units in

Higher Education", *Journal of Home Economics*, Vol. 66, 1974, pp. 11 – 15.

185. Mildred W. Wood, "Homemaking as a Possible Profession", *Journal of Home Economics*, Vol. 18, 1926, p. 67.

186. Chase G. Woodhouse, "The New Profession of Homemaking", Survey, Vol. 57, 1926, p. 317.

187. Ardis A. Young, Bonnie Johnson, "Why Students Are Choosing Home Economics", *Journal of Home Economcis*, Vol. 78, 1986, p. 37.

论文集中的析出文献

188. Benjamin R. Andrew, "Psychic Factors in Home Economics", *Lake Placid Conference on Home Economics: Proceedings of the Ninth Annual Meeting*, Lake Placid, NY, 1908, pp. 151 – 153.

189. Alice A. Chown, "Effect of Some School Changes on the Family", *Lake Placid Conference on Home Economics: Proceedings of the Forth Annual Meeting*, Lake Placid, NY, 1903, pp. 31 – 35.

190. Alice A. Chown, "Courses in Home Economics for Colleges and Universities", *Lake Placid Conference on Home Economics. Proceedings of the Third Annual Meeting*, Lake Placid, NY, 1902, pp. 105 – 108.

191. Melvil Dewey, "The Trend toward the Practical in Education", *Lake Placid Conference on Home Economics: Proceedings of the Eighth Annual Meeting*, Lake Placid, NY, 1907, pp. 31 – 32.

192. Lawrence K. Frank, "The Philosophy of Home Management", *Proceedings of Seventh International Home Management Conference*, The Waverly Press, Inc., 1938, p. 5.

193. Caroline L. Hunt, "Revaluation", *Lake Placid Conference on Home Economics: Proceedings of the Third Annal Meeting*, Lake Placid, NY, 1902, p. 89.

194. Caroline L. Hunt, "Woman's Public Work for The Home", *Lake Placid Conference on Home Economics: Proceedings of the Ninth Annual Meeting*, Lake Placid, NY, 1908, p. 41.

195. Abby L. Marlatt, "Domestic Science in High School", *Lake Placid Con-*

ference on Home Economics. Proceedings of the Seventh Annual Meeting, Lake Placid, NY, 1906, p. 21.

196. Alice P. Norton, "Reports From Colleges Which Have Introduced Home Economics—University of Chicago", *Lake Placid Conference on Home Economics: Proceedings of the Sixth Annual Meeting*, Lake Placid, NY, 1904, pp. 40 –41.

197. Beatrice Paolucci, "Home Economics: Its Nature and Mission", *Proceedings of the Eleventh Lake Placid Conference on Home Economics*, Washington, D. C.: American Home Economics Association, 1973, p. 31.

198. Ellen H. Richards, "Euthenics in Higher Education: Better Living Conditions", *Lake Placid Conference on Home Economics: Proceedings of the Eighth Annual Meeting*, Lake Placid, NY, 1907, p. 33.

199. Ellen H. Richards, "Home Economics in Higher Education", *Lake Placid Conference on Home Economics: Proceedings of the Sixth Annual Meeting*, Lake Placid, NY, 1905, p. 67.

200. Ellen H. Richards, "Practical Suggestions from the Lake Placid Conference on Courses of Study in Home Economics", *Lake Placid Conference on Home Economics: Proceedings of the Sixth Annual Meeting*, Lake Placid, NY, 1905, p. 69.

201. Ellen H. Richards, "Report of the Committee on Personal Hygiene", *Lake Placid Conference on Home Economics: Proceedings of the Second Annual Meeting*, Lake Placid, NY, 1901, p. 65.

202. Ellen H. Richards, "Ten Years of the Lake Placid Conference on Home Economics: Its History and Aims", *Lake Placid Conference on Home Economics: Proceedings of the Tenth Annual Meeting*, Lake Placid, NY, 1909, p. 20.

203. Ellen H. Richards, "Sylabus on Shelter", Lake Placid Conference on Home Economics: Proceedings of the Fourth Annual Meeting, Lake Placid, NY, 1902, pp. 83 –84.

204. Jenny H. Snow, "A Course in Household Arts for Grade and Rural Teachers", *Lake Placid Conference on Home Economics: Proceedings of the Eighth Annual Meeting*, Lake Placid, NY, 1907, pp. 25 –29.

205. "Statement of Committee on Courses of Study in Colleges and Universities", *Lake Placid Conference on Home Economics*: *Proceedings of the Fourth Annual Meeting*, Lake Placid, NY, 1903, pp. 70 – 71.

206. Marion Talbot, Sophonisba P. Breckinridge, *The Modern Household*, Boston: Whitcomb and Barrows, 1912.

207. George E. Vincent, "The Industrial Revolution and the Family", *Lake Placid Conference on Home Economics*: *Proceedings of the Tenth Annual Meeting*, Lake Placid, NY, 1909, p. 152.

电子文献

208. A Conceptual Framework Scottsdale, http: //www. kon. org/sco ttsdale. html, 1993 – 10 – 24.

209. American Home Economics Association, Home Economics and Education for Family Life, http: //hearth. library. cornell. edu/cgi/t/text/pageviewer – idx? c = hearth; cc = hearth; q1 = Home% 20economics% 20and% 20education% 20for% 20family% 20life; rgn = title; idno =5722422; didno =5722422; view = image; seq =0003; node =5722422% 3A3.

210. American Home Economics Association, Home Economists: Portraits and Brief Biographies of the Men and Women Prominent in the Home Economics Movement in the United States, http: //hearth. library. cornell. edu/ cgi/t/text/text – idx? c = hearth&cc = hearth&type = simple&rgn = title&q1 = Home + economists% 3B + portraits + and + brief + biographies + of + the + men&cite1 = &cite1restrict = article + author&cite2 = &cite2restrict = article + author&Submit = Search.

211. American Home Economics Association, Lake Placid Conference proceedings: Volume 10, http: //hearth. library. cornell. edu/cgi/t/text/pageviewer – idx? c = hearth; cc = hearth; q1 = Lake% 20Placid% 20Conference% 20proceedings; rgn = title; view = image; seq = 0001; idno =6060826_ 5316_ 004; didno =6060826_ 5316_ 004.

212. American Home Economics Association, Lake Placid Conference proceedings: Volume 11, http: //hearth. library. cornell. edu/cgi/t/text/pageviewer – idx? c = hearth; cc = hearth; q1 = Lake% 20Placid%

20Conference% 20proceedings; rgn = title; view = image; seq = 0001; idno =6060826_ 5317_ 001; didno =6060826_ 5317_ 001.

213. American Home Economics Association, Lake Placid Conference proceedings: Volume 1 – 3, http: //hearth. library. cornell. edu/cgi/t/text/pageviewer – idx? c = hearth; cc = hearth; q1 = Lake% 20Placid% 20Conference% 20proceedings; rgn = title; view = image; seq = 0001; idno =6060826_ 5315_ 002; didno =6060826_ 5315_ 002.

214. American Home Economics Association, Lake Placid Conference proceedings: Volume 4, http: //hearth. library. cornell. edu/cgi/t/text/pageviewer – idx? c = hearth; cc = hearth; q1 = Lake% 20Placid% 20Conference% 20proceedings; rgn = title; view = image; seq = 0001; idno =6060826_ 5315_ 001; didno =6060826_ 5315_ 001.

215. American Home Economics Association, Lake Placid Conference proceedings: Volume 5, http: //hearth. library. cornell. edu/cgi/t/text/pageviewer – idx? c = hearth; cc = hearth; q1 = Lake% 20Placid% 20Conference% 20proceedings; rgn = title; view = image; seq = 0001; idno =6060826_ 5316_ 001; didno =6060826_ 5316_ 001.

216. American Home Economics Association, Lake Placid Conference proceedings: Volume 6, http: //hearth. library. cornell. edu/cgi/t/text/pageviewer – idx? c = hearth; cc = hearth; q1 = Lake% 20Placid% 20Conference% 20proceedings; rgn = title; view = image; seq = 0001; idno =6060826_ 5316_ 002; didno =6060826_ 5316_ 002.

217. American Home Economics Association, Lake Placid Conference proceedings: Volume 9, http: //hearth. library. cornell. edu/cgi/t/text/pageviewer – idx? c = hearth; cc = hearth; q1 = Lake% 20Placid% 20Conference% 20proceedings; rgn = title; view = image; seq = 0001; idno =6060826_ 5316_ 003; didno =6060826_ 5316_ 003.

218. American Home Economics Association, Syllabus of Home Economics, http: //hearth. library. cornell. edu/cgi/t/text/text – idx? c = hearth&cc = hearth&type = simple&rgn = title&q1 = Syllabus + of + home + economics&cite1 = &cite1restrict = article + author&cite2 = &cite2restrict = article + author&Submit = Search.

219. Keturah E. Baldwin, The AHEA saga: A Brief History of the Origin and Development of the American Home Economics Association and A Glimpse at the Grass Roots from Which It Grew, http: //hearth. library. cornell. edu/cgi/t/text/text – idx? c = hearth; cc = hearth; q1 = Home%20economics%20in%20liberal%20arts; rgn = full%20text; view = toc; idno =5722444.

220. Shirley L. Baugher, Carol L. Anderson, Kinsey B. Green, Jan Shane, Laura Jolly, Joyce Miles and Sharon Y. Nickols, "Body of Knowledge" for Family and Consumer Sciences, http: //www. aafcs. org/AboutUs/knowledge. asp.

221. Isabel Bevier, Susannah Usher, The Home Economics Movement, http: //hearth. library. cornell. edu/cgi/t/text/pageviewer – idx? c = hearth; cc = hearth; q1 = home%20economics%20movement; rgn = title; idno =4217397; didno =4217397; view = image; seq =0001; node =4217397%3A1.

222. Isabel Bevier, Home Economics in Education, http: //hearth. library. cornell. edu/cgi/t/text/text – idx? c = hearth; idno =5738553.

223. Katharine Blunt, Food and the War: A Textbook for College Classes, http: //hearth. library. cornell. edu/cgi/t/text/pageviewer – idx? c = hearth; cc = hearth; q1 = college; rgn = title; view = image; seq = 0001; idno =4391418; didno =4391418.

224. Committee on Criteria for Evaluating College Programs in Home Economics, Home Economics in Higher Education, http: //hearth. library. cornell. edu/cgi/t/text/pageviewer – idx? c = hearth; cc = hearth; q1 = higher%20education; rgn = title; view = image; seq = 0001; idno = 5722464; didno =5722464.

225. Agnes K. Hanna, Home Economics in the Elementary and Secondary Schools, http: //hearth. library. cornell. edu/cgi/t/text/pageviewer – idx? c = hearth; cc = hearth; q1 = Syllabus%20of%20home%20economics; rgn = full%20text; idno = 4306134; didno = 4306134; view = image; seq =0005; node =4306134%3A4.

226. KAPPA OMICRON NU HONOR SOCIETY, Positioning the Profession for

the 21st Century. Conceptual Framework Scottsdale, http: //www. kon. org/scottsdale. html.

227. Richard M. Lerner, Julia R. Miller, Charles W. Ostrom, Integrative Knowledge, Accountability, Access, and the American University of the Twenty – First Century: A Family and Consumer Science Vision of the Future of Higher Education, http: //www. kon. org/archives/forum/forum_ 8_ 1. pdf.

228. Sue L. T. McGregor, Russ Volckmann, Making the Trandisciplinary University a Reality, http: //www. archive – ilr. com/archives – 2010/ 2010 – 03/2010 – 03 – article – mcgregor – volckmann. php.

229. National Association of State Administrators of Family and Consumer Sciences (NASAFACS), The National Standards for Family and Consumer Sciences Education, http: //www. nasafags. org/national – standards – and – competencies. html.

230. National Center for Education Statistics – Introduction to the Classification of Instructional Programs: 2010 Edition (CIP – 2010), http: //www. nces. ed. gov/ipeds/cipcode/browse. aspx? y = 55.

231. Sharon Y. Nickols, Penny A. Ralston, Carol Anderson, Lorna Browne, Genevieve Schroeder, Sabrina Thomas, Peggy Wild, The Family and Consumer Sciences Body of Knowledge and the Cultural Kaleidoscope: Research Opportunities and Challenges, http: //onlinelibrary. wiley. com/ doi/10. 1177/1077727X08329561/pdf.

232. D. Pendergast, S. L. T. McGregor, Positioning the Profession beyond Patriarchy, http: //www. kon. org/patriarchy_ monograph. pdf, 2007 – 7 – 18.

233. A. Pereira, Home Economics for a New Generation, http: //www. universityaffairs. ca/feature – arlicle/home – economics – for – a – new – generation/.

会议类论文

234. D. Prendergast, Sustaining the Home Economics Profession in New Times: A Convergent Moment, http: //www. espace. library. uq. edu. au/view/ UQ: 104798.

235. Human Perspective on Sustainable Fntwre, Savonlinna, 6 – 9 June, 2006, University of Joensuu, 2006.

236. Alice Ravenhill, Catherine J. Schiff, Household Administration: Its Place in the Higher Education of Women, http: //hearth. library. cornell. edu/cgi/t/text/pageviewer – idx? c = hearth; cc = hearth; q1 = women; rgn = title; view = image; seq = 0001; idno = 4400561; didno = 4400561.

237. The Place of Family & Consumer Sciences in Higher Education, http: // www. kon. org/archives/forum/forum_ 8_ 1. pdf.